人口与环境简论

鲁礼新　著

黄 河 水 利 出 版 社

· 郑州 ·

内 容 提 要

人与环境研究突出的是人类行为是否影响环境和人类活动所造成的环境后果有哪些,而人口与环境重点研究的是人口变动对环境的影响。本书通过对人口变迁过程中人口策略选择导致的人口问题和环境变迁的动力因素的分析,得出人口对环境的影响程度不仅与人口规模有关,还与人口分布有关。

本书可作为环境科学和社会学研究生和高年级本科生了解当代人口问题和环境问题及二者辩证关系的参考用书。

图书在版编目(CIP)数据

人口与环境简论/鲁礼新著. —郑州:黄河水利出版社,
2010.12
ISBN 978 – 7 –80734 –954 –9

Ⅰ. ①人… Ⅱ. ①鲁… Ⅲ. ①人口 – 关系 – 环境 –
研究 – 中国 Ⅳ. ①X24

中国版本图书馆 CIP 数据核字(2010)第 251393 号

出 版 社:黄河水利出版社
　　　　　地址:河南省郑州市顺河路黄委会综合楼14层　　　邮政编码:450003
发行单位:黄河水利出版社
　　　　　发行部电话:0371 –66026940、66020550、66028024、66022620(传真)
　　　　　E-mail:hhslcbs@126.com
承印单位:黄河水利委员会印刷厂
开本:850 mm×1 168 mm　1/32
印张:9
字数:250 千字　　　　　　　　　　印数:1—2 000
版次:2010 年 12 月第 1 版　　　　　印次:2010 年 12 月第 1 次印刷

定价:20.00 元

前　言

　　近百年来,在全球范围内出现了环境退化、资源短缺的现象。与此同时,世界人口的加速增长以及发展中国家人口所占比重的日益增大,使得人们对人口问题与环境问题以及二者的关系产生了极大的关注。人口与环境已经成了一个非常重要的国际前沿论题。

　　由于人口与环境关系的复杂性和跨学科性,关于人口、环境、人口与环境内部和相互间的作用机制到目前为止还不是很清楚,甚至在一些基本概念上也还存在分歧。从国内外人口与环境研究的内容来看,对于人口对环境的影响和人对环境的影响并没有做出明确的界定。仅从字面意思来看,前者是研究人口要素及其变动对环境的影响,后者关注的则是人或者人类对环境的作用。但实际上这是两个不同的概念,人与环境的研究多数是在直接认定环境退化的基础上,对某种时空背景下的人口与环境变量进行简单比较之后,得出人类是环境问题产生的主要影响因子。虽然这种解释能够在某种程度上说明人与环境的关系,但对于解释人口与环境的关系问题来说却很不完整,因为它忽略了人口对社会经济文化的影响,而社会经济文化往往决定着人的行为方式。

　　人与环境研究关注的是抽象的人与环境的关系,这种抽象的人是同质的,其行为方式是经过简单化之后的相同模式,人类活动对环境的作用也就被简单化了,包括人类活动对环境的改造,以及环境对人的自然选择,此时的环境是以抽象的人为中心构成的系统。人口与环境研究关注的却是环境系统中具象的人,这种具象的人是异质性的,而且存在数量和质量差异,当具象的人发生变化时意味着中心事物发生了变化,中心事物的变化意味着周围环境会相应调整,更何况人的行为方式是差异化、复杂化的。因此,人口与环境之间的相互作用规律和趋势也更加复杂。

本书以人口与环境关系为主要研究内容,试图分析人口、环境、人口与环境关系等基本问题,探究隐藏在其背后的假设、曾经的策略、已经得到解释的观点以及需要进一步研究的问题。重点关注不同时空背景条件下的人口策略选择,正是这种选择决定了人口与环境之间总是处于不平衡的状态。为了达到这一目的,在已有的人与环境关系的基础上,突出强调了人口增长过程中空间分布差异对环境影响的不确定性问题,以及人类社会中资源分配和消费过程中的非均衡性问题,这些是在人口学和环境科学中很少被触及的。因而,对于这些问题可能存在的研究深度不够的惶恐,始终萦绕在我的脑海,但这是一个需要人承担的风险。如果考虑到试图有所突破而遭遇挫折,那么在已有的研究框架内寻求庇护是很有诱惑的,但是那样问题依然复杂,而且要解决这些问题,按已有的模式或忽略它们显然都是不够的。有时需要尝试从新的角度去重新审视。

作 者
2010 年 10 月

目　录

前　言

第1章　绪　论 ……………………………………………（1）

　1.1　人与人口 ……………………………………………（1）

　1.2　环境与环境问题 ……………………………………（10）

　1.3　人口与环境关系的研究进展 ………………………（29）

　1.4　研究思路、内容与结构安排 ………………………（40）

第2章　人口变迁 …………………………………………（42）

　2.1　人的产生与演化 ……………………………………（42）

　2.2　人口数量特征 ………………………………………（55）

　2.3　人口空间分布 ………………………………………（59）

　2.4　人口分布特征及发展预测 …………………………（67）

第3章　影响人口变迁的因素 ……………………………（76）

　3.1　人口变化的生物学基础 ……………………………（77）

　3.2　自然环境对人口变迁的影响 ………………………（87）

　3.3　人文环境对人口变迁的影响 ………………………（96）

　3.4　其他因素 ……………………………………………（113）

第4章　人口策略 …………………………………………（119）

　4.1　生殖策略 ……………………………………………（120）

　4.2　文化策略 ……………………………………………（125）

　4.3　策略空间 ……………………………………………（131）

　4.4　人口问题 ……………………………………………（153）

第5章　环境变迁 …………………………………………（167）

　5.1　环境与环境变迁 ……………………………………（167）

　5.2　环境变迁的原因 ……………………………………（177）

　5.3　人类活动与环境变迁 ………………………………（183）

5.4　环境变迁的时空尺度 ·················（196）

第6章　环境问题 ·······················（204）

6.1　地表环境系统 ·····················（204）

6.2　环境问题 ·························（214）

6.3　主要环境问题 ·····················（223）

6.4　全球环境问题 ·····················（241）

6.5　社会环境问题 ·····················（245）

第7章　人口与环境 ·····················（248）

7.1　人与环境 ·························（249）

7.2　人口与环境关系 ···················（255）

7.3　不断显现的问题 ···················（266）

参考文献 ·····························（270）

第1章　绪　论

1.1　人与人口

1.1.1　人的定义

生物学上,人是地球生态系统中的一种普通动物,是生物进化的结果。人属于真核域,动物界,脊索动物门,脊椎动物亚门,哺乳纲,灵长目,人科,人属,智人种,但并非生物进化的终点。

人被分类为动物界脊索动物门哺乳纲灵长目人科人属智人种。智人意指拥有高度发展的头脑。与其他动物相比,人具有高度发达的大脑,具有抽象思维、语言、自我认知以及解决问题的能力。此种能力,加之人类直立的身体导致人类的前肢可以自由活动,使得人类对工具的使用远超出其他任何物种。与其他高等灵长类动物一样,人类为社会性动物。人尤其擅长用口头语言、手势与书面语言来表达自我、交换意见以及组织活动。

人类创造了复杂的社会结构,从家庭到国家。人类个体之间的社会交际创立了广泛的传统、习俗、价值观以及法律,这些共同构成了人类社会的基础。由于人类具有审美的观念,再加之人类自我表达的欲望和相对大的大脑,人类创造了艺术、语言、音乐以及科学。人类希望自己能够理解并改造环境,试图用哲学、艺术、科学、神话以及宗教来解释自然界的现象。这种与生俱来的好奇心导致了高级工具和技术的发展。虽然人类不是唯一使用工具的物种,但是人类是唯一会用火、会穿衣、会烹调食物及会其他高级技术的动物。

正是因为人的特殊性,人或人类从来都是一个含义广泛的概念,这个名词可以从生物、精神与文化各个层面来定义,或者是这些层面定义的结合。古今中外人们对人的理解是存在差异的,即使是在今天,不同专业的人对人也有不同的理解。

1.1.1.1　古义的人

在古代,人的用法很广,可用于对人的属性,如自然属性的描述。也可用于表示人的姓、称呼或官名等。

1.1.1.2　今义的人

《现代汉语词典》对人的解释是"能制造工具并使用工具进行劳动的高等动物"。

文化人类学上,人被描述为能够使用语言、具有复杂的社会组织与科技发展的生物,尤其是他们能够建立团体与机构来达到互相支持与协助的目的,可以在组织中习得或继承相应的文化或生活型式的个体或群体。

生物学上,人的学名为"智人"(拉丁文 homo 为"人",sapiens 即"聪明的"),与黑猩猩、大猩猩、猩猩、长臂猿、合趾猿同属灵长目人科动物。人类与其他灵长目动物的不同在于:人类直立的身体、高度发展的大脑,以及由高度发展的大脑而来的推理与语言能力。由于人和猿血缘相近,动物学家 D·莫利斯戏称人类为"裸猿"。

从行为学上来看,人类的特征有:懂得使用语言,具有多种复杂的互助性社会组织,喜欢发展复杂的科技。这些行为学上的差异也衍生出各自不同文化的信仰、传说、仪式、价值观、社会规范。

教育学对"人"的理解:人是一种存在的可能性;人具有自主性和创造性;人具有发展的本质;人具有历史性和现实性,即一是人的自我本质是在不断发展的历史和现实生活中逐渐生成的,人总是生活在具体的历史与现实空间中。二是人的自我本质的生成与发展要受到一定历史和现实条件的制约;人具有多样性和差异性,一方面人作为一种存在的可能性本身就蕴涵着丰富性和多样性,另一方面个体生命具有个体独特性、不可替代性及个体间的差异性。

1.1.1.3 "人"在汉英词典中的解释

"人"在汉英词典中的解释有多个义项,如:

(1)human being, man, person, people;

(2)adult, grown-up;

(3)people everybody, each, all;

(4)one's state of health or mind;

(5)other people。

上述对人的定义从不同的方面概括了人的特点,这些描述性的概念虽然是从不同角度进行的分类组合,但它们有一个共同之处,那就是在强调人与其他动物的区别时,着重强调了人的社会属性对人类繁衍和对环境改造的能动性。

总的来看,人与其他生命形式的最大区别是其对工具的使用。从人口与环境的关系来看,人作为环境的一部分,其最大特点便是使用工具改造环境的同时,也促使了自己生物属性的改变,其过程或结果都不同程度地表现为环境的改变。

1.1.2 人口

1.1.2.1 人口的概念

人口有两重性:既有生物属性,又有社会属性。人口的生物属性是人口社会属性的自然基础,许多人口现象都离不开其生物属性,由于人口生物属性的相对稳定性,人口在发展过程中更多地受到其社会运动形式的影响,包括人口的生命运动形式。

人口是一个内容复杂、综合多种社会关系的社会实体,还具有性别和年龄及自然构成,多种社会构成和社会关系、经济构成和经济关系。人口的出生、死亡、婚配,处于家庭关系、民族关系、经济关系、政治关系及社会关系之中，一切社会活动、社会关系、社会现象和社会问题都同人口发展过程相关。

"人口"一词出现很早，但随着社会的发展，当时的含义与此后长期沿用的含义、与现代的含义也不完全相同。

古代"人口"的含义：中国古代没有今天意义上的"人口"一词，人与口一般都是单独使用，各有自己的含义，但在做"人"或"人口"解释时，它们的含义大致相同。不过在表示家庭的"户"时，作为个体的人就被称为"口"，而不称为"人"。尽管"人口"一词在史书上早已出现，但并非都能解释为"人群"或若干数量的人，由于秦汉以来，各代基本都有户籍登记制度，所以记载和统计人口的基本单位是"户口"而不是"人口"，在正式的统计制度中，人口从来没有成为一个通用的词汇。

用"人口"一词来翻译英文中的 population（"人口"在汉英词典中的解释：population, the populace）是现代人口学传入中国以后的事，而且"人口"一词的现代用法来自日本，至 20 世纪初才为中国学者所通用。20 世纪前半期，中国的人口学家和相关学术界对人口的定义与西方学者并无二致。西方人口学界和国际学术界对人口的定义一直没有什么改变，《大英百科全书》中人口的定义如下：人口或群体，就群体生物学与体质人类学而言，是指人的总数或者指占据了一个区域并且不断受到增加（出生或迁入）和减少（死亡或迁出）而变动的居住者。生物群体的规模受到食物供应、疾病影响和其他环境因素的制约，人口更受到对增殖起作用的社会习惯和技术进步的影响，特别是死亡率下降和寿命延长的医药与公共保健的影响。

中国人口学在 20 世纪 90 年代以前，主要应用马克思主义的人口理论，强调人口的社会属性，即：人口是生活在一定社会生产方式下，在一定时间、一定地域内，由一定社会关系联系起来的，有一定数量和质量的有生命的个人所组成的不断运动的社会群体。

90 年代后,随着国际交流的增加和学术研究的发展,中国人口学者对人口的定义进行了更加全面的总结,认为:人口是构成社会生活主体并具有一定数量和质量的人所组成的社会群体;是在一定时间、一定地域内,与一定社会生产方式的社会经济关系相联系,进行其生命和生产活动的集合体;人口永远处于不断变动之中,这种变动是由人的自然属性和社会属性的两重性决定的。

总的来看,人口是社会物质生活的必要条件,是全部社会生产行为的基础和主体。由于社会条件不同,经济发展水平不同,人口发展过程不同,人们对人口现象的认识和反映也不同,所以在每个社会都有与其相对应的人口思想和理论。目前,国际学术界对人口的界定已经没有实质的区别,但侧重点还是有所不同的。为了研究的方便,可以人为地消除这种差别,用一个更加简单的概括,即:人口是指一个地理区域的人的数目。

在对人口定义进行了界定之后,为开展更加深入的人口研究,不同的学者从不同的方面进行了探索。从认识论的角度出发,概念确定之后,便是对认识对象进行分类,找出其显著特点,然后总结出认识对象的运动规律,包括人口分布、增长、迁移等方面。

1.1.2.2　人口分类

人口按居住地可以划分为城镇人口和农村人口,还可以按年龄、性别、职业、部门等构成划分为不同的群体。

1. 按行政建制分类

市人口:市管辖区域内的全部人口(含市辖镇,不含市辖区县);

镇人口:县辖镇的全部人口(不含市辖镇);

乡人口:县辖乡人口。

2. 按常住人口分类

市人口:设区的市的区人口和不设区的市所辖的街道人口;

镇人口:不设区的市所辖镇的居民委员会人口和县辖镇的居

民委员会人口;

乡人口:除上述两种人口外的全部人口。

3. 按是否就业分类

就业人口(又称在业人口)指 15 周岁及 15 周岁以上人口中从事一定的社会劳动并取得劳动报酬或经营收入的人口。

未就业人口指 15 周岁及 15 周岁以上人口中未从事社会劳动的人口,包括在校学生者、料理家务者、待升学者、市镇待业者、离退休者、退职、丧失劳动能力者等非就业人口。

1.1.3 人口增长和迁移

目前,世界上每年增加近 8 000 万人,有人称人类进入了"人口爆炸"的时代。人们为了生存和发展,除要满足饮水、吃饭、穿衣、住房等基本生存需求外,还有教育、医疗、就业等其他方面的需求。人口数量过多,人口增长过快对环境、经济和社会都产生了巨大的影响。为了解决人口增长过快带来的问题,人类必须控制自己,做到有计划的生育,使人口的增长与社会、经济的发展相适应,与环境、资源相协调。

人口增长的速度,是由出生率与死亡率决定的。从全球看,随着医疗卫生事业的发展,现在每年新出生的婴儿数大大多于死亡的人数,使得人口总数得以不断增长。人口自然增长率计算公式为:

出生率 - 死亡率 = 自然增长率

人口的数量自有记录以来,在 18 世纪以前,人口增长得十分缓慢;18 世纪以后,特别是 20 世纪以来,世界人口的增长速度才大大加快。全球人口数量呈爆炸性增长:从 1820 年的 10 亿、1930 年的 20 亿、1960 年的 30 亿、1974 年的 40 亿、1988 年的 50 亿增长到 2000 年的 60 亿。

人口的增长速度在世界各地是不同的,除自然增长的影响外,另一个主要原因便是人口迁移。人口迁移,一般指的是人口在两个地区之间的空间移动,这种移动通常涉及人口居住地由迁出地到迁入地的永久性或长期性的改变。不同时期,人口迁移的原因往往有显著差别,一般来说,经济原因是主要的,如为摆脱贫困和失业,改善生活,或为发财致富,谋求事业成功等。此外,政治、宗教、文化及战争和灾荒也可能导致人口迁移。人口迁移的直接后果表现在对迁出、迁入地区人口数量、性别和年龄构成的不同影响。一般移民中男性多于女性,年轻人多于儿童和老人。从间接的经济和社会后果看,迁出地人口压力减轻,可能得到移民汇款收入,但劳动力减少,特别是具有熟练技能与高文化水平的劳动力迁出,使迁出地的抚养、教育费用受到很大损失。对迁入地区,由于人口和劳动力增加,在经济上有利,但也可能带来民族矛盾或其他社会问题。

政治因素对人口迁移有着特殊的影响。其中政策、政治变革及战争等是重要的影响因素。一个国家的政策,特别是有关人口迁移政策的实施,会对人口迁移产生重要的影响。合理的政策可以促进人口迁移合理正常的进行,但是如果政策不合理,或者虽然合理但实施政策的措施不合理,可能产生相反的效果。战争破坏人类正常生活环境,并常常引发人口迁移。例如第二次世界大战期间,由于战争引起的欧洲人口迁移达到 3 000 万。20 世纪末发生在非洲卢旺达、刚果地区的部族战争,引起了数以百万计的人口迁移。

1.1.4 人口的分布

从静态的角度看,人口分布是指在一定时点上,人口在地理空间上的居住状况。从动态的角度看,人口分布是指人口在一定时间内的空间存在形式、分布状况,包括各类地区总人口的分布,以及某些特定人口(如城市人口、民族人口)、特定的人口过程和构成(如迁移、性别等)的分布等。

目前,全世界人口分布极不平衡。90%以上的人口集聚在10%的土地上,不到10%的人口散居在其余90%的土地上。大洋洲人口约占世界人口的0.5%,北美洲的为6.9%,欧洲的为10.5%,南美洲的为6.7%,非洲的为12.5%,亚洲的为63%。人口分布的四大稠密区:①亚洲东部;②亚洲南部;③(北纬60°以南)欧洲西部;④北美洲东部(美国东北部五大湖地区)。人口分布的四大稀疏区:①高纬度地区;②高山高原地带;③沙漠地带;④湿热未开发的热带雨林。

中国的人口分布也极不平衡。如果从东北黑龙江省的爱辉县到西南云南省的腾冲县划一直线(称为爱辉—腾冲线),约有94%的人口居住在约占全国土地面积42.9%的东南部地区,约有6%的人口居住在约占全国土地面积57.1%的西北部地区。

总的来说,世界上的人口分布具有如下特点:

(1)不平衡性。人口分布的最大特征是不平衡性。就全世界而言,目前地球上只占陆地面积7%的地区,却居住着全球70%的人口;全球90%以上的人口集中在不到10%的陆地上;而大陆上有35%～40%的土地基本上无人居住。就区域而言,各大洲和各国之间的人口分布也是不平衡的。即便在一个国家之内人口分布也有显著差异。

(2)随纬度、海拔和离海远近呈有规律的变化。人口分布在水平方向上,主要集中在北半球,北半球居住着地球上90%的人口,而南半球只有10%的人口,在北半球,人口又多集中在北纬20°～60°的温带和亚热带地区。人口分布还有集中于沿海地区的趋势。人口分布在垂直方向上,大量集中在比较低平的地方,海拔高的地方人口相对稀少。

通常,中纬度、地势低平和沿海位置对人口有明显的吸引作用。现在世界人口的79.4%集中在北纬20°～60°的地区;世界上海拔 200 m 以下地区人口占全球总人口的 56.2%，海拔 200～1 000 m地区人口占全球总人口的 35.6%；世界距海岸 200 km 以内地区虽只占全球陆地面积的不足 30%，但拥有世界总人口的一半以上。

（3）时滞性（或惰性）。人口分布往往明显落后于生产力的发展和经济中心的转移。其原因在于人口分布的变化依赖于自然增长率和净移民率的时间积累效应，速度比较迟缓。只有在人口基数很少的新开发地区，移民因素才能立即产生显著效果。全球、各国和各地区人口（现象）的分布特点及其形成条件的研究，几乎构成人口地理学的全部内容。

可见，人口分布的状况与自然、经济、社会、政治等多种因素有关。地区的自然环境差异、自然资源的多寡，都会影响各地区经济发展和生产布局，从而造成人口分布的不平衡。一般来说，人口稠密的地区都是自然条件优越、资源丰富、经济发达、历史悠久的地区。而人口稀少的地区，主要是自然环境恶劣、资源尚未开发、经济欠发达的地区。20 世纪以后，随着世界范围的工业化和城市化进程的加速，社会、经济和政治等因素对人口分布的影响越来越大。

除人口增长、分布等传统研究内容外，随着人口的变迁和世界上多个国家出现老龄化的趋势，关于人口普查和人口政策的研究也越来越多。

人口普查是指在国家统一规定的时间内，按照统一的方法、统一的项目、统一的调查表和统一的标准时点，对全国人口普遍地、逐户逐人地进行的一次性调查登记。人口普查工作包括对人口普查资料的收集、数据汇总、资料评价、分析研究、编辑出版等全部过程，它是当今世界各国广泛采用的收集人口资料的一种最基本的科学方法，是提供全国基本人口数据的主要来源。

人口政策是一个国家根据本国人口增长过快或人口停止增长乃至出现负增长而采取的相应的政策措施。不同的国家，因本国人口发展的情况不同,采取了不同的人口政策,而且,一个国家的人口政策还会随着本国人口发展的实际情况作适当的调整。例如,泰国 20 世纪上半叶时期推行的是提倡与鼓励生育,到 60 年代中期,人口年平均增长率达到了 3.2%。由于人口剧增,人均耕地减少,粮食供应紧张,于 70 年代开始大力推广家庭生育计划,1992 年人口自然增长率由 70 年代初的 3% 下降到 1.5%。法国是世界上第一个人口出生率持续下降的国家,也是第一个出现人口老龄化的国家。国家为了提高出生率,缓解老龄化程度,采取了一系列政策措施,鼓励人们多生育。

人口老龄化是指一个国家或地区在一个时期内老年人口比重不断上升的现象或过程。国际上一般以 60 岁或 65 岁为老年人的年龄起点,老人比重占 5% ~ 10% 称为成年型人口,10% 以上称为老年型人口。成年型人口向老年型人口的转化以及在老年型人口内老年人口比重继续上升都是人口老龄化。人口老龄化将增加劳动年龄人口的负担,还给社会公共福利、医疗卫生等带来影响。

1.2　环境与环境问题

长期以来,人类理所当然地享受着大自然的"免费大餐",向自然无度的索取,导致的后果是人与自然陷于日益尖锐的矛盾之中,并由此引发了一系列的全球性环境问题——全球变暖、臭氧层破坏、生物多样性减少、环境污染加剧、土地退化、人口激增等。同时,传统的工业化并没有使人们普遍地富裕起来,人口增长过程中的财富分配不公所导致的种种社会问题,以及它们对人文环境的影响还没有得到应有的重视。这两种环境变迁的相关效应可能会进一步放大区域环境问题,并威胁人类的生存和健康。

21 世纪,人类面临这一困境,必须自觉地改变价值观和新的发展战略,在保护自然环境的同时,还要对人文环境进行科学的规划和建设,这更需要不同国家和文化背景下的人类的共同参与。

1.2.1 环境的概念

近几十年来"环境"一词的使用越来越频繁,但到目前为止,还没有统一的环境定义,只有不同学科对环境的描述性概念。如《中华人民共和国环境保护法》从法学的角度对环境的概念进行阐述:"本法所称环境是指影响人类生存和发展的各种天然的和经过人工改造的自然因素的总体,包括大气、水、海洋、土地、矿藏、森林、草原、野生生物、自然遗迹、人文遗迹、风景名胜区、自然保护区、城市和乡村等。"生物学认为,环境是指生物生活周围的气候、生态系统、周围群体和其他种群;在文学、历史和社会科学方面,环境指具体的人生活周围的情况和条件。对建筑学来说,环境是指室内条件和建筑物周围的景观条件。这些描述虽然不同,但大致从如下三个方面对环境的基本内容进行了限定:

(1)周围的地方;

(2)环绕所管辖的地区;

(3)周围的自然条件和社会条件。

尽管有了这些限定条件,但对环境的描述仍然比较模糊,具体表现是:①"周围"本身是个泛指的概念,没有明确是什么的周围、周围有多大、边界形状如何等;②"周围"是针对某个主体而言的,主体变了之后,环境也随之不同,环境的内容也不同。因此,在以上概念的基础上,可以给出一个综合性描述:环境是相对于某一中心事物而言的,它因中心事物的不同而不同,随中心事物的变化而变化,其区域范围不确定。

从目前的认知水平来看,和人类生活关系最密切的是生物圈,从有人类以来,原始人类依靠生物圈获取食物来源,在狩猎和采集食物阶段,人类和其他动物基本一样,在整个生态系统中占有一席位置。但人类会使用工具,会节约食物,因此人类占有优越的地位,会用有限的食物维持日益壮大的种群。在人类发展到畜牧业和农业阶段,人类已经改造了生物圈,创造了围绕人类自己的人工生态系统,从而破坏了自然生态系统,随着人类的不断发展,数量的增加,人类不断地扩大了人工生态系统的范围,而地球的范围是固定的,因此自然生态系统不断地缩小,许多野生生物不断地灭绝。从人类开采矿石,使用化石燃料以来,人类的活动范围开始侵入岩石圈。人类开垦荒地,平整梯田,尤其是自工业革命以来,大规模地开采矿石,破坏了自然界的元素平衡。自 20 世纪后半叶,由于工农业蓬勃发展,大量开采水资源,过量使用化石燃料,向水体和大气中排放大量的废水、废气,造成大气圈和水圈的质量恶化,从而引起全世界的关注,使得环境保护事业开始出现。现在随着科技能力的发展,人类活动已经延伸到地球之外的外层空间,甚至私人都有能力发射火箭,造成目前有几千件垃圾废物在外层空间围绕地球的轨道运转,大至火箭残骸,小至空间站宇航员的排泄物,人类的环境已经超出了地球的范围。

概念是理论研究的基础,如果概念都不统一,科学研究也就无从谈起。由于本书的研究对象是人口与环境,如无特别说明,环境就是指人类环境,环境的主体都是指人,环境范围的大小不作规定,可大可小。环境的定义可以简化为:人周围一切事物的总和。这里的一切事物既包括所有的要素,还包括这些要素间的关系。这样就可以以人为主体,对不同区域环境内人口与环境的关系进行探索。

1.2.2 环境类型

环境指人周围的一切,从这个定义可以推导出环境的主要内容及其特征,并根据其特征进行分类,由于特征的多样性,决定了分类依据的多样性。

1.2.2.1 环境的特征

环境的内容是主体周围的一切,这里的一切既指一切自然要素和人工要素,也包括这些要素间的比例关系(环境结构)和比例关系发生变化的过程(环境过程)。因此,环境的所有属性和特点主要取决于环境要素、环境结构和环境过程,或环境的特点主要通过环境要素、环境结构和环境过程来表现。

目前,我们只发现了地球上有117种化学元素,已认识的物质基本是由这些元素构成的,也许还有很多未知的元素,但从已知元素构成的物质来看,这些元素构成的物质在地球的物理化学循环中有着直接或间接的联系,往往出现一种物质的微小改变,可能导致其他物质的一系列反应,引起环境结构的改变并导致环境过程的变化。与对环境要素的认识一样,人类对环境结构及其变化(环境过程)的认识还很有限。因为环境结构的改变或环境过程如何呈现,依赖于人类以多长的时间观察它,当人类在某个时间长度中观察时,所观察到的正是需要这个时间长度才会发生的过程。即使是人类关于环境的实验知识,也是基于人类对那些可以通过实验加以观察的环境过程的熟悉,这种熟悉在时间和空间上,往下受限于人类无法观察到占据比某个量更小的空间和时间尺度的任何过程;往上受限于人类无法观察到占据比人类的视力范围或人类记录的时间更大的空间和时间尺度的任何过程,或者甚至受限于观察的不方便——有些过程的时间太长,长到对人来说不容易全身心投入地去观察它们。虽然现在时间和空间的这些限制已经被仪器大大地扩展了,但它们依然存在,而且通过人类身体构造方面作为有限尺寸和有限生命节律的动物,最终强加于我们。比人类更小或更大的动物,它们也许会看到非常多不同类型的过程,并且通过这些观察,关于环境过程是什么样子,它们也许会得出与人类完全不同的看法。

1. 环境的整体性

环境中的要素既有自然要素,也有人工要素,从这些要素的最终来源看,所有的物质都来自自然界中的天然元素,人工合成的元素极少,而自然界中的元素在各种物质循环、能量流动过程中是紧密联系相互制约的,并为环境各种结构或环境过程提供相应的物质保证,环境结构或环境过程的整体性也决定了环境的整体性。环境要素的相互作用虽然在时间和空间上存在着差异,但一个区域的环境变化通过地球物理化学循环,也可能会导致其他区域甚至全球的环境改变。这种要素及环境过程的相互作用和相互制约的关系即环境的整体性,还往往表现为环境变化或环境问题的全球相关性。例如:化学农药 DDT 在被禁用十多年后,在南极的企鹅、海豹等海洋生物和北极圈内的北极熊体内,都陆续检测出了DDT,甚至在南极的陆地植物地衣中也发现了 DDT。

2. 环境的区域性

首先,地球表面最初并不是均质的,至少有海陆分布,这也是环境存在区域差异的基础;其次,这种非均质的地球表面在内营力和外营力(自地球内部和外部的太阳能)的共同作用下,环境的区域性并没有缩小,而且在一定时期内,这种区域差异还表现出一定的规律性。如:由于太阳直射和海陆分布,地球上的热量和水分在各地分布不同,形成了陆地生态系统和水域生态系统的水平地带性分布和垂直地带性分布的特点,这也是环境的自然基础。而且不同时空尺度下区域的环境特征变化很大,使对环境区域性规律的探索和运用存在一定困难。

3. 环境变化的滞后性

环境变化的滞后性是指某地环境受到影响后,其带来的变化往往并不一定在当地或当时发生。其表现为本地环境的环境变化有些并不能很快反映出来,也可表现为相关受到影响的区域环境变化的时滞性。原因是环境受到影响后,发生变化的范围和影响程度本身很复杂,加上人类认知水平的限制,很难了解清楚并作出准确的预测。

4. 环境的相对稳定性

虽然环境在一定的时空尺度下区域特征变化明显,但对具体的区域环境而言,却能保持一定的稳定性。这种稳定性来自环境的自组织能力。所谓自组织,是指某演化中的系统具有一定抗干扰的自我调节能力,当干扰强度不超过系统所能承受的临界值时,系统在干扰减小或停止时其结构和功能重新趋于恢复到稳定状态的能力。环境系统的整体性和环境变化的滞后性,往往使得环境在一定的时空尺度内呈现出一定程度的稳定性。

5. 环境的脆弱性

所谓脆弱性,取决于两个方面:一是具有敏感性;二是抗干扰能力,当敏感的环境受到超过它的抗干扰能力的干扰后不能恢复到以前状态的现象即为环境的脆弱性。人类环境所受的干扰主要来自人类活动(生产实践、生活实践和科学实践)和地球外部(太阳活动、宇宙射线和外来星体的撞击等)的影响。环境的内容包括环境要素、环境结构和环境过程,虽然人类对环境结构和环境过程的认识还很有限和不确定,但对环境要素的影响却是显而易见并日益增加的。环境要素的改变可以是环境中物质成分的增加或减少,这种变动会导致结构的改变,结构的改变导致功能改变。目前对环境脆弱性的定量测度还很困难,但全球的环境问题日益增多却从另一个角度向人类表明了环境的脆弱性。

1.2.2.2 环境的类型

人类活动对整个环境的影响是综合性的,而环境系统也是从各个方面反作用于人类,其效应也是综合性的。人类与其他的生物不同,不仅仅以自己的生存为目的来影响环境、使自己的身体适应环境,而是为了提高生存质量,通过自己的劳动来改造环境,把自然环境转变为新的生存环境。这种新的生存环境有可能更适合人类生存,但也有可能恶化了人类的生存环境。在这一反复曲折的过程中,人类的环境已形成一个庞大的、结构复杂的、多层次的动态环境体系。为了更好地认识这个复杂的环境体系,可以根据不同的分类依据和原则对环境进行分类。环境分类一般以空间范围的大小、环境要素的差异、环境的性质等为依据。

按环境主体分类,可以分为人类环境和生物环境。

按环境实体分类,可以分为空间环境和要素环境。

按环境主体的性质,还可以把人类环境分为自然环境和人工环境。自然环境是指以人类为中心,直接或间接影响人类生存的一切自然界的事物构成的综合体;人工环境是指在自然物质的基础上,通过人类长期有意识的社会劳动,加工和改造自然物质,创造物质生产体系,积累物质文化等所形成的环境体系。

以不同尺度的空间构成的空间环境中,区域环境是不同地区的社会因素和自然因素的总和,它的空间尺度和时间尺度变化可以是很大的,也可以是很小的,即可大可小,如全球环境、行政区域环境和流域环境等。以要素环境为依据,可以把环境分为水环境、大气环境、水利环境、乡村环境和城市环境等。

环境类型示意图如图 1-1 所示。

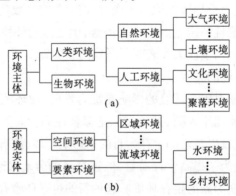

图 1-1　环境类型示意图

1.2.3 环境变化

本书研究的主要内容是有史以来人类与环境的相互作用关系,环境变化所涉及的时代范围也是近3 000 年时间内。但在末次冰期以来人类社会得到迅速发展的十多万年时间里,环境变化的自变量除有自然的力量外,还有人类活动的痕迹,因此最近3 000年来的环境变化仍然是以末次间冰期以来的十多万年的环境变化为背景。

环境是由多种要素相互作用、相互影响而构成的复杂系统,这个系统具有不同的层次或等级的差异,因而在地球表面就产生了具有不同景观的区域,同时环境又在以不同的时间和空间尺度变化。那么,环境是不断变化的吗,它在时间上和空间上的变化规律如何,引起这些变化的原因有哪些?如何预测未来环境的变化趋势,环境变化会产生什么样的问题,怎样才能更好地协调人类与环境的关系?等等。环境变化问题和人口增长问题一起将构成本书的逻辑基础。

目前,人类对环境变化的认识还有很大的不确定性,这种不确定性主要来自两个方面:一是环境变化本身的不确定性,包括环境是连续变化的还是间断性变化的,环境变化的方向和速率;二是人类认识的局限性,主要是获取环境信息的方法和理论。尽管对环境变化的认识存在着不确定性,但并不意味着环境变化的不可知,而且随着从不同领域对环境变化的不断探索,环境变化研究已经取得丰硕的成果。

1.2.3.1 环境变化的内容

对于环境的变化人类早就有所认识,在世界各国的历史文献典籍中都有关于环境变化的大量论述和记载。其中大多数都是与灾害性环境变化有关的自然环境变化,以及自然环境的灾变导致的人工环境的改变。人们只是选择了对当时生产和生活有明显影响的环境变化进行研究,这也从一个侧面反映了环境变化的不确定性,即不同时期,对环境变化的研究内容是不太一致的。目前,人类对环境变化的研究主要集中在如下几个方面。

1. 大气环境变化

大气环境变化研究是目前环境变化研究的首要内容,不仅是因为大气环境变化的影响大,而且大气环境很容易受到人类活动的影响。如气候的变化可以引起地表景观的变化,并且通过植物生产影响着人类的生产和生活。另外,如果由于自然或人为原因导致大气成分变化,还会直接危及人类的生存,也会导致全球性的气候变化。

2. 海岸带变化

20 世纪以来,全球性的海平面上升已经引起了人们的广泛关注,它不仅对沿海平原经济发达地区造成直接的危害,而且大幅度的海洋与陆地的相互消长还会对气候产生反馈作用。因此,海岸带变化多大程度是因为自然的原因导致还是人为引起的,对于研究环境变化规律及其变动的影响有着重要意义。

3. 陆地水文变化

陆地水文变化直接影响淡水资源的供应。河湖洪水泛滥或干涸断流对农业灌溉、城市水源、航运、水利发电等都会造成很大危害。这些变化可以由气候的干湿变化引起,也可能是人类活动导致的。当前虽然认识到水文变化多数是二者共同作用的结果,但对二者的贡献程度并不清楚,所以在应对陆地水文变化及其带来的影响时往往会降低其针对性。

4. 动植物种群的演变

动植物一直处在某种进化过程之中。由于气候变化造成的植被带的迁移,相应引起动物群的迁移,从而改变动植物种群的地带性分布规律;同时,在这个过程中还会导致某些种群的灭绝或新物种的产生。这个过程是否不断重复着从不平衡到平衡的变动,以多大的时空尺度实现,还没有明确的结论,但有一点可以肯定的是,目前由于人类活动造成的物种灭绝,远远超过了第四纪自然原因引起的物种灭绝的速度和规模,如果不能阻止这种过程,地球生态系统(地球环境)必然会更加脆弱。

5. 干旱、半干旱区的土地退化

从历史上看,若干古代文明都起源于干旱、半干旱地区,由于人类的长期合理或不合理的土地开发活动,这些曾经的人口集聚区,大多出现了严重的干旱、荒漠化和水土流失等现象,并成为困扰干旱、半干旱区经济社会发展的严重问题。值得注意的是,这些地区因为对气候变化和人类活动的干扰比较敏感,抗干扰能力弱而导致生态系统相对脆弱,但不同地区的人类为什么都不约而同地选择了在这样的地方生活呢? 在今天,这样的地区仍然有大量人类活动,因此研究这些地区的土地退化问题,减少人类活动的不合理干扰,无论从社会经济发展还是从环境保护的角度,都应是研究环境变化的重要内容之一。

6. 地球各圈层相互作用

地球各圈层是相互作用的,这种相互作用关系也是发展变化的,并且可以通过跟踪某种物质在各圈层间的循环来识别。例如通过碳循环、氮循环。在地球表层系统中,碳是在岩石圈(活动断裂、火山、泉眼、石灰岩溶蚀释放)、大气圈、土壤和生物圈、水圈和人类活动过程之间循环的。从逻辑上讲,碳循环的变化能够从某种角度反映地表各圈层间相互作用关系的变动,也有利于认识全球大气升温在多大程度上是人类活动的结果。另外,随着人口增长和技术进步,人类对环境的影响日益加剧,如何客观地评价环境变化的人为因素,以及这些影响的反馈问题也是了解地球各圈层相互作用的重要途径和内容。

7. 研究环境变化的方法探索

环境变化的研究是通过对各种环境要素、环境结构和环境过程的改变来识别的,而这些改变有时并不是直接呈现在人们面前的,有的甚至是隐藏在大自然和人类社会的各种环境或过程中的。因此,不断探索新的用以揭示储存于环境中的各种变化信息的方法和途径,也是环境变化的重要研究内容。实际上,近几十年来方法和技术的进步也确实促进了环境变化的研究。例如,深海钻探技术,可以获得深海沉积物岩芯来研究海洋和大气变化;依靠氧同位素技术从海底沉积物中揭示了海水温度和气温的变化,从而发现气候变化的周期性规律等。

可见,对环境变化的研究可以从微观元素循环入手,也可以从宏观的环境结构和环境过程的变化入手。由于受人类的技术水平和认知能力的限制,目前对环境变化的研究,主要集中在环境要素的数量或比例关系变化方面,对环境过程变化的认识还很有限。

1.2.3.2 环境变化的原因

地球表层系统是一个开放的系统,除系统内多种因素相互作用外,还受到太阳辐射及其变化和某些天文地质事件的影响。如果是一个孤立的系统,有些过程可能会与时间呈现出简单的线性关系,但地球表层系统是一个开放的系统,太阳辐射、大气成分、大气过程、海陆关系、洋流、冰盖、陆地地形、地表组成物质、土地覆被和人类活动等的相互作用,在一个时间序列中可以表现为驱动、响应、反馈、放大等复杂的关系。因此,某些环境过程及受其影响的其他环境要素的变化,既会表现出某种周期性的变化,又可能表现出一些速变或突变。另外,在这个系统中,由于人类活动对环境的影响能力和规模在迅速增大,人类活动对环境的影响也日益显现,这无疑会增加人们认识环境变化的难度。但总的来看,环境变化的原因仍可以从如下几个方面进行探索。

1. 系统外部的影响

地球表层系统所受的外部影响一般指:太阳辐射及其变化,地球轨道参数及其变化,天文地质事件。

一直以来,人们认为太阳辐射是不变的,例如,用太阳常数来描述在日地平均距离处接受的太阳辐射能。但从20世纪70年代后期经由卫星作精确观测后,发现太阳常数是波动变化的,而且这种波动与太阳活动有关。从理论上分析,如果太阳常数增加2%,地表平均气温会上升3 ℃;若减小2%,地表平均气温会下降4.2 ℃。太阳活动具有周期性,不同时间尺度的太阳活动都会影响到地球上的气候,并进而影响到地球环境。人类早已对这种影响有所认识,例如,中国历史上与农业气候密切相关的12相数纪年法,是千百年来人们观察天气变化状况的总结,一定程度上也是对太阳活动11.2年周期现象的响应。

即使太阳辐射量及其输出不发生变化,地球运转的轨道参数变化也会引起日地距离和位置改变,从而使到达地球的太阳辐射量发生变化。如轨道参数中的公转轨道偏心率、地轴倾角和岁差现象。轨道偏心率在0.000 5~0.060 7变化(现在约为0.016 7),以96 000年为周期变化,偏心率越大,冬夏季节的长短差异越大,在北半球夏季越长。地轴倾角(黄赤交角)以大约41 000年的周期变化,范围为21.8°~24.4°(目前约为23.44°)。当地轴倾角增大时,高纬度地区接受太阳辐射量增加。如地轴倾角增加1°,极地年辐射增加4.02%,赤道年辐射量只减少0.35%。同时地轴倾角越大,地球冬夏接受的辐射量差别就越明显。岁差现象指地球在公转轨道上的近日点时间的变化,其周期大约为21 000年,当冬至位于近日点时,出现暖冬凉夏现象;相反,夏至位于近日点时,会出现寒冬热夏现象。目前的近日点时间是1月,大约10 500年后,近日点时间将在7月。可见,即使太阳辐射量稳定不变,以上三种参数的变化也会使得地球接受的辐射量发生变化,从而使地表平均温度也按一定规律发生变化。已有研究结果表明,第四纪时期曾有数次陨星撞击地球的事件,它们造成了地球磁场的倒转和气候的变化。

2.系统内部的影响

地球系统内部的影响主要来自地球表层系统内部的各种系统变化,如地壳构造运动、大气圈和其他圈层的作用、厄尔尼诺现象等。

构造运动是形成地形高差的主导因素,地形影响着区域气候状况、水文网的形成和变化,以及动植物分布、植被和土壤的分布,甚至人类的活动。所以,构造运动往往是环境变化的重要原因。如发生在第四纪时期的地壳构造运动——新构造运动。第四纪的大幅度差异性升降运动,使得青藏高原抬升成为地球上一个显著的"冷极"。它又使得我国西北内陆成为封闭的大陆性气候的内流区域,形成沙漠戈壁和盐湖。

大气圈是一个巨大的开放系统。大气圈、全球海洋、陆地生态系统、岩石圈和人类社会等源与汇之间,碳的传输交换难以精确度量。大气中除 CO_2 及其温室效应能引起环境变化外,大气气溶胶的阳伞效应会减少到达地表的热辐射,而大气气溶胶的形成与火山活动、风力吹扬和人类活动释放的物质有关。可见,系统内部因素对环境变化的影响也存在着一定的不确定性。

厄尔尼诺现象是指东太平洋沿赤道海域出现的异常增温现象。它通常每隔3～7年发生一次,先在秘鲁和厄瓜多尔沿岸冷水海域出现暖水团,沿着赤道向西扩展,在赤道太平洋形成大面积的增温区,海洋表层水温升高3～4 ℃。它影响着太平洋及其周围的气压和环流,造成气候异常和各种灾害。在东亚和澳洲甚至东非,夏季降水大大减少,造成高温、干旱和森林火灾;在东北亚造成夏季低温多雨天气;在拉丁美洲造成飓风、暴雨和洪涝灾害。

在表层系统的所有环境因子中,气候是最为敏感和活跃的,其他各种因子响应气候变化,从而引起区域环境的改变。如冰川的形成和消融都是气候变化的直接结果。而冰川的形成和消融又会影响全球水文循环,促使海面升降变化,使海岸带发生沧海桑田的巨变;在干旱、半干旱地区,气候的变化既可以导致荒漠扩张、风沙作用盛行、内流水系干涸和水资源短缺,也可以导致荒漠收缩、植被恢复、水系恢复生机。另外,气候变化导致的大陆冰盖消长的过程,还会导致区域地壳因加荷而沉降,或因减荷而上升。

3.人类活动

人类产生于自然环境当中,也是地球表层系统的重要组成要素。总体上看,在过去很长的历史时期,人与环境的关系比较协调。人类作为表层系统的主体,对周围环境的影响是多方面的,而且人类活动存在着明显的时空差异,因此人类活动对环境的影响也表现出一定程度的时空差异。首先,从人类作用于环境的主体看,不同时空背景条件下,人口的数量和质量并不一致,那么活动方式和强度也不一样,对相应的区域环境的影响也有差异;其次,从人类影响环境的途径看,已经从过去的用火的时代进入到用电的时代,用火的时代人类对环境的作用已经很大,而且相对直接,用电的时代人类对环境的干扰能力更加便捷和强大。另外,从环境所受人类活动的影响看,人类活动不仅可以改变环境的要素,而且在某种程度上能够改变环境结构和环境过程,并呈现为不同类型的环境变化。

环境变化是一个具有多因素相互作用,多等级区域分异,多尺度、多幅度节律变化和突变共存的复杂过程。在一个时间序列中,各种环境要素的变化可以是相互关联的,这种关联可以是驱动和响应的关系,也可以是反馈或放大的关系;可以是线性关系,也可以是非线性关系。因此,不能孤立地看某种环境变化现象,也不能认为环境变化是各因素变化过程的简单叠加。

1.2.4 环境问题

1.2.4.1 环境问题的概念

何谓环境问题? 经常见到一些关于环境问题各种具体现象的

描述,却很少见到有关环境问题严格的定义。为了研究的方便,减少理解上的分歧,需要对环境问题的内涵和外延做出统一的限定。前文中有关环境的概念已经有了明确的定义,现在需要对"问题"的解释做规定。有关问题的中英文解释如下。

有关问题的中文解释有五条:

(1)要求解答的题目;

(2)需要研究解决的疑难和矛盾;

(3)关键;

(4)意外事故;

(5)事物之间的矛盾。

有关问题的英文解释有四条:

(1)question,issue,problem(要求回答或解答的题目);

(2)matters(需要解决的矛盾、疑难);

(3)trouble,difficulty,mishap(事故;麻烦);

(4)key(关键,要点)。

可见,中英文对"问题"的基本解释没有明显的差异,与环境组成"环境问题"时,无论理解为是需要解答的题目还是需要解决的矛盾,是环境事故还是环境麻烦,都有一个明确意思的表示,那就是希望能增加对环境的认识,掌握导致环境事故或麻烦的原因,后者本身也是环境认知的一个方面。因此,"环境问题"基本可以理解为所有有关环境的知识。

实际上,人们在谈论环境问题时,并不是指所有有关环境的知识,而是特指由于自然力或人类活动所导致的全球或区域环境中出现的不利于人类生存和社会发展的各种现象。从这个描述性的陈述中,人们并不能得到什么是环境问题的概念,但可以得到一个推论:环境问题是个麻烦,是环境变化引起的,是否形成环境问题的判断依据是这种变化是否影响人类生存和社会发展。尽管这个推论可以大大缩小环境问题的外延,但环境问题的标准仍不清晰。

从逻辑上看,所谓环境问题,是因为环境变化对人类社会发展造成了障碍。值得注意的是,这个判断需要一个重要的前提,即人们知道人类社会发展的正常状态。在这个前提成立的条件下,人们才能进一步根据这种正常状态的偏离程度来判断其是否因环境变化导致,环境变化达到什么程度才会导致相应的环境问题等。在此基础上,根据研究的需要还可以进一步缩小环境问题概念的外延。

由于环境变化的原因非常复杂,既有自然力也有人类活动,不同原因形成的环境变化导致的环境问题也不一样,按照成因可将其分为两大类:原生环境问题和次生环境问题。由自然力引起的环境问题为原生环境问题,如火山喷发、地震、洪涝、干旱、滑坡等引起的环境问题。由于人类活动引起的环境问题(环境污染、生态系统退化)为次生环境问题。前者为天灾,后者是人祸。原生环境问题的解决依赖于人类对自然的认知能力和水平的提高,次生环境问题的解决依赖于对人类社会发展的规律的科学认知。目前人们所说的环境问题一般是指次生环境问题,本书中如无特别说明都是指人类活动引起的次生环境问题。

1.2.4.2 环境问题的类型

人类社会早期的环境问题是:因乱采乱捕破坏人类聚居的局部地区的生物资源而引起生活资源缺乏甚至饥荒,或者因为用火不慎而烧毁大片森林和草地,迫使人们迁移以谋生存。以农业为主的奴隶社会和封建社会的环境问题是:在人口集中的城市,各种手工业作坊和居民抛弃生活垃圾,也曾出现环境污染。产业革命以后到 20 世纪 50 年代,出现了大规模环境污染,局部地区的严重环境污染导致"公害"病和重大公害事件的出现;自然环境的破坏,资源稀缺甚至枯竭,出现区域性生态平衡失调现象等。直到今天,环境污染出现了范围扩大、难以防范、危害严重的特点,自然环境和自然资源难以承受高速工业化、人口增长和城市化的巨大压力,世界自然灾害显著增加。已被人类认识到并日益威胁人类生存的重大环境问题主要有:全球变暖、臭氧层破坏、酸雨、淡水资源危机、能源短缺、森林资源锐减、土地荒漠化、物种加速灭绝、垃圾成灾、有毒化学品污染等众多方面。

从环境问题的定义可以知道,对环境问题的认识取决于人类的认知水平,加上环境问题本身的多样性和复杂性,在不同时空背景下,环境问题的表现和影响也会存在一定差异。当不能对研究对象一一列举时,分类研究则不失为一个理想的方法。

根据环境问题的空间特征,可分为区域环境问题和全球环境问题。

根据环境问题的成因,可分为污染型环境问题、资源耗竭型环境问题和生态环境破坏。

1.污染型环境问题

污染型环境问题主要指由于人类活动使得有害物质或因子进入到环境中,在排放超过环境自净能力的物质或因子通过扩散、迁移和转化的过程,使整个环境系统的结构和功能发生变化,出现不利于人类生存和社会发展的问题。包括由污染物引起的大气污染、水污染、土壤污染和生物污染等,还包括由物理因素引起的噪声污染、热污染、放射性污染、电磁污染和光污染等。典型的污染型环境问题有酸雨。

酸雨是由于空气中二氧化硫(SO_2)和氮氧化物(NO_x)等酸性污染物引起的 pH 小于 5.6 的酸性降水。受酸雨危害的地区,出现了土壤和湖泊酸化,植被和生态系统遭受破坏,建筑材料、金属结构和文物被腐蚀等一系列严重的环境问题。酸雨在 20 世纪五六十年代最早出现于北欧及中欧,当时北欧的酸雨是欧洲中部工业酸性废气迁移所至,70 年代以来,许多工业化国家采取各种措施防治城市和工业的大气污染,其中一个重要的措施是增加烟囱的高度,这一措施虽然有效地改变了排放地区的大气环境质量,但大气污染物远距离迁移的问题却更加严重,污染物越过国界进入邻国,甚至飘浮很远的距离,形成了更广泛的跨国酸雨。此外,全世界使用矿物燃料的量有增无减,也使得受酸雨危害的地区进一步扩大。全球受酸雨危害严重的有欧洲、北美洲及东亚地区。我国在80年代,酸雨主要发生在西南地区,到90年代中期,已发展到长江以南、青藏高原以东及四川盆地的广大地区。

2. 资源耗竭型环境问题

资源耗竭型环境问题是指由于人类不合理地开发利用自然资源引起的资源耗竭和相应的环境变化,这些变化在形成不同形式环境问题的同时,还会打破当地生态系统的平衡。如过度开采地下水引起的地裂缝和海水入侵,过度放牧导致的土地沙化和水土流失,以及森林和淡水资源的减少。

森林锐减:森林是人类赖以生存的生态系统中的一个重要的组成部分。地球上曾经有76亿 hm² 的森林,到20世纪时下降为55亿 hm²,到1976年已经减少到28亿 hm²。由于世界人口的增长,对耕地、牧场、木材的需求量日益增加,导致对森林的过度采伐和开垦,使森林受到前所未有的破坏。据统计,全世界每年约有1 200万 hm² 的森林消失,其中绝大多数是对全球生态平衡至关重要的热带雨林。对热带雨林的破坏主要发生在热带地区的发展中国家,尤以巴西的亚马孙情况最为严重。亚马孙森林覆盖率居世界热带雨林之首,但是,到90年代初期这一地区的森林覆盖率比原来减少了11%,相当于70万 km²,平均每5 s就差不多有一个足球场大小的森林消失。此外,亚太地区、非洲地区的热带雨林也在遭到破坏。

淡水资源危机:地球表面虽然2/3被水覆盖,但是97%为无法饮用的海水,只有不到3%是淡水,其中又有2%封存于极地冰川之中。在仅有的1%的淡水资源中,其25%为工业用水,70%为农业用水,只有很少的一部分可供饮用和供其他生活用途。然而,在这样一个缺水的世界里,水却被大量滥用、浪费和污染。加之区域分布不均匀,致使世界上缺水现象十分普遍,全球淡水危机日趋严重。目前,世界上100多个国家和地区缺水,其中28个被列为严重缺水的国家和地区。预测再过20~30年,严重缺水的国家和地区将达46~52个,缺水人口将达28亿~33亿。我国广大的北方和沿海地区水资源严重不足,据统计我国北方缺水区总面积达58万 km^2。全国500多座城市中,有300多座城市缺水,每年缺水量达58亿 m^3,这些缺水城市主要集中在华北、沿海和省会城市、工业型城市。世界上任何一种生物都离不开水,人们贴切地把水比喻为 quote,即生命的源泉。然而,随着地球上人口的激增,生产迅速发展,水已经变得比以往任何时候都要珍贵。一些河流和湖泊的枯竭,地下水的耗尽和湿地的消失,不仅给人类生存带来严重威胁,而且许多生物也正随着人类生产和生活造成的河流改道、湿地干化和生态环境恶化而灭绝。

3. 生态环境破坏

生态环境破坏是指人类活动作用于周围生态系统,因生态系统要素和结构的显著改变导致的环境问题。其过程主要有:把自然生态系统转变为人工生态系统,从环境中取用各种生物和非生物资源,向环境中超量输入人类活动产生的产品和废物。结果则主要表现为物种灭绝和土地荒漠化。

物种灭绝:现今地球上生存着500万~1 000万种生物。一般来说,物种灭绝速度与物种生成的速度应是平衡的。但是,由于人类活动破坏了这种平衡,使物种灭绝速度加快,据《世界自然资源保护大纲》估算,每年有数千种动植物灭绝,到2000年地球上10%~20%的动植物即50万~100万种动植物将消失。而且,灭绝速度越来越快。世界野生生物基金会曾发出警告:20世纪鸟类每年灭绝一种,在热带雨林,每天至少灭绝一个物种。物种灭绝将对整个地球的食物供给带来威胁,对人类社会发展带来的损失和影响是难以预料和挽回的。

土地荒漠化:简单地说,土地荒漠化就是指土地退化。1992年联合国环境与发展大会对荒漠化的概念作了这样的定义:"荒漠化是由于气候变化和人类不合理的经济活动等因素,使干旱、半干旱和具有干旱灾害的半湿润地区的土地发生了退化。"1996年6月17日是第二个世界防治荒漠化和干旱日,联合国防治荒漠化公约秘书处发表公报指出:当前世界荒漠化现象仍在加剧。全球现有12亿多人受到荒漠化的直接威胁,其中有1.35亿人在短期内有失去土地的危险。荒漠化已经不再是一个单纯的生态环境问题,而演变为经济问题和社会问题,它给人类带来贫困和社会不稳定。截至1996年,全球荒漠化的土地已达到3 600万 km²,占整个地球陆地面积的1/4,相当于俄罗斯、加拿大、中国和美国国土面积的总和。全世界受荒漠化影响的国家有100多个,尽管各国人民都在进行着同荒漠化的抗争,但荒漠化却以每年5万~7万km²的速度扩大,相当于爱尔兰的国土面积。在人类当今诸多的环境问题中,荒漠化是最为严重的灾难之一。对于受荒漠化威胁的人们来说,荒漠化意味着人类将失去最基本的生存基础——有生产能力的土地。

1.3　人口与环境关系的研究进展

人口与环境之间的关系是自人类起源以来就存在着的客观关系。远古时代,因生产力低下,人类只能消极地适应环境;随着生产力的提高,人类由适应发展成为主动利用和改造环境,人口与环境的关系变得复杂。工业革命后,在科技力量的推动下,人口与环境的关系进入一个全新的阶段,人类对环境资源的大规模开发利用,扩大了生存空间,提高了环境对人口的承载能力。但是,人类对自然环境的破坏能力也随着人类获取资源能力的增强而增强,人类的生产和物质资料的生产都是在一定的环境中进行的,它们既受环境条件的约束,也会在生产与消费过程中破坏与污染环境、改善与影响环境,而变化了的环境又反作用于人类并影响其生存发展。另外,人工环境里也存在着有害于人类身体、精神和社会健康的严重缺陷。因而,如何正确处理人口与环境之间的关系就成为人口学、经济学、社会学、环境科学等学科研究的一个基本领域,并且取得了一系列的理论成果和观点。

1.3.1 国外研究述评

大约200年前,马尔萨斯以土地报酬递减规律为前提,以土地数量和质量对经济增长的限制作用为基础,提出了关于人口增长与经济增长关系的理论,即马尔萨斯人口陷阱理论。他认为:自然资源是绝对稀缺的,不会因技术进步和社会发展而有所改变。人口在没有抑制的情况下,按几何级数增长,使得人口的数量增长呈加速之势。自然资源是一定的、有限的,因而生活资料的增长是缓慢的,呈算术级数增长。如果人类不能认识到自然资源的有限性,不仅自然环境与资源将遭到破坏,而且人口数量将以灾难性的形式,如饥荒、战争、瘟疫等而减少。马尔萨斯人口陷阱理论不但提出了人口数量与环境关系的警示,还是最早系统地研究人口与环境关系的理论研究之一。客观地看,马尔萨斯的假说存在着一定的局限性,其局限性主要来自"两个级数"的简单假定和对技术进步认识的不足。自从马尔萨斯的观点和论述问世以来,遭到了学者们的广泛质疑和批评,并从此拉开了人口与环境关系长期论争的序幕。

福格特(1981)引用广泛的资料,证明人口过剩遍及全球,到处都存在着一个严峻的考验——生存之路,特别突出了发展中国家的人口问题,认为"中国确实不能供养更多的人了",并通过对人口与环境问题的分析指出:人类由于生育过度和滥用土地已陷入了生态陷阱。

阿尔弗雷·索维（1983）从技术变革、经济结构变革、就业变动等影响出发，求得最适宜的人口，考察了在生产技术等条件发生变动的情况下，人口增长同经济增长、社会福利增长的关系，认为："适度人口"是一个以最令人满意的方式，达到某项特定目标的人口。该理论曾为不同国家和地区的人口目标制定提供了一定的依据，但其不足之处在于如何从多种人口目标中确定哪一种是最重要的。

保罗·艾里奇（2000）通过对不同国家和地区的人口增长率分析，认为：人口爆炸主要来自第三世界，人口若继续如此快速增长下去，肯定会酿成一种环境危机，并将导致人类最终毁灭。他的人口爆炸论虽然有点危言耸听，但是发展中国家人口增长迅速的客观事实，却能警示人们必须重新认识人口增长对环境的压力问题。1972 年，罗马俱乐部出版了《增长的极限》。该书以影响人类生存与发展的人口、资本、粮食、资源、环境五大主要因素建立了系统动力学模型。系统中五大主要因素互相作用，人口的不断增长需要更多的粮食供应，从而使得资源耗竭、环境恶化，认为：环境影响＝人口×财富×技术，环境不能支撑现有技术条件下的无限经济增长。

以上不同学者从不同角度出发，用各种数学模型推算了未来的人口增长，却得到了一致的悲观结论：即人口的不断增长会导致环境的恶化。而马克思主义的人口理论认为人类社会的每个阶段有它自身的人口规律，人口增长模式对于一定的社会经济制度具有内在性，生产力发展水平是人口状况的最终决定因素。

1.3.2　国内研究述评

1.3.2.1　环境的人口容量估算

人口与环境研究的重点是地球表层系统中的人口增长与环境

变化,这里首先要考虑的是人口对环境的影响是否仅为负面的,其次是考虑人口的合理数量问题。从人与环境相互作用的角度出发,人口对环境的影响不会仅仅是负面的,这在一定程度上增加了考查区域人口数量合理性问题的难度。一般来说,人口数量考查不能忽略以下几个方面:第一,环境的人口承载能力问题;第二,最大人口问题;第三,经济最优人口问题;第四,最小人口数量问题。

国内学者针对环境的人口容量研究主要是出于一种实用的目的,试图用它来指导人口实践,确定中国理想的人口目标。孙本文在1957年从中国当时粮食生产水平和劳动就业角度,提出了8亿是中国最适宜的人口规模;在马寅初《新人口论》之后,因多种原因人口研究中断多年。改革开放初期,田雪原等(1979)从经济发展速度假定未来若干年内固定资产增长速度和劳动者技术装备增长速度,以生产性固定资金、劳动技术装备程度和工农业劳动者等指标为基础推算总人口,认为100年后中国经济适度人口在6.5亿~7.0亿。胡保生等则用多目标决策方法,参照各国生产水平和生活水平,对20多个社会、经济、资源指标进行可能度和满意度分析,得到中国100年后人口总数以保持在7亿~10亿为宜。胡鞍钢(1989)从就业和人均收入、人均占有粮食、生态平衡以及人口老龄化对人口结构的影响这几个方面分别探讨了中国的适度人口。朱国宏(1996)认为土地的人口承载力,其实就是土地资源所能提供的食物总量及其所能负担的人口数,这一方面与食物供应绝对量相联系,另一方面则与人口消费水平(取决于生活水平和生活质量)相联系。按人均占有粮食与预测的中国食物最大生产潜力为依据,估算最大承载人口。袁建华等(1996)认为人均国民收入达到中等发达国家的发展水平时,根据人均年用淡水量和中国水资源总量,估算了中国的适度人口。

田雪原(2001)认为国内外的适度人口研究主要限于人口的

数量方面,适度人口论应定义为"相对于一定历史条件下的资源、环境、经济和社会发展来说,人口的数量是适当的,质量是稳步提高的,结构是比较合理的,即能够促进人口与其他发展因素协调发展的人口。郭志刚(2000)认为人口资源环境的理论研究视野中必须包括经济过程,经济过程是连接人口、资源与环境的中心,强调重视生产性消费对资源、环境的影响,转变经济增长方式对于经济发展和解决人口、资源与环境问题有重要意义。杨云彦(1999)提出:人口增长并非资源环境问题的全部成因。从资源角度看,首先,人口数量的不断增长,使得在同等消费水平下,对资源的需求量同比增加;其次,生活水平的不断提高、传统生产方式和消费模式对资源不加限制的利用,提高了个人消耗资源的平均水平。二者的叠加使得人类消耗资源的速度大大超过了人口增长的速度,同时在满足人类快速增长的需求的过程中,生产和生活废弃物大量增加,对环境的压力也不断加重。

综上所述,许多科学家对中国最大人口容量进行了分析,研究思路基本上都是把地球表层系统分成人与环境,人依赖环境获取资源生存,由于资源的有限性,所以人口增长必须适度。适度人口决定于多种资源的综合约束,或者是采用某种必需的最稀缺资源的最大承载力,从方法上看,极值法可以对最坏的结果进行预测,同时也留下了改进或调整的余地。这种二元论观念虽然有助于人们认识人口与环境的关系,但对当前人口与环境关系的科学认识还远远不够。与此同时,国内学者除用各种理论和模型来估算人口增长的合理速度和极限值外,人口与环境关系的研究方法也得到了较快发展。

1.3.2.2 理论与方法的发展

米红等(1999)对传统的以产值—收入为中心的发展评价方法进行变革,创建了一套系统的中国县级区域人口、资源、环境与经济协调发展下的可持续发展的评估指标体系和管理方法。该方法通过观察某县一段时期以来的发展趋势或同一时点上它在多个县中可持续发展水平的相对位置,比较而得的可持续发展水平差距出发,按计算层次逐步回溯,寻找促进或阻碍该县级区域持续发展的具体因素,为制定下一步可持续发展战略作参考。蒋耒文等(2001)认为在研究人口与环境的关系时,选择适当的人口参数和合适的人口分析单位非常重要。不同群体、不同区域的人们在生产和消费行为方面的差别应当考虑在内,人口分析单位的选择取决于人口中这种差别的显著程度及所研究的环境影响的种类。在许多情况下,家庭的变化比人口个体的变化对环境的影响更加重要。当研究家庭变化的影响时,只考虑家庭的数量是不够的,应当加强对家庭构成变化的影响分析。陈勇等(2002)在对山区的人口与环境进行研究之后,得到的结论为:山区人口与环境的关系既可以表现为相互恶化,也可以表现为良性互动,其中间过程是通过人类对土地的不同利用方式而得以实现的。廖顺宝等(2003)用GIS 工具分析了青藏高原地区人口分布与海拔、土地利用、道路网、河流水系等环境因素的关系以及人口密度与居民点密度之间的关系,认为青藏高原地区人口分布稀疏,主要是因为该地区生态系统生产力低,内部调节能力弱,环境容量小。李君甫等(2004)对秦岭北麓具有中国秦巴山区村庄代表性的一个小自然村的人口变迁和资源与环境(包括水、耕地、林地、滩涂、草地和动物)的变迁进行了研究,结果表明:随着人口的增加,资源和环境状况会逐渐恶化;随着人口的减少,生态环境会逐渐恢复。童玉芬(2004)通过对新疆塔里木河流域的人口与生态环境演变之间互动机制的分析,用系统动力学方法建立了该流域的动态仿真模型,通过模型的多方案运行,观察未来该流域各种人口变动条件下生态环境的可能演变后果,从而提出有利于流域生态环境的合理人口变动条件与政策。李群等(2005年)将逆系统方法引人福建省资源环境人口的协调发展系统中,应用灰色预测模型建模,探索了逆系统方法在区域经济可持续发展预测中的应用。其得出了如下结论:生态环境问题说到底就是人与自然的关系问题,即人口、资源、环境如何协调发展的问题;从人类社会的历史看,人口、资源、环境存在着一定的内在联系:人口增长—需求增加—开发资源—影响环境,在这一过程中,起主导作用的是人类行为。

1.3.3　传统研究热点

环境概念本身涉及多个方面,包括各种自然环境和人工环境(社会经济)。但是,到目前为止,还没有一个令人满意的综合性指标来表征环境的状况,因此国际上对人口与环境关系的研究,除个别研究人口与整体自然环境关系的成果外,大多数集中在人口与自然环境某个要素的关系上,但对社会经济环境与人口的关系却缺乏相应的研究。

对人口与土地利用方面的研究,主要集中在人口与土地利用方式、人口与耕地面积变化、人口与土地退化之间关系的定性描述和定量关系的研究上。例如沃尔曼(1983)通过对历史数据的分析,证明了在过去6 000年时间里,全球土地利用模式的确随着人口的增长而变化。比尔鲍若与乔尔斯(1993)论证了人口密度与农用可耕地之间存在的正相关关系。潘尼欧托(1994)通过分析证明了泰国在1960～1990年30年的时间序列中,人口增长和土地利用变化之间存在着相关性。

人口与环境污染研究中,主要集中在人口变化是否引起环境污染的加剧,影响的程度如何,以及人口对哪些污染物质比较敏感等方面。例如寇尔(1993)发现硝酸盐类的污染程度与流域内的人口有十分密切的相关关系,认为有55%的硝酸盐类污染的增加是由于人口倍增引起的。明克(1993)则发现人口的增长与氮的使用增长成比例。而且发现,人口与污染,尤其与硝酸盐类污染程度的比例关系,在环境污染的治理和管理无效或者低效的时候更为明显。这说明经济结构、环境制度等对人口与环境污染的关系有重要影响。

人口增加与森林减少之间的关系正在引起越来越多人的关注,同时这个问题与土地利用变化也密切相关。这方面的研究主要集中在人口增长是否与森林的减少存在显著的关系,以及如何影响森林面积的变化。例如,扫斯给特(1994)发现在 24 个拉美国家中,农业边界的扩展与人口的增长和农业出口成正比,而与农业产量成反比。克劳珀和格里非斯(1994)采用亚洲、拉丁美洲和非洲在 1961~1988 年的数据,发现在森林减少与收入之间存在倒 U 形关系,与人口增长和农村人口密度之间存在正 U 形关系,但后者的关系不太显著。巴比尔(1996)分析了 1980~1985 年 21 个拉美国家的例子,发现农村人口密度、原木产量、农业产量几个变量可以解释大约一半的森林减少变量。塞克森那等(1996)发现人口数量和社会经济状况对森林减少都有重要的影响,其结果为:在考虑其他因素下,人口不得不被认为是森林减少的驱动因素之一,所有这些要素相互影响的作用是驱动森林减少的关键原因。

地球上曾经经历过多次的气候变化,例如冰期和间冰期。但是,人们发现近年来气候变化的幅度和形式已经超出了正常状态。许多研究表明,大气中 CO_2 气体浓度的增加在很大程度上是人类引起的。保罗·艾里奇(2000)提出了一个理论上的框架,得到广泛的应用。这个框架假定环境影响 I 是由人口规模 P、人均消费水平 A 以及技术决定的人均污染产生量 T 三者相互作用决定的,即 $I = PAT$。这个方程被一些研究者用来检验人口规模在气候变化上相对于其他要素的相对重要程度。

总之,上述对人口与环境关系不同方面的研究,体现了下面一些共同的特点:大多数研究目前主要集中在人口数量变动,尤其是人口规模及其增长与环境关系的研究,很少涉及人口的其他方面;目前大多数研究主要采用统计学方法对人口规模与某环境要素之间进行相关性检验,比较少地涉及相互作用的机制和因果关系的分析;很多研究基本上都承认人口与环境的关系受到其他媒介因素的影响;认为人口与这些因素共同对环境某一方面的变化起作用。除人口与上述环境要素关系的研究外,还有研究集中在人口与水资源、人口与生物多样性以及人口与整个环境的关系方面。

以上这些有价值和有分量的研究成果,对人口与环境关系的研究,从一般的规律扩展到不同区域内不同的人口与环境关系的理论研究;从定性分析到定量和实证分析的方法发展,为今后人口与环境关系研究准备了理论和方法论基础,也为人口与环境关系研究提供了方向。

1.3.4 主要研究方法

从目前人口与环境研究方法上看,既有定性研究,也有定量研究。在定量研究中,一些是线性静态研究,一些是非线性动态研究。有些分析中有反馈,有些则没有。归纳起来,定量研究方法主要有以下几种类型。

1.3.4.1 简单计量模型

简单计量模型研究涉及比较简单的计算和说明。最简单的计量模型,是用人口预测数据和某个环境变量的人均水平指标的乘积来反映整个环境状况。例如用人口总量和人均污染排放水平数据来推测未来总的污染排放量,然后比较没有人口增长和有人口增长的时候不同的排放水平,从而说明人口在环境污染中的作用。

1.3.4.2　IPAT 模型

IPAT 模型即 $I = PAT$ 模型，可以看做是上述简单计量模型的扩展，即在人口规模与人均水平之后增加了一个技术指标 T。目前 IPAT 模型在环境污染问题和气候变化中应用非常多，主要用于确定人口因素在某个环境因素中所占的份额和重要性，也可被用来进行未来的模拟分析。IPAT 模型可以直接应用，方法比较简便，也可以通过一定的方法转变为随机统计模型，进行统计分析。当直接应用时，主要是采用以下三种形式：

（1）直接比较给定模型右侧各驱动变量 P、A、T 在一段给定的时间内最初和最终的数值比，观察各个驱动因子变化程度的大小，来说明它们对环境的影响。

（2）对公式 $I = PAT$ 两边求微分，并以差分方式表达为：

$$\Delta I \mathrm{d}I = \Delta P \mathrm{d}P + \Delta A \mathrm{d}A + \Delta T \mathrm{d}T$$

该公式将环境变量 I 的增长率表达成每一个驱动因子各自的增长率之和。

（3）假定某个感兴趣的变量保持不变，然后观察其他因子变化下环境指标 I 的增量变化；或者保持其他变量都不变，给定感兴趣的某个驱动变量不同的变化量，观察和比较环境后果 I 的变化。但是 IPAT 模型在使用中也有一些非常明显的弱点：第一，这个方程无法表达右边几个变量之间的相互作用关系，尤其当右边各因子对环境的作用方向相反的时候，将会产生相互抵消的作用，方程无法反映这种状况。第二，将互相影响的各驱动变量当做相互独立的因子来处理，与现实不相符。第三，模型没有考虑其他因素的影响，例如体制，社会经济发展水平。因而，一些学者将 P、A、T 作为直接最邻近影响因素，而将社会经济等作为最终原因进行解释。

1.3.4.3　统计分析模型

统计分析模型是通过统计分析，建立人口要素与环境要素之间的相关关系。该分析一般需要识别出关键人口或者环境变量，并且对相关函数形式有很高的限制，例如预先规定是线性还是非线性，或者预先规定某种回归模型。最常见的统计模型是直接建立某些环境因子与人口、经济等驱动因素间的关系，例如对人口与耕地面积、人口与 CO_2 排放等建立相关模型。另外，通过主成分分析方法，将人口作为诸多影响环境变化的要素之一，分析各种主成分以及构成主成分的要素对环境的贡献。这种方法在环境或者地理学界采用较多。在很多情况下，人们则比较多地采用一种将固定模型 $I = PAT$ 的随机统计转换，例如通过对该方程两边取自然对数，将乘积模式转变为相加的模型，即

$$I = PAT \rightarrow \ln I = a \ln P + b \ln A + c \ln T$$

然后对相关历史数据进行回归求解，计算出参数 a、b、c 的值，代入公式，建立环境 I 与其他人口、人均消费水平和技术等之间的相关关系。

1.3.4.4　系统仿真模型

系统仿真模型是在人口与环境关系研究中比较受到关注的方法。它一般将人口与环境的各种因子，以及影响二者关系的各种媒介因子都放在一个大系统内，建立各种因子之间相互作用和反馈的关系模式，通过对系统内部主要反馈回路的对比分析，研究系统内部因子相互作用的机制，揭示系统的行为。将这些因子间的关系用数学方程表示出来，就成了定量的仿真模型。系统仿真模型在人口与环境关系的研究中，可以通过模型对历史状况的模拟，在假定人口因素（或其他感兴趣的变量）不变或者以某种方式变化时，比较实际的环境状况与假定条件下可能的环境状况，从而判断人口或其他某个变量在环境中的作用程度。但是，目前系统仿真模型存在一个缺憾，就是难以反映人口与环境要素之间相互作用的空间分布与组合形式。它更适合于历史的纵向的分析。近年

来,在环境动态监测各评价方面被广泛应用的遥感信息和地理信息系统 GIS 的结合,能够通过对不同地理单元内各种地理信息的采集、转换和软件工具的集成处理,对环境演变的空间模式、要素间的统计关系以及时间变化进行系统模拟,但是对于环境变量中要素间的相互作用机制等未能很好地揭示。目前,如何将表达长期时间序列和系统内部结构关系的系统动力学仿真模型,与擅长反映空间动态变化的地理信息系统模型结合起来,可能是人口研究未来发展过程中极具挑战性的工作。

1.4　研究思路、内容与结构安排

人口与环境的研究内容与人与环境的研究内容有所差别,人口与环境更多的是强调人的数量和质量差异、不同人口构成的社会环境差异,以及这些差异在时空表达上引起的人类活动方式的变化对自然环境的影响,而且这种影响与人口内部的差异性关系密切。而人与环境研究的是以抽象同质的人为中心的环境变化,以及人类活动对环境影响的可能性及其变化规律。

对人口与环境关系的探索采用的思路是,在进行基本概念描述限定的基础上,首先对不同时空背景条件下的人口变迁事实进行梳理,并结合历史数据和资料重点讨论影响人口变迁的主要因素,以及人类在受到众多因素的作用时采取了什么样的人口策略来应对环境的变化等。由于人口策略是应对环境变化、保证人类生存繁衍的手段,这种手段的实施和产生的效果与环境的变迁往往并不同步,因此在针对环境变迁及其影响因素进行分析之后,还需要探讨人口策略对环境的影响,以及在此过程中产生的实际问题,即环境问题,包括自然环境问题和社会环境问题。由于人口策略产生的人口问题,以及在人口变迁过程中对环境作用后导致的环境问题相交织,不但增加了解决人口问题的难度,而且增加了环境问题的复杂性和不确定性。

为了突出人口变迁过程对环境的影响,本书在内容结构的编排上分为两部分:第一部分是对人口变迁过程中各种人口策略形成的分析,包括第 2、3、4 章,内容分别是人口变迁、影响人口变迁的因素、人口策略;第二部分包括第 5、6 章,主要内容分别是环境变迁和环境问题;第 7 章为结论部分,也是对前面两部分的综合分析,内容是人口与环境问题,重点探讨人口变迁过程中人口对环境的作用,以及在人口不断增长的过程中,人类如何面临未来不断出现的新的来自人口和环境方面的约束。

第 2 章　人口变迁

从环境的概念出发,在地球表层系统中,人是这个系统的主体,人周围的一切构成人生存的环境。因此,人口变迁不仅直接导致社会、经济环境的变化,还会对自然环境产生直接或间接的影响,人口变迁在研究人口与环境关系时是一个关键因素。如果不考虑人的生物物种演化,人口变迁则主要表现在两个方面:某个区域内的人口时间序列变化,某个时间段内的人口空间分布变化。

2.1　人的产生与演化

2.1.1　人的产生

历来人们都认为原始的生命与非生物有着质的区别,现在的科学家已经提出了生物是由非生物进化而来的观点,而不是将生物和非生物截然分开。根据生物学家测定,有生命的存在物出现在距今约 19 亿年以前。生物从低级向高级不断地进化:从微生物到原始植物,继而进化到无脊椎动物,最终进化到脊椎动物。这些脊椎动物和其他的旁系无脊椎动物及植物一起,约于 3 亿年前开始适应陆上生活。最早适应陆上生活的是两栖动物,随后是史前时期的爬行动物,接着是鸟类,最后则是哺乳动物。哺乳动物在生物界占统治地位已达 6 000 万年。

2.1.1.1　人的起源

人类祖先的演变发生在有 6~7 次大冰期和 5~6 次间冰期的更新世时代。当时急剧的环境变化迫使所有的动物必须不断地适应和再适应新的环境。能否适应的关键不是取决于蛮力，也不取决于耐寒的能力，而是取决于智力的不断增长。从人类的历史起源来看，人类是地球的产物，人类不是地球上最早出现的生物，也不是唯一的生物，人类的出现只不过是地球上生物物种不断产生和消失过程中的一个偶然事件。那么，从理论上讲，人类这个物种迟早会消失，至于会在什么时候消失，则要取决于人类对环境的适应。

　　人类从动物演化而来的说法几乎被所有的科学家所认同，无论是解剖结构、胚胎发育过程，还是考古学的化石研究，有许多证据表明人类与其他动物之间的类似迹象。但对一些细节问题还有分歧，如人类的起源地是一处还是多处的问题。非洲起源论认为最早的人类起源于非洲，然后迁移到世界各地；多地域起源论则从最近在爪哇出土的古老化石得到足够的支持。尽管不能知道确切的年代和准确的地点，但可以肯定的是，早在 40 000 年以前，具有思维能力的人已经出现了。它意味着地球发展的第二大转折点。第一次是生命从无机物中演化而成的事件。第一次转折点之后，所有的生物种类都通过适应其生存环境，以基因突变和自然选择的方式进化。即生物的基因能够适应环境的变化，这一点在更新世时期表现得尤为明显。但随着人类的出现，这一进化过程发生了变化。人类通过改造环境来适应自己的基因，而不仅仅是改变自身的基因去适应环境。随着对基因结构和功能的认识不断增加，人类也许很快就既能改变其所处的环境，又能改变自己的基因。由于人类独特的彻底变革环境的能力，所以人类不用像其他生物那样经过生理上的突变便能很好地应对周围环境的变化，即通过文化创造（包括工具、衣服、装饰、制度、语言、艺术、宗教和习俗等）的非生物学途径就能解决适应自然环境变化的问题。看起来人类是在不断进步的，遗憾的是，人类日渐觉得自己能够改造的环境正变得越来越不适合居住。

在漫长的史前时期,人类的远祖居住在能够发现食物的地方,与其他动物一样靠采集为生,他们依赖大自然,并为大自然所支配。为了追猎食物、寻找野果或渔猎场地,他们不得不经常过着流动的生活。由于一个地方所能提供的食物有限,按理人们应该分成小群行动,但通过人类学家对现存的食物采集部落的研究发现,有物共享的生活方式不但在世界的许多地方都存在,而且延续了很长一段时间。那么,在不断适应环境变化的过程中,究竟是什么原因导致人类选择群体生活并形成协作性的团体的呢?

人类超过其他物种对环境的适应能力,在于他凭借自己优越的智力发明了各种工具,除用这些工具来适应环境外,还用这些工具来创造自己想要的环境,同时也创造了人类特有的文化。可见,文化不仅能影响环境,如对资源环境的利用;还会影响人的行为,如社会再生产和人口再生产行为。因此,研究人类文化演进的动力和方向,对于探讨人口与环境的关系至关重要。

2.1.1.2 文化的演进理论

关于文化是什么,不同的人有不同的定义。泰勒认为:文化是一团复合物,包含知识、信仰、艺术、道德、法律、风俗以及其他因为社会的成员而获得的能力及习惯。威斯勒所给的定义为:"文化"一词是用以指人类的习惯与思想之全部复合物,而这些习惯与思想是由于所出生的人群而得的,他的更简化的描述为"文化是生活型式",根据他的定义,人类无论先进或落后、野蛮或文明,都有其生活型式,所以都有自己的文化。可见,文化是人类活动的结果,不是遗传的,而是在适应和改造环境的过程中产生的,文化也会随着这个进程而变动,而且不同地区和民族的文化也必然存在差异。

人类利用工具和其他非生物手段创造自己想要的环境时,在自然环境的基础上又创造了新的人工环境,这样人类在进化的过程中不仅要适应自然环境的变化,还要适应不断变化的人工环境。

人类要适应环境的第一要务是生存,生存就需要食物,人们在寻找食物、躲避风雨和防御敌人的过程中互相帮助,并逐渐形成初级阶段的社会组织和政治组织,这些社会组织和政治组织也属于人类文化的一部分。

文化作为人类活动的结果,它不是突然发生的,其演化也会随着人口增加与活动的加剧而逐渐加快。在漫长的人类进化过程中,在生存竞争中经过无数次的经验逐渐发生的史前文化,对于探求有史以来人类文化的演进无疑是根源性的。有史之初,人类的状况虽略有记载,但毕竟是荒渺而难以考稽,不很明白的。虽然如此,但文化的关联性决定了有史以来的文明民族与史前时代或野蛮民族有一些相似之处,所以从人类学的典籍中找出不同时代民族的文化来研究文化的演进是可行的。如文化在什么条件下才发生?它的发展有何程序?文化要素(社会组织、物质生活、宗教艺术、语言文字)的起源演进有什么不同?它们对人类活动方式的影响如何?目前,对文化的产生和演进的研究还没有一个统一的结果,大致有如下几种假说。

1. 社会演进论

社会演进论的前提:心理一致,即所有民族的心理都是一致的;物质环境处处相似。结论:心理相同而物质环境的刺激又没有显著差异,于是各地都会自己发生文化;刺激与反应相同,文化演进必然循着可以比较的或完全相同的路径。推论:路径相同但不代表程度一致,即有可能是不同民族处在同一线路的不同阶段,各阶段的次序是固定的,其前进是逐渐的。

2. 传播论

传播论的前提:人类的创造力极低,发明是很罕见的事,不同的民族有相同的发明更是绝无仅有。结论:文化由一个或少数几个地域生发出来,各民族的文化大多由传播而来。如妇女发明种植,其后行母权政治;狩猎导致男子技术发生,行父系制;由狩猎而发生畜牧,成为游牧民族的文化。后来的历史都不过是这三种文化的传播及相互影响。前两种的混合便发生村落生活;农业与工业的联合,加上游牧文化便成为近东的"原文化"。

3. 文化区域论

文化区域论的前提:一个部落的文化便是其思想与行为的集合体,它包含许多单位,这些单位构成某种文化特质,这些特质与许多附带的东西合成为一个"文化丛",如食米的文化丛,常会附带一些培养、收获、保存、烹饪等技术,以及财产权、法律、社会惯例、宗教禁忌等结合在一起的集合体;以"文化丛"为标准可将某些地域分成不同的"文化地域"。结论:在一个文化区域内文化大体相同,但存在差异;边界地区常和别的区域的文化混杂逐渐脱离本区文化的性质;在中央的可为本区的文化标准,因为本区的文化是从这里传出来的,所以也可称为"文化中心";中心与边界之间的区域,其文化依次减少标准的性质。推论:若是边界的便是传播的,若是中心的便是独立发明的;从文化的特质本身考察,可以知道它发生于何处,或传播到了哪里。

4. 文化压力论

文化压力论的主要观点为:环境的势力能影响学说的形成,要从观察它的起源直接发现环境的势力是很困难的,但通过观察其对学说的反应更容易完成;观念的兴盛(变成社会的观念)并不是由于其所含的真理,而是由于它适应某种旨意,这种特别的旨意才能把观念变成文化压力,并赋予社会的意义,而这些意义比观念本身更重要;人类社会充满了这种压力,它代表着心理形式的群体的意旨,之所以称为压力,是因为它所代表的观念依赖于群体的意旨的力量,其内容往往是更为感性的,而不是理智;任何人都是由他所处环境灌输以思想意识、思想倾向、幻想和偏见,但文化压力是社会思想所必需的,没有它社会思想便没有统一和完成,而变成无意义的东西。

2.1.1.3　物质文化和非物质文化

　　人的大脑使他能够积存经验以备后来的参考,并且能把个人的经验综合起来,创造出新的办法以适应环境。可见,人类进入这个世界是带了相当的探索力和创造力来的。物质文化的起源都是由于发明。从客观上讲,发明是指事物与程序的新结合,以获得新的结果;从主观上讲,它是在思想上利用已经发现的事物与程序的性质,以产生客观的新事物。概括起来便是:发现的利用便是发明。发现和发明的区别很难觉察出来,尤其是在原始社会。有时发明虽然不过是发现的重演,但它的本身不能不说是有意的。较为复杂的发明可能是多种发明的结合,这多种发明也许是逐一获得,其时间间隔也许很长,但原始人类能够利用及联合所发现的事物以生出发明来更好地适应和改造环境,则充分表现了人类的智慧。

　　古代的钻木取火、制陶、成衣、标枪、小舟和独木艇等都包含很多发明要素,这些发明都是为了帮助人类更加经济地适应环境。当所处环境改变或进入新的物质环境时,人们就采用多种物质文化的事物与程序来适应它。适应的方法往往不止一种,当一种适应的方法取得成功之后便会得到巩固,同时还会产生一种拒绝变动或改良的倾向,不论变动是内生的还是外来的。虽然拒绝变化,但这种方法会向外传播,传播的方向是与它相似的环境,除比较相似的区域外便不再传播。其中最典型的莫过于火的应用。

　　在地球生命存在的所有时期,火在不同程度上一直是一种环境因素、一种生态过程和一种演化的力量。很多神话表明,仅当我们获得了火,才成为真正意义上的人类。火是地球所特有的,掌握火则是人类所特有的。当所有的物种为适应环境而选择它们生存的空间时,只是改变了火的环境。当人发明了点火的方法时,作为一种独特的、从没和其他动物分享的力量,能够随时点燃火,使之持续燃烧,并使之蔓延到自然环境之外,对于生物圈来说,它使得地球上的一切均发生了深远的变化。

到目前为止,还没有发现不会用火的民族,火能与所有可以想到的技术相互作用,这种相互作用不仅改造了环境,也改造了原始人类。火改变了人的日常饮食,使太硬或有毒的食物变软或去毒;火解放了人的颅骨,使它不需要支撑那些本该用于咀嚼生食的大块食物,这样头骨可能增大,大脑也随之增大;拥有火还改变了社会关系,一个群体的形成也许是以分享同一堆篝火为纽带的。可以这样说,如果说人类解放了火,那么火也解放了人类。

早期的捕食关系因火而发生改变,当人类掌握了火焰时,整个世界便成了原始人类的一个洞穴,它为火焰所照亮、保护、温暖和控制。但其结果却未必为地球所愿。因为生物圈需要一种可靠的火花,它的发生也遵循生物节律,服从生态过程并因自然选择而形成。然而自然得到的是一个有探索和创造能力的存在物,它的存在不仅受自然环境的约束,还受到社会和文化的影响。作为火焰的保管者,人类是为了自己的目的而管理火,并没顾及自然的需要。

从人类掌握火的历史角度来看,它几乎就是农业的同义词。燃料可以通过砍伐(树木)或采摘(树枝)而得到,通过种植和休耕而增长,并伴随耕地和牧场的规则变化而燃烧。世界范围的广泛燃烧产生于农业的广泛种植所形成的燃料。然而人类控制火的力量要受到两个方面的约束:一是自然能提供的燃料,二是人类所能利用的燃料。所以,从农业只能得到一定量的生物燃料,当发明了内燃机时,燃料的限制就因为人类采掘矿物燃料而大大减轻了。这也标志着工业化的开始,对火的限制就不再是火源和燃料,而是大气吸纳燃料肆意燃烧所产生的副产品的能力。今天的温室气体多是因燃烧产生的,火对人类和自然的影响可见一斑。

社会组织并非人类的专利,动物界的社会组织也很有秩序,但它不影响社会组织成为人类文化中极其重要的元素。社会组织与其他文化元素的发明、发展都有着极大的关系,如语言的发达有赖于社会,宗教信仰也必须有社会的条件,经济社会须依赖社会的协作分工方能成功,知识技术的发明须在社会上传播方能改进,甚至艺术创作的动机都有赖于社会的共鸣。因此,要了解人类的变迁,就需深入了解人类的社会组织。社会组织的内容包括组织要素、结构及要素间的相互作用关系等,社会结构的形式有家族的、政治的、职业的、宗教的、教育的、结社的,等等。关于社会组织的演进目前还没有比较一致的理论。

人类产生之后,在不断演化的过程中,形成了丰富的物质文化和非物质文化,这些文化不仅有利于社会经济的再生产,也会直接或间接地影响人的再生产。

2.1.2 人口估算与统计

世界人口的数量最早究竟有多少?一直没有准确的数字,史前时期由于没有记录,人口只能依赖考古或其他的替代方法估算,即使进入有史以来的文明时期,虽然有了有关人口的统计和记录,但人口数量的准确性依然存在着疑问。尽管困难重重,却没能阻止人们对人口数量及其变动规律的探索热情。

2.1.2.1 **史前时期的人口估算**

近代西方有学者估计,大约 100 万年以前,即旧石器时代的早期,世界人口为 1 万~2 万;到旧石器时代晚期,即距今 10 万年以前,世界人口大约增加到 320 万。这些当然都是估计的数据,其准确性很难保证,但如果其估算的方法合理,这些数据还是可以用来作为参考的。从估算的方法看,其主要遵循了两个依据:一是当时人类活动的区域面积,二是当时平均单位面积可能栖息的大致人口数量。

一般认为,人类早期活动的区域范围比现在小得多。早期人类的活动范围不仅不包括海洋,而且不可能有像今天这样的陆地面积。这是因为人类处在其幼年时期,几乎完全依靠自然的恩赐生存和繁殖后代,而只有在那些气候温暖、水源充足、存在大量野生动植物和水产资源的地域才能为人类提供生存保障。自然条件恶劣的区域,人类是无法栖身的。根据当时的气候条件估计,最早人类可能生息的地域面积仅有 1 700 万 km^2,还不到现在人类活动的陆地面积的 1/10;进入距今 10 万年前,也仅有 4 000 万 km^2 左右的面积。根据世界各地现存的原始部落的情况,法国学者拉采尔估计,早期生活在地球上的人口密度为 0.009 ~ 0.02 人/km^2,美国学者戴奇蒙估计约为 0.2 人/km^2。取其中值的平均数仅为 0.08 人/km^2。据此可估算 100 万年以前最少的人口为:1 700 万 $km^2 \times 0.009$ 人/km^2 = 15.3 万;10 万年以前的人口为:4 000 万 $km^2 \times 0.08$ 人/km^2 = 320 万。

循此逻辑,到了距今 7 000 年的新石器时代,由于出现了原始种植业和畜牧业,人类结束了靠天吃饭的纯粹依附状态,有了一些更稳定和可靠的食物来源,相对稳定的生活有助于提高生育率和降低死亡率,这加快了人口增长,世界人口数量也达到了 500 万 ~ 3 000万。另外,这个时代出现了对偶婚姻,逐渐结束了过去的血缘家庭,人口的健康和智力素质也得到逐步提高。随后进入了有文字记载的文明社会。最早的奴隶制社会出现在公元前约 4000 年的埃及,大约公元前 3000 年出现在西亚两河流域,南亚印度河流域、中国黄河流域以及希腊爱琴海一带。据苏联学者马尔库宗估算,公元初年世界人口已达到 32 650 万,英国学者卡尔—桑德斯估计,在标志着欧洲封建社会结束的 1650 年,世界人口已达到 54 500 万。此后,各个国家和地区基本上都有了或详细或简略的人口记录,也许数据仍不够精确,但使用起来毕竟有了依据。因此,对估算的没有文字记录前的人口数量的合理性做出说明是十分必要的。

2.1.2.2　历史时期的人口

　　19世纪,一些西方国家开始用现代统计方法进行人口普查,当然在过去的若干世纪中也存在人口的计数和评估(通常用于财政和军事目的),如1787年西班牙王国的人口普查结果为1 040万,1790年美国统计人口为390万,只是它们往往针对有限的区域。据有关人口普查资料记载,中国是世界上最早统计人口的国家之一。从汉到清都有户籍名册(近2 000余年),但由于历代政府调查人口都是为了征税、抽丁,因而不重视保存统计资料。20世纪以前的许多地区,中世纪晚期之前的欧洲或者现代以前的中国,人们只能根据定性的信息估计人口的数量,如城市和农村等聚住区的存在和扩张、耕地的扩展等;或者基于与生态环境相关的人口密度、技术水平和社会组织的水平等。中国直到1949年以后才开展了现代含义的科学的人口普查。

　　表2-1中关于世界人口的数据,在很大程度上是依据非定量信息估计和推测而来的,可能会存在一定误差,但对反映当时的人口规模还是有一定的可信度的。

表2-1　公元前400～公元2000年各地人口

(单位:百万人)

年份	亚洲	欧洲	苏联	非洲	美洲	大洋洲	合计
公元前400年	95	19	13	17	8	1	153
公元元年	170	31	12	26	12	1	252
200	158	44	13	30	11	1	257
600	134	22	11	24	16	1	208
1000	152	30	13	39	18	1	253
1200	258	49	17	48	26	2	400
1340	238	74	16	80	32	2	442
1400	201	52	13	68	39	2	375
1500	245	67	17	87	42	3	461

年份	亚洲	欧洲	苏联	非洲	美洲	大洋洲	合计
1600	338	89	22	113	13	3	578
1700	433	95	30	107	12	3	680
1750	500	111	35	104	18	3	771
1800	631	146	49	102	24	2	954
1850	790	209	79	102	59	2	1 241
1900	903	295	127	138	165	6	1 634
1950	1 376	393	182	224	332	13	2 520
2000	3 611	510	291	784	829	30	6 055

2.1.3 人口估算与统计的方法

人口数量既是一个数学问题,也是一个生物学问题,更是一个社会问题。虽然不同历史时期,世界上究竟有多少人,没有一个人能给出一个准确的答案,但对这个问题的探索一直没有停止过。

2.1.3.1 史前时期人口估算的逻辑基础

既然没有可用的统计数据,采用合理的方法估算史前时期人口数量的做法,不失为了解当时人口变迁的一个重要途径。可见,方法的合理性问题是检验数据可靠程度的关键,除上面提到的两个估算依据外,这些估算方法还需要回答下面几个问题,才能从逻辑上表明方法的合理性和可靠性。

1. 不同时期适宜人类生存的环境是否有差别,人的食物结构是否一样

这个问题事关史前时期地球上有多大的区域适应人类生存,在一定范围内不同时期所生长的动植物种类和数量的差别有多大,并考虑不同时期的人用来作为食物的动植物种类有没有差异,只有这样才能在先估算适合生存的面积的基础上,再估算出单位面积的人口容量,然后估算各个时期的人口数量。关于史前不同

时期的环境可以通过对地质调查适当还原,而还原不同时期人的食物种类和结构则相对困难,因为从今天仍存在的食物采集者来看,他们生活在别人不愿意居住的所谓恶劣环境中,但他们的食物却是惊人的充足,同样可以推断,当时的恶劣环境是不是就像今天一样住着或多或少的人口呢? 可见,尽管估算过程有一定的合理性,但总体上对史前时期的人口估算是非常粗略的。

尽管当时单位陆地面积能承载的人口很少,人类却选择了群体生活,对于人类为什么会选择群体生活,目前还没有一致的解释,这并不妨碍人们对早期人类已经开始群居生活事实的认同。但问题是,一个群体的最少人口是多少才能保障该群体的繁衍呢?

2. 最少人口问题

史前时期,人类的生存和活动形式为一小群人口散居在适宜人类栖息的地方。生存在不同地方的一群人维持人口稳定而不至于灭绝的最低数量的人口,即最少人口问题。考察当时的最低人口通常以现存部落的群体人数作参考,如现在生活在北极地区的因纽特人,基本上与世隔绝,保持着 300~400 的人口部落,几乎是原始部落的现代模型。因此,有人口学家认为,在一个与外界联系很少的偏僻地区,最低人口至少要有 400~500 的规模,否则人口便不能繁衍。该观点需要一个重要的前提:现存部落中人口增加后会自动按最少人口分成不同的小部落,而不会在一起生活,这才能解决最低人口的上限问题,而最低人口的下限问题则较难确定。但人们注意到,在西伯利亚和远东地区有一些与外界联系很少的农村,因人口少于 300 而不能继续维持的情况,这个事实表明,如果自 10 000 年前至今人类基因没有发生明显改变,300~400 几乎可以视做是一个部落的最低人口数。

2.1.3.2 历史时期的人口统计方法

人口普查作为各国政府各个时期获取人口资料、掌握国情国力的一种最基本的调查方法,已经有几千年的历史,而真正现代意义的人口普查只有两百来年的历史。从世界范围来看,早在公元前4500年,巴比伦王国就举办了全国性调查,按族登记人口。美国1790年进行了第一次人口普查,这是世界上第一次现代人口普查,当时的调查项目只有4个。从20世纪下半叶开始,人口普查基本上覆盖了全世界人口,各国的人口普查在时间、内容、方法上也逐渐趋向一致,使人口普查更具有可比性。

从历史上来看,我国是世界上最早进行人口统计的国家之一,同时也是在世界历史悠久的各国中唯一有长期不间断人口资料记录的国家。据文献记载,公元前22世纪,大禹曾经"平水土,分九州,数万民"。"数万民"就是统计人口,当时统计的数字约1 355万,尽管不少专家认为这一数字并不可靠,但美籍华裔人口学家段纪宪却有独特的"不可知人口数量倒推法":史学界公认,中国历史上第一次较准确的人口普查开展于公元2年,当时全国人口为5 960万,以此为逻辑原点,以世界每百年人口增长率约6.6%(适用于5 000年前~2 000年前)为推理参数,倒推出夏禹时的中国人口应为1 500万左右,与古籍所载1 355万比较接近,约占当时世界总人口的1/3。

汉代有算赋法。隋代有输籍法。唐代有户籍法。宋代有三保法。元世祖忽必烈于至元八年颁布《户口条画》,将强制为奴的人口按籍追出,编为国家民户,使人口不断增加,元顺帝初年,全国人口达到8 000万左右。明代有户帖制度,每户户帖上首书"钦奉圣旨",次开户主姓名、籍贯及其全家口数,下列两项,分记男子成丁、不成丁与妇女大口、小口的数字以及各人的姓名、年龄和与户主的关系,最后备"事产"一项,详载其户的产业基本情况,并附注"户别"(民户或军户、匠户等)。这称得上是一次真正的"人口普查"。它比1790年美国和1801年英国举办的人口普查早400余年。其体制之完备、内容之翔实,史无前例。西方统计史学者一致认为它是世界上最早的人口普查记录。现存明初洪武年间的户口统计,其总数均已达到 1 000 余万户,近 6 000 万人口。

具有近代意义的人口普查只有两次。第一次是在 1909 年清政府为了应付资产阶级民主革命,筹备立宪事宜,下令开展全国人口普查,当时推算我国人口约 3.7 亿。第二次是国民政府内政部举行的人口普查。当时由于战争影响,只调查了 13 个省份的人口,1931 年发表的全国为 47 480 万人口的数字,是后来估算出来的。1949 年后,中国先后于 1953 年、1964 年、1982 年、1990 年和2000 年进行过五次全国人口普查。1953 年全国人口普查人口总数为 58 260 万余人;1964 年的人口普查全国人口为 69 122 万人;1982 年的第三次全国人口普查,全国大陆地区人口为 10 039 1 万人,加上中国香港、中国澳门、台湾地区共计 1 031 882 501 人;1990 年普查人口为 113 051 万人;2000 年普查人口为 129 533 万人。2010 年 11 月中国已进行第六次人口普查。

2.2　人口数量特征

2.2.1　人口数量特征

考察人口状态,往往是以其总量变化为标志,但是考察更长时段的人口变化时,纯粹以总量变化为标准则有可能掩盖人口变化的实质,即真实的人口增长状态。也就是说,在大多数情况下,人口总量的变化反映了人口增长的真实状态,人口总量的急剧膨胀是增长加速的结果。事情并非总是如此,对于全球的历史人口来说,并不能由人口总量的变化来简单地外推世界人口增长的状态。首先,直观地看,以上的人口数据的最大特点是其非均匀、非连续性;其次,从估算和统计方法看,无论是估算的人口还是统计的总人口,都是近似的,这也是这些人口数据的典型特点。

2.2.1.1 人口增长先慢后快

人口增长先慢后快在人们看来是一个总的趋势,但从不同时期,或以不同时期为起点,可以发现人口并非一直不断增长,而是经历着增长和衰退的周期,人口增长的特征也是有明显差别的。

从人口学上看,人口增速处于0.1%～0.2%的水平便意味着人口静止。新石器时代以前的平均年人口增长率约为0.03%,公元初年至17世纪中叶世界人口实质上仍未脱离人口静止状态,这是从人口年均增速方面得出的结论。如从公元初年到1000年,世界人口的年均增长率为0.02%,1000～1299年为0.1%,1300～1399年世界人口值是绝对减少的,1400～1499年为0.2%,1500～1599年为0.06%,1600～1649年为0.3%。直到进入19世纪,世界人口年平均增长率才明显回升,并在19世纪中叶上升到0.5%的高度。在中国也有相似的经历,公元2年人口已达5 960万,1651年却减少到5 317万。20世纪下半叶,世界人口增长速度更快,根据联合国人口司1980年的估计,1960～1965年间年均人口增长率达到1.99%;发达国家和地区的人口增长率在1950～1955年达到峰值,发展中国家和地区略晚,在1965～1970年达到2.38%。美国人口普查局公布的《1979年世界人口——对世界各国和地区的新近人口统计》中,世界人口增长率达到峰值是在1965～1970年,年均增速为2.11%。尽管不同的人口组织做出的统计和估算有所不同,但是它们都认为大致在20世纪60年代人口增速是有史以来的最高值。

世界人口增长加快,还表现为世界人口每增加10亿所需年数的减少。1800年世界人口第一次达到10亿用了几百万年;1930年达到20亿用了130年;1960年达到30亿用了30年;1975年达到40亿用了15年;1987年达到50亿仅用了12年。从世界人口增加1倍所需的时间来看,古代需要几千年,当代只需要几十年,如1950年世界人口约为25亿,到1987年便达到50亿,只用了

37 年。

2.2.1.2　人口增长的逻辑

到目前为止,人口增长的特点之一是先慢后快,但 20 世纪六七十年代增速达到最大,之后增速开始下降,至于人口增速会降到什么水平,还不能做出准确的判断。因为人口增长不是一个简单的数学问题,也不是一个纯粹的生物学问题。图 2-1 为根据现有数据绘制的人口变化趋势线。

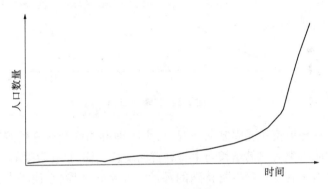

图 2-1　人口变化趋势线

逻辑模型是人口趋势预测中应用的增长曲线模型之一(见图 2-2),逻辑曲线是一条连续的、单调递增的、以参数 L 为上渐近线的曲线,其变化速度一开始增长较慢,中间段增长速度加快,以后增长速度下降并且趋于稳定。逻辑曲线模型预测法(method of logistic curve model forecasting)又称推力曲线模型预测法,是根据预测对象具有逻辑曲线变动趋势的历史数据,拟合成一条逻辑曲线,通过建立逻辑曲线模型进行预测的方法。逻辑曲线是 1938 年比利时数学家 Verhulst P F 首先提出的一种特殊曲线,后来,近代生物学家 Pearl R 和 Reed L J 两人把此曲线应用于研究人口生长规律。

为了证明逻辑曲线能够表达人口增长趋势的模式,美国学者珀尔进行了一次可控制的实验。他将几只果蝇幼虫和蛹放进一个特殊的瓶子里,瓶子里有适当的食物,然后每隔几天进行一次果蝇数量普查,结果发现在可控制的实验条件下,果蝇的增长符合逻辑曲线。

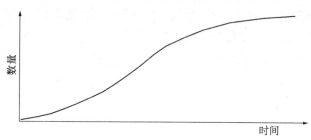

图 2-2　逻辑曲线

在环境资源受限制的情况下,生物种群的增长通常呈逻辑增长。而人类人口的增长与生物种群的增长一样,是有限度的,只是人口增长有比一般生物特殊的环境。如文化环境,它使得人类学会了在一定范围内控制和增加资源的供给,相当于依靠积累的文化扩大了人类生活的"瓶子"。瓶子的扩大只是延长了人口增长抑制的时间,而不能消除抑制,从这个角度看,这些环境也许会使得人口增长与果蝇的增长有所区别,也许没有。

可以看出,人口增长趋势线和逻辑曲线的大部分十分相似。如果能证明今后人口增加会受到抑制并停止增长,就可以推断人口的增长逻辑是与逻辑曲线所描述的状态相似的。尽管人掌握了火之后,先控制了生物能源,又征服了别的能源,而累积的文化又使得人类更有效地利用新征服的能源。在这个过程中,人类对环境的控制越强,扩张环境的机会越多,但这种扩大最终会有它的边界。

根据布尔如瓦的估计,从原始社会到现在出生的人口总数约

820 亿,其中有 60 亿出生在最近的 50 年。2000 年全世界 60 亿居民占了人类出生总数的 7.3%,它意味着今天的人正表达着祖先积累的经验,而且这些经验的 80% 以上是在 1750 年工业革命前积累的。例如食物采集时期的大量知识对今天的人来说仍是基本知识,他们对环境了如指掌,发明了许多工具等,都需要大量的知识和技术。正是这些知识和技术使得人类成为适应性最强的种群,也增加了利用这些知识来延迟环境对人口增长的抑制的可能性。

2.3 人口空间分布

人口分布是指一定时间内人口在一定地区范围的空间分布状况。人口分布存在两种表现形式:一是静态分布,指某一时点人口在一定空间的集聚状况;二是动态分布,指某一时段人口在一定空间的集聚状况,即人口迁移和定居的过程。人口静态分布是人口动态分布的结果,人口动态分布则是一定时期内人口静态分布变化的过程,必须通过比较该时期的起点和终点的人口静态分布才能显示出来。人口分布通常用人口密度作为衡量人口分布的主要指标。

2.3.1 古代人口分布

对有史以来人口分布的认识,一方面通过相关文献记载,另一个方面则通过考古发现。而对史前的人口分布状况则只能通过考古来了解。

2.3.1.1 史前时期人口分布

从人类的起源来看,无论是一元论还是多元论,人类最初只是在地球上的局部区域产生,因此当时的人口分布也是在很有限的局部区域生活。

人类是自然选择的结果,是从一系列人类的祖先即近似人形的原人进化而来的。一般认为,他们最早出现在非洲东部和南部的大草原上,距今 400 多万年。在以后的岁月里,他们从非洲迁徙到亚洲、欧洲、美洲和澳洲。但后来在爪哇出土的化石却比非洲的化石更古老,于是有人提出了多地域起源的观点。

尽管不知道确切的年代和准确的地点,但却可以肯定的是40 000年前智人(具有思维能力)出现了,他的出现使得人类突破了原人无法超出的热带大草原的限制,他们向南进入非洲和东南亚的热带雨林地区,甚至朝北到达西伯利亚的冻土地带,并最终成为世界上分布最广的动物(南极大陆除外)。在人类向各地分散的同时,渐渐有了种族上的差别。人们不仅对于人类起源和进化方向还没有达成一致,而且对种族形成的确切状况也不清楚,但在没有文字积累和其他证据的条件下,通过对史前时期不同种族的考古发现来倒推那时的人口分布概况却是可行的。

由于当时处于狩猎时期,人口的流动性加上生产力的低下,一个地区会有大规模的人口集聚,这对于探究当时的人口分布来说是十分困难的。但可以肯定的是,到大约 10 000 年即最后一次冰河期的末期,各种族在全球的分布已和现在大致一样。高加索人种分布在欧洲、北非、东非、中东、印度和中亚,黑种人分布在撒哈拉沙漠(那时降水可能比今天多)和沙漠以南,俾格米人和布希曼人分布在非洲的其他地方,一部分俾格米人生活在东南亚和印度的森林地带,印度和东南亚的其余地带为澳大利亚种人占据,蒙古人分布在东亚和南北美洲。

另一个反映人口广泛分布的证据是,不同地区农业生产和生活方式的发现。从最早的作物栽培到农业革命是一个渐进的漫长过程。中东从公元前 9500 年起,公元前 7500 年止;墨西哥是美洲大陆最早的植物栽培中心,从公元前 7000 年开始,直到公元前

1500 年前才算结束；非洲的农业是在公元前 5000 年前后和公元前 4000 年前后在尼罗河流域独立发展起来的，一直局限在非洲草原上而没能向南穿过热带雨林地区；中国北部地区在公元前 5000 年前后，人们已经驯化了当地生长的植物，于公元前 1300 年从中东引进了小麦和大麦；农业从中东向印度传播大约在公元前 3500 年，向东欧传播大约在公元前 6000 年，向西欧和中欧传播大概在公元前 4000 年前后。

可见，从距今 10 000 年到公元初年，全世界大部分的人类都转向了农业，和人类演化过程中的漫长狩猎时代相比，这个过程相对短暂，那么是什么导致不同地区先后从悠闲的狩猎时代进入到无休止劳作的农业时代的呢？有人提出是因为人口增长的压力导致了这次强制性的历史转变。如果这个假设成立，从上面独立的农业发源地和农业传入地可以进行一个简单的推理：每一个农业独立发源地的人口分布都比其他地区多，伴随着人口和农业的迁移，人口逐渐向人口稀少的地区迁移。另外，这种不平衡还可以从历史时期的最初人口资料中得到一定程度的反映。虽然人口地区分布仍然不平衡，但对延缓部分地区人口对环境的压力却起到了重要的作用。

2.3.1.2　有史以来的人口分布

有史以来的人口分布是指有文字记录以来的人口分布情况，该指标的获取看似比史前时期有据可循，其实一点也不比史前人口容易估算，原因在于，各地的文明发展阶段并不一致，而且有些地区没有自己的文字，同时，很多地区还没有建立独立的国家。这在人类的早期历史记录中更加突出，因此对这个时期的相当长时间内的人口分布也不得不依靠估算。世界各地人口及 1930 ~ 1970 年的世界人口如表 2-2、表 2-3 所示。

表 2-2 世界各地人口　　　　　　　（单位:百万人）

年份	亚洲	欧洲	苏联	非洲	美洲	大洋洲
公元前 400 年	95	19	13	17	8	1
公元元年	170	31	12	26	12	1
200	158	44	13	30	11	1
600	134	22	11	24	16	1
1000	152	30	13	39	18	1
1200	258	49	17	48	26	2
1340	238	74	16	80	32	2
1400	201	52	13	68	39	2
1500	245	67	17	87	42	3
1600	338	89	22	113	13	3
1700	433	95	30	107	12	3
1750	500	111	35	104	18	3
1800	631	146	49	102	24	2
1850	790	209	79	102	59	2
1900	903	295	127	138	165	6

表 2-3　1930 ~ 1970 年的世界人口　　　（单位:百万人）

地区	面积(km²)	1930 年	1940 年	1950 年	1960 年	1970 年
非洲	30 319	164	191	217	270	344
北非洲	8 525	39	44	51	65	78
热带非洲	—	125	147	166	205	257
美洲	42 081	242	274	328	412	511
北美州	21 515	134	144	166	199	228
拉丁美洲	20 566	108	130	162	213	283
亚洲	27 532	1 120	1 244	1 355	1 645	2 056
东亚	11 757	591	634	657	780	930
南亚	15 775	529	610	698	865	1 126
欧洲	4 956	355	380	392	425	462
大洋洲	8 511	10	11	13	16	19
苏联	22 402	179	195	180	214	243

资料来源:联合国《人口统计年鉴》。

1987年7月11日,全世界人口为50亿,但分布极不平衡。有些地区人口多,分布密,如中国东南部、日本、印度河中下游、爪哇岛、西欧及尼罗河下游等;有些地区如撒哈拉沙漠、澳大利亚中西部、加拿大北部、西伯利亚、南美洲中部等地区人口少,分布稀疏。全世界人口分布概况如下:

亚洲,在有人定居的各大洲中,亚洲人口最多。1986年全洲人口29.76亿(包括苏联在亚洲的人口),约占世界总人口的60.22%。其中,包括中国的东南部、日本、朝鲜半岛、中南半岛各国、印度尼西亚、菲律宾以及印度半岛各国的亚洲东南部面积为1 275万 km²,约占全亚洲面积的28.65%,但人口却有27.24亿,占亚洲总人口的91.53%;而亚洲西北部面积占全亚洲面积的71.35%,人口只有2.52亿,仅占全亚洲总人口的8.47%。亚洲东南部受海洋气候和季风影响,高温多雨,农业集约化程度和产量较高,而且亚洲东部海运方便,工业发达,大都市和大港口较多,因此人口稠密。亚洲西北部则大多属干旱半干旱地区,高纬地区属寒温带针叶林、冻原乃至极地荒漠带。亚洲国家中,中国人口10.7亿,是世界上人口最多的国家;印度人口7.85亿,仅次于中国;印度尼西亚人口居世界第5位。日本面积仅37.7万 km²,人口却达1.22亿,人口平均密度达324 人/km²。孟加拉国人口1.04亿,面积14.27万 km²,人口平均密度高达729 人/km²。而孟加拉国经济以农业为主,靠农业维持这样高的人口密度,是全世界所少有的。

欧洲,全欧洲都受海洋气候影响,并且没有像亚洲那样的大高原、荒漠。1986年欧洲总人口为4.93亿(不包括苏联的亚洲部分),占世界总人口的10%,而欧洲面积约616万 km²,占世界陆地面积的4.2%,人口平均密度约为80 人/km²,是各洲中人口平均密度最高的。欧洲各部分人口分布也是不同的。欧洲北部人口比较稀少,如挪威、瑞典、芬兰3 国总面积达111 万 km²,总人口约

1 750 万,人口平均密度仅 15.77 人/km²;而西欧英国、法国、比利时、荷兰、联邦德国 5 国,总面积 111.4 万 km²,总人口约 1.871 亿,人口平均密度为 168 人/km²。

美洲,1986 年北美洲共有人口 2.67 亿,占世界人口总数的 5.39%;拉丁美洲共有人口 4.19 亿,占世界人口总数的 8.48%。美国人口 2.41 亿,居世界第 4 位,仅次于中国、印度和苏联。但美国面积 936.3 万 km²,人口平均密度仅为 25.74 人/km²。美国以西经 100°为界,把全国分为东西两部,西部除太平洋沿岸人口较多外,其余部分山地较多,气候又比较干燥,人口平均密度在 5 人/km²以下,东部平原宽广,降水量也比较充足,工农业都很发达,聚居着全国 80%以上的人口。加拿大陆地面积略大于中国陆地面积,全国人口仅 2 560 万,大多居住在南部边境地区。拉丁美洲人口多聚居于东北沿海与东南沿海,西岸人口较少,内陆更少。

非洲,1986 年人口总数 5.83 亿,约占世界总人口的 11.79%。全洲人口的平均密度仅为 19.30 人/km²。非洲各部分的人口分布也极不平衡。全洲仅西北沿地中海岸,西部沿几内亚湾和东南部印度洋沿岸一带,人口分布较密。埃及面积 100 万 km²,几乎全部位于非洲干旱地区内,全国 5 050 万人口中有 97%居住在尼罗河两岸仅占全国面积 3%的土地上。非洲的撒哈拉沙漠地区以及热带雨林地区人口更为稀少。

大洋洲及太平洋岛屿,占世界陆地面积的 6%,人口约占世界总人口的 0.5%,是世界上人口最少的一个洲。其中澳大利亚面积 768.2 万 km²,1986 年人口 1 580 万。全境中部和西部大多为荒漠,除有水源的个别地区外,荒无人烟;东南部近海一带乡村人口平均密度仅为 5 人/km²左右。城市人口占澳大利亚人口的 86%,比美国、加拿大的城市人口比重还高,主要集中在东南部沿海。

到 1986 年底为止,世界人口在 1 亿以上的国家共有 9 个,分别为:中国 10.7 亿,印度 7.85 亿,苏联 2.84 亿,美国 2.41 亿,印度尼西亚 1.68 亿,巴西 1.43 亿,日本 1.22 亿,孟加拉国 1.04 亿,巴基斯坦 1.02 亿。

2.3.1.3 当代人口分布

联合国人口基金公布的 2000 年世界人口状况:全球 15% 的国家和地区,也就是 35 个国家拥有的人口占世界人口的 80%,相当于近 49 亿居民。继中国之后,人口第二大国印度是人口绝对增长率最高的国家。亚洲人口占全球人口的 3/5。美洲(8.35 亿)排在非洲(8 亿)之前列第二,跟随非洲的是欧洲(7.2 亿),远远落后于欧洲的是大洋洲(3 000 万)。

梵蒂冈是人口最少的国家,只有不到 1 000 名常住居民。15 个微型国家总人口仅为 71 万,相当于科摩罗群岛人口的总数。全球人口最少的 15 个国家(2000 年 7 月统计):格林纳达 9.4 万,基里巴斯 8.3 万,安道尔 7.8 万,塞舌尔 7.7 万,多米尼加 7.1 万,安提瓜和巴布达 6.8 万,马绍尔群岛 6.4 万,圣基茨和尼维斯 3.8 万,摩纳哥 3.4 万,列支敦士登 3.3 万,圣马力诺 2.7 万,帕劳 1.9 万,瑙鲁 1.2 万,图瓦卢 1.2 万,梵蒂冈约 0.14 万。

联合国人口基金会 2010 年的《世界人口状况报告》统计显示,目前世界总人口为 64.647 亿,人口增长率是 1.2%。其中发达国家人口为 12.113 亿,增长率是 0.3%;发展中国家人口为 52.535 亿,增长率是 1.4%。全球平均每个妇女生 2.6 个孩子,发达国家只有 1.5 个,发展中国家为 2.8 个。

目前,世界上有 200 多个国家和地区,其中人口 1 亿以上者有 10 个国家,它们是中国、印度、美国、印度尼西亚、俄罗斯、巴西、日本、尼日利亚、巴基斯坦和孟加拉国。这 10 国人口总数共有 31.5 亿多,约占世界总人口的 60%。此外,世界上还有一些人口非常少的国家,如瑙鲁、安道尔、圣马利诺、摩纳哥、梵蒂冈。从各国人口密度来看,摩纳哥的人口密度最大,为 2 万人/km^2,新加坡 4 300

人/km²,梵蒂冈1 920人/km²,马尔他1 110人/km² 等。世界人口密度较低的国家有法属圭亚那(1人/km²)、蒙古(1人/km²)、纳米比亚(2人/km²)、利比亚(2人/km²)、毛里塔尼亚(2人/km²)、冰岛(2人/km²)等。

2009～2010年世界上的主要人口大国:中国13.19亿,占世界人口的19.77%;印度11.69亿,占世界人口的17.52%;美国3.019亿,占世界人口的4.53%;印度尼西亚2.316亿,占世界人口的3.47%;巴西1.865亿,占世界人口的2.8%;巴基斯坦1.636亿,占世界人口的2.45%;孟加拉国1.587亿,占世界人口的2.38%;尼日利亚1.48亿、俄罗斯1.425亿、日本1.277亿、墨西哥1.033亿、菲律宾0.887亿、越南0.874亿、德国0.823亿。

在当代,人口分布不仅表现为各大洲、各个国家和地区间的人口密度差异,另一个突出的表现应该是人口的城乡人口差异,大都市区的出现不仅改变了城市的地域空间与规模,而且也使生产要素的流动以及政治、社会结构等发生了新的变化,同时也给人口与环境的关系增加了新内容。这在20世纪的城市化进程中表现尤为明显。例如:1920年,50万人口以上的大城市的人口占世界城市人口比例仅为5%;2000年,400万人口以上城市的人口已占世界总人口的19.9%。特大城市也由1920年的1个增加到1970年的17个,并且出现了7个千万人口以上的城市。1990年,美国大都市区的数量由1940年的140个上升为268个,人口接近2亿,占全国总人口的比例达到80%。

1950年世界城市化水平为29.2%,1980年上升到39.6%,增加了10.4个百分点,年平均增长0.347个百分点。在此期间,发达国家1950年城市水平已达53.8%,1980年上升到70.2%,上升了16.4个百分点,年平均增长0.547个百分点;而发展中国家1950年城市化水平为17.0%,1980年为29.2%,上升了12.2个百分点,年平均增长0.407个百分点。20世纪50～80年代发达国家城市化率增长最快。1950 年发达国家的城市人口为 73 400 万，而发展中国家的城市人口仅为 28 700 万；1970 年发达国家城市人口为 69 800 万，发展中国家城市人口已攀升到 67 300 万，基本上与发达国家持平。1980～2002 年，发达国家城市化率由 70.2% 上升到 74.4%，仅上升了 4.2 个百分点，年平均增长 0.21 个百分点，城市人口仅攀升了 15 200 万；而发展中国家则由 1980 年的 29.2% 上升到 2000 年的 39.3%，上升了 10.1 个百分点，年平均增长 0.505 个百分点，城市人口则由 96 600 万上升到 190 400 万，与发达国家城市人口之比为 2∶1，2020 年时将为 3.5∶1。这表明，发展中国家城市化增长迅速，它已构成当今世界城市化的主体。

2.4 人口分布特征及发展预测

2.4.1 人口分布特征

关于特征的一般解释为：事物可供识别的特殊的征象或标志、特点（人或事物所具有的独特的地方）。人口分布的特征即能够代表它的独特的、可识别的标志。对于这方面的研究，有人已经做了大量的工作，因此在这里不打算罗列有关人口分布的相关特点，只重点探讨不同时期人口分布特点的变化。

从人类在地球上诞生的那一刻起，地球上的人口一直处在变动之中，人口分布也是如此。不同时期的人口分布都是此前人口迁移和繁衍的阶段性结果，从总体上看，人口分布特征在不同时期存在差异。人们对人口分布特征的总结有很多，其中最常见的是其人口分布不均。用来描述人口分布最常用指标为人口密度，但随着人口的流动性逐渐增强，加上人类活动范围的随机性变化，从某种程度上讲，人口密度对今天人口分布的描述已近乎没有了实质意义。这点可以从人口分布不均的时代变化上得到支持。

2.4.1.1　前农业时代的人口分布特点

在进入农业时代前,人类还只是食物采集者,也就是说,当时人口的迁移目标为能提供食物的地方,有了食物也就有了繁衍的物质基础,当然这里没有人类生存就是为了繁衍的意思,但生存确实为繁衍提供了支撑。由于人类是单纯的食物采集者,而最初能直接为人类提供食物的地方有限,加上人类起源地的局限性,因此当时的人口分布特点是:地球上只有少数地方有人生存,分布极其不均匀。

这里有两个问题值得关注:一个问题是地球上人口分布的初始状况,即出现第一个人时地球上的人口分布是极均匀还是极不均匀的;另一个问题是人口分布的机制,即能为人类提供采摘食物的地方分布情况如何,在这样的地区内部的人口分布情况又如何?

关于地球上人口分布的初始状况,可以用一个简单的数学运算来说明。当出现第一个人时,这个人生存所需的面积为 A,其余地区面积为 E,分步计算这两个区域内的人口密度:

$$P_1 = 1/A$$
$$P_2 = 0/E = 0$$

P_1 为非零值,P_2 为零,那么 P_1/P_2 则趋于无穷大,它意味着出现第一个人时,地球上人口分布的初始状况为极端不均匀。这不仅是一个纯粹的数学运算,而且它应该是一个关于人口分布的历史起点。

从地球上能为人类提供食物的区域来看,当时主要集中在热带草原,显然地球上热带草原的分布是不均匀的,它可以清楚地表明即使地球上有很多人,人口分布也会是不均匀的。更进一步来看,即使在热带草原内部是均匀的,并且都能为人类提供充足的食物,人类也不是各自占据一块区域,均匀地分布在草原上的。事实也正是如此,当时人们选择的是群居生活,不断地在草原内部和草

原之间进行迁移,在同一个草原内部人口分布也是不均匀的。因此,可以得出如下推论:

(1)随着人口的增加,人口分布会从极端不均匀向一般不均匀转化,但不会趋于均匀。

(2)如果仅仅从获取食物的角度来看,人类在草原上均匀分布是可能的,而且可以减少来回迁移之苦。

(3)人口分布不均匀的特点不仅受物质条件的影响,还受到了来自人的心理影响,以及群居生活所形成的社会影响。

(4)影响人口分布的因素越多,人口分布的不均匀状态就会越复杂。

2.4.1.2 农业时代的人口分布特点

人类进入农业时代,人已经变成了食物生产者了,这时的人类不仅会说话,制造并使用工具,更重要的是控制了火。但火不同于石器和木棒,它可以在地球上蔓延,重新安排季节的循环,调节动植物的群落结构。火还能与其他工具相结合,产生远胜于单独的燃烧或狩猎所能起到的效力。从人类掌握火的历史角度来看,它几乎就是农业的同义词。燃料可以通过砍伐(树木)或采摘(树枝)而得到,通过种植和休耕而增长,并伴随耕地和牧场的规则变化而燃烧。世界范围的广泛燃烧产生于农业的广泛种植所形成的燃料。伴随着火的燃烧,人类的活动空间不断扩张的过程,表现为不同时期的人口分布区域的拓展。由于人口分布的扩张在很大程度上依赖于人类控制火的力量,而这种力量要受到两个方面的约束:一是自然能提供的燃料;二是人类所能利用的燃料,它们对当时的人口分布也有一定程度的约束。

公元前3000年前,人类主要活动的区域集中在中东地区,包括今天埃及和苏丹的尼罗河流域,叙利亚和伊拉克的底格里斯河、幼发拉底河流域,土耳其、叙利亚、黎巴嫩和以色列所属的地中海以东海岸地区,还包括中国的北部地区。

公元前 3000 ~ 公元前 500 年，人类活动区域随着农业的扩张也不断改变，已经扩大到中美洲、西非、亚欧大陆除沙漠带和北极地区外的其他地区、东南亚等地。

公元前 500 ~ 公元 1500 年，人口分布的区域进一步扩大到地球上的各个角落，除那些特别不适合人类生活的山地、沙漠和极地地区外。

从上面人口分布的变化趋势可以看到，人口分布从范围来看已经越来越大，从理论上讲，如果人口数量不发生大的改变，那么人口分布的趋势应该是，从极端不均匀逐渐向均匀分布转变，但事实是伴随着活动范围的扩大，人口数量也在迅速增加，它会在一定程度上改变这种趋势。如在农业社会形成的城市，就是一种人口分布向不均匀转变的典型代表。

另外，在人类出现之前，地球也经历过生物群落的大起大落，但这与人类毫无关系，从某种意义上说，人自身正是这一循环变迁的一部分。但是，人类借助火的威力不断从最初的集聚地向新大陆的纵深推进，这个过程却加速了自然变化的趋势。人们通过各种方式控制食草动物的数量，或者消灭人类的天敌——食肉动物，结果是有了更多的可以控制的火，人类生存的空间不断扩大，同时伴随着许多物种濒临灭绝。但环境却不能回到以前的样子了。

2.4.1.3　当代人口分布特点

从公元 1500 年到现在，人类的活动范围和农业社会没有大的改变。但在此活动范围内人口分布却发生了与农业时代不一样的变化。农业只能得到一定量的生物燃料，当发明了内燃机时，燃料的限制就因为人类采掘矿物燃料而大大减轻了。这也标志着工业化的开始，工业化时代人口分布的一个最大特点应当是城市化，它对一个国家或地区的人口分布的影响很大，而且会持续发展下去。这个时期对火的限制已不再是火源和燃料，而是大气吸纳燃料肆意燃烧所产生的副产品的能力。同时，因为燃料和环境容量的变化,人类从火的时代进入到电的时代,人口分布对环境的影响也进一步扩张。

(1)直观地看,世界人口的空间分布可以分为人口稠密地区、人口稀少地区和基本未被开发的无人口地区。据统计,目前地球上人口最稠密地区的面积约占陆地面积的7%,那里却居住着世界上70%的人口,而且世界90%以上的人口集中分布在10%的土地上。人口在各大洲之间的分布相当悬殊,欧亚两洲约占地球陆地总面积的32.2%,但两洲人口却占世界人口总数的75.2%。尤其是亚洲,世界人口约60%居住于此。非洲、北美洲和拉丁美洲约占世界陆地面积的一半,而人口尚不到世界总人口的1/4。大洋洲更是地广人稀。南极洲迄今尚无固定的居民。欧洲和亚洲人口密度最大,平均都在90人/km^{2}以上,非洲、拉丁美洲和北美洲平均在20人/km^{2}以下。大洋洲人口密度最小,平均仅2.5人/km^2。

(2)世界人口按纬度、高度分布也存在明显差异。北半球的中纬度地带是世界人口集中分布区,世界上有近80%的人口分布在北纬20°~60°,南半球人口只占世界人口的11%多;世界人口的垂直分布也不平衡,55%以上的人口居住在海拔200 m以下、不足陆地面积28%的低平地区。由于生产力向沿海地区集中的倾向不断发展,人口也随之向沿海地带集中。目前,各大洲中距海岸200 km以内临海地区的人口比重,已显著超过了其面积所占的比重,并且沿海地区人口增长的趋势还会继续发展。

(3)按国家和地区分,目前世界上有200多个国家和地区,其中人口1亿以上者有10个国家,它们是中国、印度、美国、印度尼西亚、俄罗斯、巴西、日本、尼日利亚、巴基斯坦和孟加拉国。这10国人口总数共约40亿,约占世界总人口的55%以上,世界人口分布不平衡是由于世界各国自然环境和经济发展水平的差异,因而人口的地理分布是不平衡的。

(4)按城乡人口统计,从数据来看,尽管存在不同的统计口径,但一个总的趋势是城市人口的比例是日益增加的。城市的出现在人类历史上至少已有 5 000 年,公元 1800 年,城市人口占世界人口的 2%。近 200 年来,世界城市化进程不断加快,目前,世界人口约有一半居住在城市里,城市居民人数达到 30 亿。预计今后世界城市化的趋势还会加速发展,到 2030 年,世界城市人口将接近 50 亿,约占世界总人口的 60%。

发展中国家的城市化速度快于发达国家,经济最不发达国家的城市化速度最快,这是世界城市化趋势的第一个特点。到 2020 年,发展中国家的城市人口比例将达到 50%。最不发达国家的城市人口将从 19 亿增加到 2030 年的 39 亿。

世界人口更多地向大城市和特大城市集中。目前,世界上 1 000 万人口以上的特大城市有 19 个,预计到 2015 年将增加到 23 个,其中超过 2 000 万人的大城市将有 5 个。新增加的特大城市都来自发展中国家。除日本东京继续以 2 600 万人位居第一外,发展中国家的特大城市名次将普遍上升。

2.4.2 人口空间变化预测

人口的空间分布取决于人口的迁移和繁衍,所有影响人口迁移和繁衍的因素都会对人口空间分布产生影响,有些是可以预测的,有些则是随机的,因此对它做出准确预测无疑是一件困难的工作。尽管对整个人口分布的空间变化做出预测比较困难,但有一点是可以比较明确地预测的,那就是人口城市化的问题,其原因大致如下:公元 2000 年,已经超过 60 亿。其中发展中国家人口 1986 年占全世界人口的 76.53%,而且增长速度高于发达国家。在人口保持增长的同时,由于极端天气事件的频繁出现,以及全球变暖和海平面上升,地球上适合人类生存的空间不仅没有扩大,还由原本适合居住的地方变成了不宜居住的地方。它意味着人口的分布

将趋向集中,具体表现为人口向城市集中,具体数据如表 2-4
所示。

表 2-4 2005 年世界上人口超过千万的特大城市

城市	人口数(百万人)			位次		
	1975 年	2005 年	2015 年	1975 年	2005 年	2015 年
东京	26.6	35.2	35.5	1	1	1
孟买	7.1	18.2	21.9	15	6	2
墨西哥城	10.7	19.4	21.6	3	2	3
圣保罗	9.6	18.3	20.5	5	4	4
纽约	9.6	18.3	20.5	5	4	4
新德里	15.9	18.7	19.9	2	3	6
上海	7.3	14.5	17.2	13	7	7
加尔各答	7.9	14.3	17.0	9	8	8
达卡	2.2	12.4	16.8	65	11	9
雅加达	4.8	10.9	16.1	21	17	10
拉各斯	1.9	10.9	16.1	81	17	10
卡拉奇	4.0	11.6	15.2	26	13	12
布宜诺斯艾利斯	8.7	12.6	13.4	8	10	13
开罗	6.4	11.1	13.1	17	16	14
洛杉矶	8.9	12.3	13.1	7	12	14
马尼拉	5.0	10.7	12.9	19	19	16
北京	6.0	10.7	12.9	18	19	16
里约热内卢	7.6	11.5	12.8	10	14	18
大阪	9.8	11.3	11.3	4	15	19
伊斯坦布尔	3.6	9.7	11.2	35	22	20
莫斯科	7.6	10.7	11.0	10	19	21
广州	2.7	8.4	10.4	48	26	22

资料来源:联合国秘书处经济和社会事务部人口司网站。

(1)预计以后的城市人口的增加速度发展中国家将比发达国
家高。目前世界上发达国家城镇人口占全国人口总数的 72%。

墨西哥城、圣保罗、东京、纽约、伦敦、上海等大城市人口均在千万以上。日本城市人口占全国总人口的 3/4 以上,美国占 7/10 以上。在世界的城市化进程中,中国的城市化速度尤为突出,全球拥有 50 万以上人口的城市中,有 1/4 都在中国。《世界城市化展望(2009 年修正版)》报告称,中国在过去 30 年中的城市化速度极快,超过了世界其他国家。20 世纪 80 年代中国有 51 个 50 万以上人口的城市,从那时起到 2010 年,中国增加了 186 个这样规模的城市。预计在未来 50 年,中国还将增加 100 个左右 50 万以上人口的城市。

(2)城市发展的不均衡。在欧洲,预计城市人口比重将从 2005 年的 72% 提高到 2030 年的 78%。在北美洲,预计城市人口比重将从 2005 年的 81% 提高到 2030 年的 87%。在北美洲,预计城市人口比重将从 2005 年的 81% 提高到 2030 年的 87%。在大洋洲,该比重将从 2005 年的 71% 提高到 2030 年的 74%。有些城市甚至控制着全国的城市系统。例如,2005 年科威特城人口占科威特全国城市人口的 69%;同年,波多黎各城市人口的 68% 居住在圣胡安;海地全国城市人口的 64% 居住在波尔港。

特大城市人口的增长水平低于其他类型的城市。20 世纪出现的特大城市,即拥有或超过 1 000 万人口以上的城市。自 50 年代以来,全世界特大城市数量从 2 座增加到 2005 年的 20 座。预计在未来 10 年内将再会增加 2 座,到 2015 年将达到 22 座,其中有 17 座是在发展中国家。2005 年,在 20 座特大城市中有 13 座人口年均增长率低于 1975～2005 年的世界水平(2.4%),只有 7 座增长较快。孟加拉国的达卡和尼日利亚的拉各斯人口年均增长率都为 5.8%,印度的新德里为 4.1%,巴基斯坦的卡拉奇为 3.6%,印尼的雅加达为 3.4%,印度的另外一个城市孟买为 3.1%,菲律宾的马尼拉为 2.5%。预计在 22 个特大城市中,到 2015 年有 6 座人口增长率超过 1.9%。按年均人口增长率排列,这些城市依次是拉各斯、达卡、卡拉奇、雅加达、广州和新德里。到 2015 年,东京仍将是世界第一大城市,人口将达到 3 500 万。紧随其后的是孟买和墨西哥城(都是 2 200 万)以及圣保罗(2 100 万)。

(3)将来的趋势是大部分城市人口将居住在小城市。目前世界城市人口已经超过全球总人口的一半,达到 35 亿,农村人口目前为 34 亿。随着城市化的推进,农村人口还将继续减少。与此同时,拥有千万以上人口的超大城市往往引人注目,但实际上目前全球 52% 的城市人口生活在人口小于 50 万的小城市。

尽管世界正在迅速城市化,但农村人口数量仍然很大,并还在继续增加。预计到 2019 年,农村人口才会缓慢下降。因此,可以预计 2030 年农村人口比 2005 年的 33 亿略有下降。2005 年,亚洲 71% 的农村人口主要分布在印度、中国、印度尼西亚和孟加拉国等国家。欠发达国家的城市人口增长特别迅速,2005 ~ 2030 年的年均增长率为 2.2%。因而,欠发达地区的城市人口将在未来 25 年从 23 亿增至 39 亿。农村人口向城市的迁移及农村改建为城市是欠发达地区城市人口增长的重要决定因素。假定迁移和重划标准因素占欠发达地区城市人口增长的 40% ~ 50%,预计发展中国家的 2.5 亿 ~ 3.1 亿人口将在 2005 ~ 2015 年成为城市人口,他们或是从农村进入城市,或是其农村居住地改建为城市。预计发达地区的城市人口增长缓慢,从 2005 年的 9 亿增加到 2030 年的 10 亿。预计在 2005 ~ 2030 年间,其年均增长率将为 0.5%,这将是所估计的年均 1.4%(1950 ~ 2005 年)的 1/3。

目前,全世界几乎有一半的人口居住在城市地区。预计到 2030 年,全球大约每 5 人中就有 3 个人生活在城市里,而且其中近一半的人口居住在发展中国家的城市地区。城市化既为人们带来了机遇又带来了挑战。

第3章　影响人口变迁的因素

纵观人类历史,人口往往是社会繁荣、稳定和安全的同义语。布满房屋、农田、村庄的山谷和平原也通常被视为人类安居乐业的标识。因为密集的人口聚居区意味着稳定的社会秩序、安全的人际关系以及对自然资源与环境的合理利用,这在人们的心理上也可以找到证据,如自古以来使旅行者却步的是荒芜和废墟,而不是充裕的人口。

从人口变迁的过程来看,把人口视做繁荣发展的天然尺度是可行的。旧石器时代的几万、新石器时代的 1 000 万、青铜器时代的 1 亿、工业革命时代的 10 亿,还是即将到来的未来的 100 亿,这个过程不仅仅表现了简单的人口统计学意义上的人口增长,也告诉人们伴随着该过程的人口空间分布的不断变化,如四大文明古国和现代工业革命后的人口分布状况,甚至人种也在这个过程中发生了分异。人口增长和空间分布并不是遵循始终如一的模式,人口数量的增减和空间分布的不均匀出现了反复。要解释这些现象并不是一件容易的事情,即便是面对相对较近的历史时期时也是如此。这些看似简单实质上却很复杂的问题:为什么今天的人口是 60 多亿而不是更多或更少? 为什么有些国家和地区的人口密度如此大而有的却很小? 为什么从史前到当代,人口变迁会遵循一种特定的轨迹而不是其他众多可能中的一种呢? 它们是难以回答却值得思考的问题。因为人口变迁即便不是被许多动力和阻力完全决定,至少也会受到它们的制约,而这些因素则规定了人口变迁的轨迹。

为了更好地认识影响人口变迁的因素,可以将这些因素按动力和阻力进行一个简单的分类。因为人是环境的产物,所以可将这些阻力和动力分为生物性的和环境性的。前者与死亡和繁殖的自然法则相联系,这些法则决定了人口变迁的速率,是人口变迁的内因;后者则决定了上述自然法则遭遇的抵抗,从而调控人口变迁,是人口变迁的外因。

3.1　人口变化的生物学基础

人口有两重性——生物属性和社会属性。虽然决定其本质的属性是社会属性,但作为社会运动形式的人口,必然包括了人口的生命运动形式。人口作为有生命活动的个人的总和,有其出生、发育、成长、衰老和死亡的生命全过程,有生物学规律所支配的一切生物所具有的遗传变异及全部生理机能。虽然生物属性要通过其社会属性来实现,但人口的生物属性作为人口社会属性的自然基础,许多人口现象如性别、生育、寿命、死亡和遗传,等等,它是决定人口变迁的内因。如果离开这些就无法理解和探讨其他人口现象,更无法揭示人口过程和运动规律。

3.1.1　人的生物学基础

认识生物个体各个层次的种类、结构、功能、行为、发育和起源进化,对研究生物群体与周围环境的关系是一个必需的基础。因此,探索人口的发展变化和运动规律,必须先理解人类生物学方面的知识,如人体的结构和机能,人类的遗传和变异,等等。

3.1.1.1　人体的物质构成

生命是化学反应的产物,构成生命体的一切物质都来自于大自然,但不同的生命体对大自然中的物质的需求是不同的,也就是说,不同的生命体中含有很多不同的物质,而且同一种物质在不同的生命体中的含量也是不同的。既然人类也只不过是大自然经过数十亿年的演变产生的一种特殊的物种,那么构成人体的物质也来自于大自然。构成人体的主要物质是什么呢? 它们的作用又是什么呢?

人体内有 60 多种矿物质。矿物质(又称无机盐)是地壳中自然存在的化合物或天然元素,根据它们在人体内含量的多少,大致可分为常量元素和微量元素两大类。大量而多见的元素有碳、氢、氧、氮、磷、硫和钙、镁、钾、钠、氯。前六种是组成蛋白质、脂肪、碳水化合物和核酸的主要成分,也是构成生物体的最基本元素。其他几种同为构成骨牙、肌肉、神经、血液、腺体和各种体液、分泌液以及毛发、指甲等的必需成分,既是身体的建筑材料,又能调节生理机能。除碳、氢、氧、氮外,其他矿物质都叫常量元素。微量元素在人体内含量甚微,总量不足体重的万分之五,如铁、锌、铜、锰、铬、硒、钒、碘等。

人体中的各种物质在人体中都发挥着各不相同的不可代替的重要作用,人体中的各种物质在人体中的含量是一定的,某种物质在人体中的含量过高或者过低,都会严重影响人体的健康。

人体所需的基本营养素主要有蛋白质、碳水化合物、脂肪、维生素、无机盐和水。蛋白质可构成人体组织细胞,调节生理机能,供给热能。饮食中的蛋白质有两种来源:一种是动物性食品,如奶类、鱼类、肉类和蛋类,其含蛋白质数量多,质量好;另一种是植物性食品,如豆类、谷类,其中大豆含有丰富的优质蛋白质。碳水化合物可供给人体热能,维持心脏和神经系统的正常功能。饮食中的碳水化合物主要来自于谷类,米、面、玉米和高粱中的含量极为丰富。脂肪除供给人体热能、构成组织细胞外,还供给人体必需的脂肪酸,促进脂溶性维生素的吸收和利用。脂肪的动物性来源有猪油、牛油、羊油、鱼油和奶油等,植物性来源有花生、大豆、芝麻、油菜和核桃等。维生素是维持生命不可缺少的一类有机化合物,广泛参与人体中许多重要的生理过程。已知饮食中的维生素有

20 多种,按其溶解性质的不同,可分为脂溶性与水溶性两大类。饮食中容易缺乏的维生素主要有维生素 A、维生素 D、维生素 B1、核黄素、维生素 B5 和抗坏血酸等。无机盐是生物体的必需组成部分。

古时候,人类已经有了关于人体物质及其参与当地物质循环的朴素认识。当时人们想找一块能使自己的家族繁衍兴旺的"风水宝地"时,往往在地形、水源、光照等方面选择到合适的地方以后,并不急于在那里安营扎寨,而是先在那里放几年牧。然后观察动物的生长情况,最后把羊、牛、马等宰了,再仔细观察动物的所有内脏器官有没有发生病变,如果一切正常,他们就正式在那里安居乐业。有人把这种做法叫做"牧羊择居"。今天,有些地方仍然可以看到这样的遗风,如在贵州有个地区,人们把牛羊肠胃中没有完全消化的食物残渣和液体取出,处理之后作为食物的调料,食用后起到保护肠胃的作用。其逻辑是健康的牛羊之所以没生病,是它们食用了某种物质,由于人们古时候不知道具体哪种物质在起作用,于是采用了这个简单的办法来预防疾病。

"牧羊择居"听起来似乎有点神奇,其实是很有道理的,这是因为人从胎儿起到成人的整个过程中都需要从食物中吸取各种必要的营养物质和微量的化学元素,而不论是植物性食物还是动物性食物都离不开那里的水土。因此,一个地区的化学元素的分布决定着该地区居民食物链中的化学构成。如果那里的自然环境不好,也就是说,水土中缺少人体所必需的化学元素,或者存在着对人体有毒、有害的化学元素,那里的人的健康就会受到损害。

现代科学研究已经证明,人体的健康与水土密切相关。英国地球化学家汉密尔顿通过测定人体血液中的各种化学元素的平均含量和地壳中各种化学元素的丰度值,发现两者之间非常相似,即地壳中丰度值高的元素(如铁、钙、钠等)在人体中含量也比较高;丰度值低的元素(如锌、锰、钴等)在人体中的含量也较低。汉密尔顿把含量较高的元素称为生命结构元素,含量较低的元素称为微量元素。这两类元素在人体中共有 25 种以上。人体中不管缺少其中哪一种元素,人体的健康都要受到影响。

现代科学通过对人体中的微量化学元素的含量测定就可以诊断出很多地方病、职业病、常见病等。化学家称头发是"生命的窗口",因为测定一根头发就可以获得很多信息。这是因为头发中几乎包含了人体中的所有化学元素,测定头发中这些元素的含量就可以判断一个人的健康状况。例如,精神病患者的头发中铅和铁的含量偏高,镉和锰的含量偏低,锰含量不足常常是精神病患者最典型的特征之一。测定头发中的铬的含量可以诊断是否患有糖尿病;测定头发中的镉和铅的含量可以诊断是否患有高血压;通过对儿童头发中的 14 种微量元素的综合分析可以判断儿童智商的高低。上海古尸研究课题组通过测定新疆罗布泊女尸头发中的元素含量,还获得了难得的古代人体代谢与环境变化的资料。

由此可见,人体的物质构成不仅是生命的基础,还反映了人与环境的关系。

3.1.1.2 人的性别决定

所谓性别决定一般是指雌雄异体的生物决定性别的方式。对于人类来说即男女性别的决定方式,有史以来对它的奥秘就有各种各样的猜测,但都是没有科学根据的。直到 20 世纪初,科学家发现了人体细胞内的染色体后,才揭开了性别决定的奥秘,原来生男生女是由受精卵中的一对性染色体决定的。人体的每个细胞(包括生殖细胞)中都有 23 对携带遗传物质的染色体,其中 22 对为常染色体,决定除性别外的全部遗传信息,另 1 对为性染色体,决定胎儿的性别。常染色体男女都一样,没有性别差异。性染色体则不同,男性的 1 对性染色体由 X 和 Y 染色体组成(XY),女性的 1 对性染色体均为 X 染色体(XX)。23 对染色体中一半来自父亲,另一半来自母亲。人体细胞是通过分裂方式进行繁殖的,即

1个细胞分裂为2个,2个再分裂为4个,这样继续分裂下去。在从未成熟的生殖细胞发育成为成熟的生殖细胞过程中,细胞内的染色体要经过一次减数分裂,即成熟后的精子或卵子只含有23条染色体,为原来的一半,其中22条为常染色体,1条为性染色体。男性的1对性染色体为XY,所以分裂成熟后的精子,含X性染色体的称为X精子,含Y性染色体的称为Y精子。女性的1对性染色体为XX,所以分裂成熟后的卵子都是含有1条X性染色体的。由此可知,男性的精子有2种,而女性的卵子只有1种。XX和XY结合的概率都是50%。可见,人的性别决定对人类的长期发展提供了物质基础。

3.1.1.3 人的衰老和死亡

衰老和死亡从哲学的角度上看,是因为任何事物,包括生命都有一个从产生到发展到巅峰再到衰败最后到灭亡的过程,事物是发展的,人作为自然界中的一种生命形态也无法逃避这一规律。从生态的角度上看,只有生命的生老病死才能维持自然界的平衡,毕竟地球所能承载的生命是有限的。从生理的角度上看,这是因为人的生命过程是一个新陈代谢的过程,但新陈代谢实际上是两个相反的力量与过程同时作用的结果,在成长的阶段,新细胞生成的数量与速度超过旧细胞死亡的数量与速度,所以人会长高,体重增加,内脏机能也会不断增强,到成年以后,这两种力量势均力敌,所以人的身高体重与机能维持相对的稳定,到了晚年,新细胞生成的速度大大减慢,这就表现为人的机能逐渐下降。

那么,人的寿命究竟能有多长?又与哪些生物因素有关呢?目前,预测人类极限寿命的方法不同,预测出的极限寿命也不一致。

(1)哺乳动物的自然寿命应为完成生长发育期的5~7倍,人的生长发育期一般为20~22年,因此人的寿命在100~150岁之间;

(2)哺乳动物的自然寿命应为性成熟期的 8 ~ 10 倍,人类性成熟的年龄为 14 ~ 15 岁,极限寿命则为 110 ~ 150 岁;

(3)人类细胞平均分裂 50 次,每次细胞分裂周期平均为 2.4 年,则人类寿命大致在 120 岁左右。

影响人的寿命的生物因素中,主要与遗传和性别有关。一般认为,生物有机体通常在达到性成熟期后便开始在结构与身体上出现衰退性变化即老化或衰老。随着时间的推移,衰老程度加剧,最终导致机体的死亡。在衰老过程中,生物有机体的构造和生理机能都发生一系列衰退性变化,如代谢效率降低、器官功能减退、骨质疏松、牙齿脱落等。细胞的衰老现象包括原生质状态不正常、代谢产物排出困难、色素沉积等。关于衰老的原因,目前有很多假说,如生物膜损伤假说、内分泌失调假说、代谢废物堆积假说、细胞遗传损伤或遗传钟假说等。

归纳起来,可以把有关细胞衰老的假说分为两类:一类认为衰老是由遗传决定的,生物的生长发育、成熟、衰老和死亡都是按照遗传程序展开的必然结果;另一类虽然也承认遗传的作用,但更强调环境因子的影响,认为环境中的不利因素会造成细胞损伤,而损伤的积累便最终导致衰老和死亡。二者都有事实依据。多数学者认为,DNA 不仅继承了祖先的某些特性,而且也记录着生命的时间表,像定时开关一样决定这些信息何时出现或消失,但遗传信息的表达离不开环境条件。因此,遗传因素必须与环境条件结合起来,才能较全面地阐明衰老的起因及发展过程。

3.1.1.4 人类的遗传基因

遗传基因,也称为遗传因子,是指携带遗传信息的 DNA 或 RNA 序列,是控制性状的基本遗传单位。基因通过指导蛋白质的合成来表达自己所携带的遗传信息,从而控制生物个体的性状表现。

基因具有 3 种特性:①稳定性。基因的分子结构稳定,不容易发生改变。基因的稳定性来源于基因的精确自我复制,并随细胞分裂而分配给子细胞,或通过性细胞传给子代,从而保证了遗传的稳定。②决定性状发育。基因携带的特定遗传信息转录给信使核糖核酸(mRNA),在核糖体上翻译成多肽链,多肽链折叠成特定的蛋白质。其中有的是结构蛋白,更多的是酶。基因正是通过对酶合成的控制,以控制生物体的每一个生化过程,从而控制性状的发育。③可变性。基因可以由于细胞内外诱变因素的影响而发生突变。突变的结果产生了等位基因和复等位基因。由于基因的这种可变性,才得以认识基因的存在,并增加了生物遗传的多样性,为选择提供更多的机会。

遗传多样性是指存在于生物个体内、单个物种内以及物种之间的基因多样性。一个物种的遗传组成决定着它的特点,这包括它对特定环境的适应性,以及它被人类的可利用性等特点。任何一个特定的个体和物种都保持着大量的遗传类型,就此意义而言,它们可以被看做单独的基因库。基因多样性,包括分子、细胞和个体三个水平上的遗传变异度,因而成为生命进化和物种分化的基础。一个物种的遗传变异愈丰富,它对生存环境的适应能力便愈强;而一个物种的适应能力愈强,则它的进化潜力也愈大。

基因是人类遗传信息的化学载体,决定代际之间的相似和不相似之处。在基因"工作"正常的时候,人的身体能够发育正常,功能正常。如果一个基因"工作"不正常,甚至基因中一个非常小的片断不正常,则可以引起发育异常、疾病,甚至死亡。健康的身体依赖于身体不断的更新,保证蛋白质数量和质量的正常,这些蛋白质互相配合保证身体各种功能的正常执行。每一种蛋白质都是一种相应的基因的产物。基因可以发生变化,有些变化不引起蛋白质数量或质量的改变,有些则引起改变。基因的这种改变叫做基因突变。蛋白质在数量或质量上发生变化,会引起身体功能的不正常以致造成疾病。

现代医学研究证明,除外伤外,几乎所有的疾病都和基因有关系。像血液分不同血型一样,人体中正常基因也分为不同的基因型,即基因多态型。不同的基因型对环境因素的敏感性不同,敏感基因型在环境因素的作用下可引起疾病。另外,异常基因可以直接引起疾病,这种情况下发生的疾病为遗传病。总的来说,引发疾病的根本原因有三种:

(1)基因的后天突变;

(2)正常基因与环境之间的相互作用;

(3)遗传的基因缺陷。

绝大部分疾病都可以在基因中发现病因。基因通过其对蛋白质合成的指导,决定我们吸收食物,从身体中排除毒物和应对感染的效率。

第一类与遗传有关的疾病有 4 000 多种,通过基因由父亲或母亲遗传获得;

第二类疾病是常见病,例如心脏病、糖尿病、多种癌症等,是多种基因和多种环境因素相互作用的结果。

3.1.2 人类生物基础对人口变迁的影响

人的生物基础,在一定程度上决定了人的生育率并影响其死亡率,而人口数量所受的最直接的影响便是生育率和死亡率,因此人的生物基础对人口数量存在重要影响。另外,生物基础还决定了人类在进化过程中的分化,这种分化的直观表现便是人种和民族的差异,这些差异加上人口数量的增加,还是人口分布不断变动的自然基础。

3.1.2.1 人类生物基础对人口数量的影响

人口增长可以用一个简单的算式描述,在任何一个时间区间内,人口数量 P 的变化都是新生或移民迁入(出生 B,迁入 I)以及死亡和迁出(死亡 D,迁出 E)的结果,在暂不考虑移民因素时,任

何一个时间区间 t 内，人口变化可表示为：

$$dP = B - D$$

那么增长率 $r(r = dP/P)$ 等于出生率 $b(b = B/P)$ 和死亡率 d ($d = D/P$) 之差：

$$r = dP/P = b - d$$

由于出生率和死亡率并非相互独立的，所以很少出现极低的出生率和极高的死亡率，或极高的出生率和极低的死亡率这样极端相反的情况，往往在一个比较长的时间区间内，人口增长率都在 b 和 d 之间变动。

生育率和死亡率很少涉及概念意义层面的数目计算，并不能很有效地用来描述繁殖和生存的现象，但是人口增长却实在取决于此。

从另外一个更直观的方法来看，如果能够生育的人成功地生产更多数量的人结婚生子，从一代到下一代就会出现人口增长，相反则出现人口衰减或停滞。无论结果如何，人口增长都由两个因素决定：一个是有生育能力的人的生育数量，这主要取决于生物能力；另一个是从出生到生育末期的死亡强度。

具体来说，一个妇女的孩子数量主要依赖于生物的和社会的因素，它们共同决定妇女生殖力旺盛期生产的频率和生殖力旺盛期对生殖力的有效利用。生孩子的频率是生产间隙相反的作用结果，生产间隙包括四个部分：每次生产后的不育期、等待受孕时间、怀孕时间和胎儿死亡率。综合这几个方面因素，生产间隙幅度一般在 18~45 个月，通常被定为 2~3 年。这个分析基于没有生育控制的自然生育率人群是可信的。如果考虑生育控制，则生产间隙可被无限放大，那么生孩子的频率区间会很大。生殖力旺盛期取决于生物因素，但对这个旺盛期的利用率基本上是由文化因素决定的。

上述分析过程中，提到了有生育能力的人的数量，这个概念显然包括成年的男性和女性,如果男女性别比差别过大,必然会影响到人口的增长率,在一夫一妻制社会里其影响会更加突出。假设某个家族源于一对夫妇,这对夫妇生活在公元前 10000 年;这个家族的成员以 1%的年增长率增长。现在时间上的人口将是一个直径为数光年的活人圈子,这个圈子还会以径向速度发展着,如果忽略相对性的话,这个速度将比光速大很多倍。迄今为止,这种事还没有发生过,因为有其他因素的作用,人口并不能经常表现出 1%的年增长率。尽管如此,人口增长率的计算过程还是体现了生物基础对人口增长的影响。

3.1.2.2　人的生物基础对人口分布的影响

人口分布状态是在人类适应和改造自然,发展生产,繁衍子孙后代的过程中逐渐形成的。从一开始,它就不是一种纯自然的现象,而是一种社会经济现象,这同动植物的地区分布是有本质区别的。但生物基础对人口分布的影响终究不容忽略。

造成地区人口分布差异的直接因素是人口学因素。影响人口分布的人口学因素主要有出生、死亡和迁移。封闭人口的分布直接受人口自然增长率的影响。人口自然增长率的高低,使地区人口出现不同的增长势头,从而使一定时期后的人口分布出现差异。开放人口的分布受人口自然增长率和迁移的影响。世界人口分布受人口自然增长率的影响,各地区人口分布受自然增长率和迁移的影响。人口学因素的生物基础前面已有论述,这里不再赘述。

另外,生物基础之一的遗传多样性为地球上人种和民族分化提供了条件,而不同民族和人种形成过程中,分别适应了不同的区域环境,这样无形中便演变成了今天不同种族和民族的分布差异。少数民族人口的分布,同其所处的自然地理环境密切相关。如藏族等世代生息的青藏高原,高寒的气候、贫瘠的土壤等恶劣的自然环境,极大地影响了社会生产力的发展。由于生产力低下,经济发展迟缓,人口增殖也就缓慢,从而形成了我国人口分布最稀疏的地区。面积广大、尚未开发的藏北高原,更是地旷人稀甚至荒无人烟。

从哲学上看,人类的生存和发展本身都离不开自然基础。生物基础更是影响人口分布的自然基础的基础。在古代,当生产力水平还很低下,人们不得不依赖自然界提供的现成食品和其他生活资料为生时,人口分布受到自然环境的极大影响。腊玛古猿和元谋猿人的化石都发现于南方,这不是偶然的,显然是由于在南方热带和亚热带地区比北方更易于谋生,这里的天然食物较多,又没有寒冷的威胁。只有当人们掌握了火以及狩猎、捕鱼技术后,才有可能向更广阔的地区迁移,北京人、蓝田人、山顶洞人等就是这一时期的代表。这个事例已经体现了生物基础对人口分布的影响,即当时的人不具备抵抗极端寒冷和炎热的天气的生物基础。这个能力对今天的人来说依然缺乏,但今天人类借助各种工具和技术在地球表面的绝大多数地区生存的事实表明:人口分布不仅受其生物基础的影响,还会受到其他因素的制约。

3.2 自然环境对人口变迁的影响

自然环境为人类生存提供了不可替代的物质基础,人类生存离不开一定的自然环境和资源条件,同时,自然环境的地域差异也是引起人口从一地向另一地迁移的原因之一。一般说来,人类总是移居到自然环境比较优越、自然资源比较丰富的地区。尤其是在以手工劳动为主的较低的生产力水平条件下,人们往往倾向于集中到气候温和、土壤肥沃、水草丰茂、宜于农耕的平原、河谷地带。各种自然灾害(如洪水、火山喷发、地震、暂时或持续性的气候恶化、病虫害、瘟疫等)或造成大规模的人口迁移,或通过对生产的严重破坏迫使人们不得不成批地离开家园,迁移到异地。可见,人作为大自然的产物,除人的生物属性对人口变迁有着直接的影响外,自然环境作为人口变迁的外因,对人口数量和分布的直接和间接作用都是巨大的。

3.2.1 自然环境对人口数量和质量的影响

今天看来,人口增长是一个很复杂的问题,与营养、教育以及文化背景等都有很密切的关系,但在史前时期,影响人口增长最大的因素,则主要来自食物的供给、疾病、自然灾害和战争,等等。古代人类基本上生活在天然食物丰富的地区,食物短缺的现象并不经常发生,从而为掠夺食物而发生战争的可能性一般也相对较低。因此,自然灾害和疾病就成了当时影响人口数量和质量的主要因素,而自然灾害和疾病又是与当地的自然环境密切相关的。

因此,食物供应充分与否和战争对这一地区人口增长的影响都比较小。即使是文明社会初期的人,对疾病也毫无控制力,所以疾病可能是影响当时人口数量最大的因素,而自然环境与疾病滋生的关系又是密不可分的。疾病中的传染病,对人口增长的影响最为严重。

3.2.1.1 历史时期自然环境对人口增长的影响

中国是世界上最早有文献记录的国家之一,从这些记录的案例就可以看出,自然环境对人口增长的影响略见一斑。宋代以前见于文献,又为近代人所认定的几种传染病有伤寒、霍乱、痢疾、痘疮、麻疹、白喉、肺痨病等,此外,还有南宋时流行的风土病,如丝虫病、血吸虫等。所谓风土病,是仅流行于某一特定地区的疾病。此种疾病是造成原始社会各地人口不能均衡成长的因素之一,也是中国南方人口成长缓慢的一个重要因素。古代中国究竟有多少流行性疾病,又有哪些属于风土病,没有人进行过完整的统计,不过湿热的南方,所流行的地方病必然超过北方。据文献所载,疟疾从古代直到今天,一直是南方普遍感染的一种疾病。它们虽然不直接影响人口的出生率,但对人口的死亡率影响明显而直接,最终会影响到人口的增长和分布。

　　自然环境的各要素中,气候是最活跃的,从理论上讲,它往往是某个区域内自然环境的主动因素,它的变化会导致区域环境的改变,并直接影响着当地的人类活动。已有文献和研究表明,事实确实如此。公元前5000年左右,黄河流域的气候接近于现在的长江流域,所以在新石器时代亚热带的疾病,应该会扩及黄河流域。当古代气候由湿热转向干冷时,黄河流域由北亚热带转变为温带,使适宜湿热地区发展的疾病,如疟疾以及其他疾病,因之减少或完全绝迹。毫无疑问,这对人口的增长必然相当有利。从文献资料来看,当时的岭南人文概况大致如下:①人口稀少和人民体力衰弱,是湿热的自然环境所使然;②女多男少;③粗放的农业是因缺乏健壮的劳动力使然。从战国到两汉,黄河流域的人口最多,密度也最大;淮河流域次之;长江流域又次之;珠江流域的人口最少。由于长江流域新石器时代的农业并不比北方落后,当地又有许多野生植物可供食用,江湖鱼类也极为丰富,且气候温暖,水旱灾害稀少,无饥寒之患。何以长江流域人口竟比黄河流域稀少?

　　司马迁说:"江南卑泾,丈夫早夭",不单指男人而言,女子应该也包括在内。《汉书·地理志》记载南方女多男少。古代的南方女多男少,应该是事实。近代的医学已经证明:从出生到老死,男性的死亡率一直高过女性,并且男性对疾病的抵抗力亦远逊于女性。原始社会以及医药水平落后的时期,尤其在疾病繁多的亚热带地区,女多男少也应该是正常的状况。江南地区地势卑下,空气潮湿。长江流域的盆地原是由长江及许多湖泊构成,从两湖到江苏,长江两岸的湖泊绵延不绝。两湖地区是古代的云梦大泽,从公元前3世纪开始,湖泊的面积逐渐缩小,新石器时代的屈家岭文化遗址以及楚国都城郢都位于云梦大泽的附近。位于钱塘江口的河姆渡,根据当地出土的动物骨骼判断,这个遗址的地形原是平原、湖泊和丘陵交接的地带。以太湖为中心,长江三角洲的青莲岗、良渚等文化,有许多遗址是在地面以下,甚至淹没于水中。这是因为当地地层下沉的缘故,其中有些地区是到战国时代才降至水面以下的。在中国安徽、江苏境内,长江两岸的湖熟文化,是新石器时代末期到青铜器时代的一种文化,这些文化遗址同样分布在靠近河湖的山坡和台地上。

黄河流域的气温比长江流域低,干冷的季节亦较长,因此热带或亚热带地方性的疾病,如疟疾以及其他疾病的流行,比之长江流域为少。换言之,黄河流域的自然环境,对于人的健康,以及人口的成长,都优于长江流域。现代原始民族居住的多雨热带地区,高温和多雨的环境固然可以使植物全年生长,但同时也提供了细菌和寄生虫生长的良好条件。这些疾病造成了原始民族人口的大量死亡。从新石器时代一直到秦汉时期,长江流域的居民大多居于河湖附近。公元前5000年左右,长江流域的气候接近广东,当地北部疟疾瘴疫流行。古代长江流域的自然环境所形成的疟疾,以及其他热带或亚热带疾病,对人口增长的影响,可能类似于宋代的珠江流域。

另外一种情形就是在比较干燥而温暖的地区,其人口的死亡率似乎较低,对于人口的成长,后者在环境上具有的积极因子,大于消极的因子(干冷的季节较长,植物生长季节短,而形成食物供给的困难)。从上面人口增长对农业技术带来的深远冲击而言,人口的差异还有助于我们解释为什么大多数的文明都是发生在气候干而温暖的地区。

外国学者亨廷顿在他的著作《文明与气候》一书中,也讨论了气候对人类文化的影响。他指出疟疾及其他热带性的地方疾病,是造成热带地区文化落后的一个重要因素。根据亨廷顿的观察和研究,他认为热带地区不适宜白人居住。从1912~1917年的资料来看,巴拿马人口的死亡率是美国的2倍。在巴拿马运河地区有70%的工人感染了疟疾的病原菌。疟疾以及其他热带性疾病,不仅对白人是一大威胁,就是对土著人也是如此。当地土著有许多婴孩和青年死于疟疾和其他的热带病。在各种疾病中,疟疾所造成的死亡比例,虽然不算是最严重的一种,但对患者而言,往往使其身体虚弱不堪,而有些热带病甚至可能伤害到患者的内脏(注:疟疾能伤害患者的脾脏)。

3.2.1.2 自然环境对人口质量的影响

人类是自然环境的产物,自然环境是人口再生产的物质基础。因此,两者之间必然存在着某种内在的、本质的联系,这种联系是通过物质循环而实现的。

人们通过新陈代谢,一方面,与周围环境不断地进行着物质和能量的交换,从环境中摄取空气、水、食物等生命必需物质,在体内经过分解、同化而组成细胞和组织的各种成分,并产生能量以维持机体的正常生长和发育;另一方面,在代谢过程中,机体内产生各种不需要的代谢产物通过各种途径排入环境中,在环境中又进一步变化,作为其他生物的营养物质而被摄取。研究表明,人体血液中 60 多种化学元素的含量与地壳及海水中这些元素的含量有明显的相关关系。既然人体与自然地理环境存在着上述相关性,那么环境中的某些化学元素的含量的多少必然会影响到人体的生理功能,甚至可能造成对健康的影响而形成疾病。

地球表面各种化学元素分布是不均匀的,在一定区域某些化学元素富集或贫乏,导致当地居民身体内相应元素的含量过多或缺少,当超过了人体生理功能调节范围时,就破坏了人体与环境之间的平衡,便可使机体的健康受到损害,甚至形成某些地方病和流行病。例如,在环境中缺乏碘,可导致地方性甲状腺肿的发生和流行,环境中含氟量过多,可引起氟骨症。另外,如克山病和大骨节病,虽然致病原因迄今还是个谜,但初步研究证明,这两种地方病与发病区微量元素硒的缺乏有关。

近几十年来,科学不断发现,很多过去认为病因不明、神秘莫测的疾病都与人们所生活的自然环境关系密切,人口质量与自然环境的关系也越来越被人们所重视。

3.2.1.3　人类社会初期自然环境对人口分布的影响

人类的进化与自然地理环境密切相关。第三纪晚期是古猿的繁盛时期,同时草原植物开始向森林进逼,夺得了广大空间。自然条件的变化迫使古猿开始适应新的、较为不利的生活环境。由于自然选择的作用,森林古猿中衍生出一支地栖性的草原古猿,对它们来说,求生存的斗争是大大复杂化了。草原环境的生活促使它们直立行走和利用前肢抓取物体,并不得不以草原动物作为食物(草原灵长类的杂食性)。这样一来,便引起身体器官功能的改变和发达起来,尤其是脑的发达。正是由于各自在不同的自然环境中生活,草原古猿才按着与森林古猿所不同的道路发展。当地面生活的古猿不仅学会使用工具,而且学会制造工具时,人类就诞生了。人类出现是第四纪的重大事件。当然,最初的人兼有古猿和现代人的特征。爪哇猿人是最古老的、生理结构最原始的人之一,已能用石头制造工具。北京猿人比爪哇猿人又进化一些,他们无疑已经会使用火了。以后人类的发展又经历了古人和新人的阶段,大约在 5 万年前开始逐渐进化成为现代世界的各式人种。

在第四纪人类的进化过程中,自然环境发生了剧烈的节奏性演变,冰期和间冰期、海侵和海退、地壳上升和下降等自然地理过程和现象交替发生。自然界这种节奏变化曾深刻地影响了人类的进化。原始的人类一方面改造着自己的形体和大脑,以适应变化的环境;另一方面又不断地扩展到世界各地,以寻求各种适于生存的环境。由于自然因素加上社会因素的共同作用,人类便产生了体质特征不同的各种人种类型以及不同的地理分布特点。

人种是指在体质形态上具有某些共同遗传特征的人群。不同的人种主要是根据其体质的性状(如肤色、眼睛颜色、发色、发型、面部特征、头型、身材,等等)而区分。根据上述特征,一般把人类划分为三个基本的种族,即三大人种,他们是尼格罗人种、欧罗巴人种和蒙古人种。虽然三大人种在外貌上看来彼此明显不同,但是从全人类来看,三大人种彼此借着一系列不明显的,从一个过渡到另一个的中间类型而互相联系着。不同人种的各种体质特征与一定的地理区域相关联,亚洲大陆中部和非洲的东北部是不同种族类型接触的地区,在这里产生出人种的中间类型。如乌拉尔人种、埃塞俄比亚人种等。

人类的起源是统一的,在生物学上同属一个物种,有着共同的祖先。然而,人类的各个群体在相当长的一段时期内彼此隔离地生活在不同的自然地理区域之中,人的身上便留下了各自居住环境的烙印。在第四纪,非洲、欧洲和亚洲是全球范围内的三大人类活动中心。对于人类活动来说,这三个地理区域由于存在严重的天然屏障而彼此相对孤立起来。例如,广阔的干旱荒漠带把非洲和欧洲分隔开来,高峻的大高原、大山脉以及遥远的距离使亚洲与欧洲及非洲分开。尽管其间冰川多次进退,人类活动范围多次收张,在一定程度上改变了这些屏障的影响,并引起人类群体的迁徙和混杂,但是三大活动中心从人类形成的早期直至旧石器时代仍然存在,因而有足够的时间使人类在自然环境的自然选择作用下不断地演变。人类的三个基本种族正是在这样一种分化的地理环境中形成的。在若干万年的时间内,生活在不同区域的人群通过遗传和突变产生出一系列人体外部的形态变异,这种变异具有明显的适应环境的意义。

尼格罗人种形成于热带炎热的草原旷野上,那里日辐射强烈,而黑色皮肤和浓密的卷发能对身体和头部起保护作用,宽阔的口裂与外黏膜发达的厚唇以及宽大的鼻腔也有助于冷却吸入的空气。

欧罗巴人种主要形成于欧洲的中部和北部,那里的气候寒冷、云量多而日照弱,因此人体的肤色、发色和眼睛颜色都较为浅淡。高耸的鼻子、狭长的鼻道使鼻腔黏膜面积增大,这有利于寒冷空气被吸入肺部时变得温暖。

蒙古人种形成的环境没有非洲的炎热和欧洲的寒冷,故形成较为适中的体质形态特征。典型的蒙古人种具有内眦褶,可能与草原和半沙漠的环境有关。这样的结构能保护眼睛免受风沙尘土的侵袭,并能防止冬雪反光对眼睛的损害。

自然环境在人种分化的早期阶段起着某种选择作用,这是不可否认的。但人类与动物有着本质的不同,人类形成了社会,有生产劳动和创造文化的能力。物质生产随着生产力的发展,在改变着人类的生存条件,渐渐地通过劳动使环境适合自己的需要,而不是改造自己的器官来适应环境。因而,自然环境对人种形成的作用随着社会生产力的发展而减弱,人类的种族特征愈来愈失去其适应生活的意义。

3.2.1.4 有史以来自然环境对人口分布的影响

人口分布的差异是人类发展过程在空间上的表现形式,经过几百万年的增长和迁移,人类居住范围早已遍及除两极地区外的五大洲。但具体分析,人口的分布却是很不平衡的。世界的人口分布状况,是在人类改造自然、发展生产、繁衍后代的过程中逐渐形成的。在这一历史过程中,自然、社会、技术和经济等多种因素共同作用,它们影响着人口的自然增长和人口迁移,从而造成了现存的人口分布状况。

在人类社会发展的早期阶段,当人类生产力还是十分原始的时候,自然地理环境对社会发展的影响表现得特别强烈。人类早期的社会大分工,便是以自然为基础的。在那些水草丰足适于放牧的地区,逐渐出现了专门从事畜牧业的部落;而在那些土地肥沃宜于垦殖的地区,逐渐出现了专门从事农业的部落。这就是人类历史上第一次社会大分工。社会的分工,促进了生产力的发展。在原始社会生产发展过程中,它是一个重要的里程碑。构成这种社会劳动分工的自然基础,正是自然环境的地域差异性。

古代社会生产力水平还很低下时,人类的生活和人口的分布受到自然环境的极大制约。到了现代,人类虽已在相当程度上按照自己的意志利用和改造自然,抵御那些危及自己生存的自然压力,但并不意味着人类可以完全脱离自然的制约。自然环境是人类生活和生产的物质基础。自然环境的地区差异、自然条件的优劣以及自然资源的多寡等自然因素必然影响到各地区的经济发展,进而影响到人口的分布。在地球上确有一些民族长期生存于极端恶劣的自然环境下,如美洲北部的爱斯基摩人,他们过着独特的适应严寒和漫长极夜的生活方式,但在恶劣的自然环境中,农业发展缓慢,人们在营养上也受到很大限制,出生率很低,人口数量长期停滞不前。

自然环境、自然资源的多样性,造成了生产条件的差别。这种差别,对人类社会的发展不可能不产生某种程度的有利或不利的影响。一般说来,优越的自然环境有助于加快社会发展的进程,恶劣的自然环境则阻碍着社会的发展。亚非的一些大河流域气候温和、土壤肥沃、水源充足,有利于人类定居和耕作,甚至在较低的生产水平下也可能出现剩余产品。在这样的大河流域曾形成了古代文明的中心:在北非有尼罗河流域的埃及,在西亚有两河流域的巴比伦,在南亚有印度河流域的印度,在东亚有黄河流域的中国。它们早在公元前 3000 多年至公元前 2000 多年就脱离了原始社会,建立起奴隶制国家。世界发展到今天,社会的历程普遍已进入资本主义或社会主义阶段。然而,令人惊讶的是,在文明世界的侧旁却残留着许多原始社会的部落。在南美的亚马孙雨林中,在非洲的丛林里,在太平洋的岛屿上,都居住着至今仍维持着石器时代的原始人群。

自然资源的开发,对人口分布的影响也是十分明显的。某些地区矿产资源的开发往往成为影响人口分布的决定性因素。18～19世纪由于出现淘金热而吸引了大量移民就是例子。当时巴西的米纳斯州,美国的科罗拉多州、加利福尼亚州和阿拉斯加州,澳大利亚的维多利亚州以及南非的德兰士瓦省,每一次淘金热都曾吸引大量的移民。中国经济建设实践也表明,许多在过去荒无人烟的地方,一旦其自然资源得以大规模开发,便可吸引千千万万的劳动大军,建设起一座座工业新城。

自然环境对人口变迁的影响,还因生产力发展的不同历史阶段而有所不同。例如大河、大海和大洋在人类社会的早期阶段是不可逾越的障碍因素,而随着人类科学技术的进步,渐渐地却转变为积极因素。因为造船和航海技术的发展使它们成为沟通世界各地经济联系的重要枢纽。再如,从前树木主要被用做薪材、建材和细工用材,后来则成为造纸工业的原料,还被用于生产人造纤维等产品。在过去很长的时间内,石油一直没被生产利用,但现在已作为极其重要的能源和化工原料被广泛使用,等等。

总之,自然环境对人口变迁起着促进或阻延的作用。这种作用,在人类社会的早期尤为深刻。随着生产力不断提高和自然资源不断开发,人类社会与其周围自然界的联系便日益密切,而同时人类对自然界的影响也日益加强。

3.3 人文环境对人口变迁的影响

自然环境对人口变迁的影响毕竟只是一个方面,而且随着人类社会的发展,自然环境对人口变迁的作用越来越依靠社会经济因素的作用来实现。因此,人类社会的生产和生活方式的发展水平及生产布局特点等人文环境对人口变迁的影响在逐步扩大。

3.3.1 社会环境对人口的影响

3.3.1.1 社会、社会结构与社会环境

人类从 1 万年前就已经学会群体生活,并渐渐形成原始部落,在这个原始部落里,他们因为周遭的环境所影响,会迁居或是定居,并慢慢培养生活方式和习惯,而演变成独特的文化。当这个文化变得比邻近的部落较为先进或强大,并互相影响时,便形成了文化圈。当这个族群变得壮大或人数众多的时候,他们就会在一个地方定居并把一个聚居点建立起来,变成文明社会或城市。

社会一词并没有太正式的明确的定义,一般是指由自我繁殖的个体构建而成的群体,占据一定的空间,具有其独特的文化和风俗习惯,并且拥有简单或相对复杂的分工。由于社会一般被认为是人类所特有的,所以社会和人类社会一般具有相同的含义。

"社会"的汉字本意是指特定土地上人的集合。社会在现代意义上是指为了共同利益、价值观和目标的人的联盟。社会是共同生活的人们通过各种各样社会关系联合起来的集合,其中形成社会最主要的社会关系包括家庭关系、共同文化以及传统习俗。微观上,社会强调同伴的意味,并且延伸到为了共同利益而形成的自愿联盟。宏观上,社会就是由长期合作的社会成员通过发展组织关系形成的团体,并形成了家庭、机构、国家等组织形式。

社会结构是一个在社会学中广泛应用的术语,但是很少有明确的定义,最早的使用应该在 20 世纪初期。直到今天,这个模糊的概念仍然被广泛使用,广义地讲,它可以指经济、政治、社会等各个领域多方面的结构状况,狭义地讲,主要是指社会阶层结构。但是,在欧美社会理论语境中,社会结构常常还在更加抽象的层次上使用,用来指独立于有主动性的人并对人有制约的外部整体环境。

社会结构最重要的组成部分是地位、角色、群体和制度。社会

结构的内容实际上是社会的主体——人及其生存活动——社会活动和社会关系的存在方式,一般表现为:人口结构、人群组合结构、人的活动位置结构(在社会中所从属的集团阶层)、人的生存地域空间结构、生活方式结构,以及社会经济、政治、法律、文化、观念等各方面的构成及相互关系。

可见,个人在社会和社会结构中可以处在不同的地位和角色上,根据环境的定义,个人周围的各种社会结构和关系都可以视为其活动的社会环境。当人不再是作为个体被关注,而被视为一个社会组织、群体或机构的成员形式的存在时,社会环境必然会对人的行为产生影响,当然会影响到人的生殖、生存和迁移,其结果之一便是人口的变迁。

3.3.1.2 社会环境的功能

社会结构作为社会各要素稳定的关系及构成方式,即相互关系按照一定的秩序所构成的相对稳定的网络,它是根据社会需要而自然形成或人为建立起来的,其运行过程也是社会结构发挥其社会功能的过程。因此,社会环境的功能必然是多样化的,但其最主要的功能之一便是为社会中的个人提供行为的模式和规范,也可以称为社会秩序。

"秩序"的一般解释为社会行动单位互动关系和行为的模式化,或者在共同价值和规范框架内的社会互动模式。在一定意义上,社会秩序是以制度来标识的,即一个社会的制度化水平越高,一个社会就表现得越有秩序。因此,制度化是社会秩序形成的基本过程。秩序的对立面是无政府状态。如果说秩序是和社会的"稳定"联系在一起的,无政府状态就是和社会的"混乱"联系在一起的。

社会秩序表现在社会的各个方面和各个层次。如从社会分层的角度看,等级秩序(包括分层秩序,或者阶级秩序、阶层秩序)是社会秩序的基本内容之一。每个人或家庭的角色、地位、特征和功能都是建立在社会的各种秩序之上的。本书关注的是秩序或制度化的水平而不是秩序形成的过程。

从秩序的本质看,建立社会秩序的最基本机制在于制度化的过程,而秩序的维持主要取决于国家的能力,因此秩序和混乱都是可能存在的社会状态。在社会有秩序的状态下,每个行动单位有可能表现出保守或激进的特征,这还要取决于其他的社会、经济和文化环境。无秩序往往意味着衰落,但也是新秩序建立的起点。从经济的角度看,相互依赖的现代经济不可能在混乱的状态中维持增长;从社会的角度看,无秩序意味着整个社会缺乏共享的核心价值观和权威的行为规范。当社会冲突发生时,社会成员和各种社会力量对于解决冲突的合法性和权威性没有认同,也没有具有合法性的政治法律制度和权威人物作为仲裁人,此时就会出现混乱,而混乱则是对任何秩序的破坏。

无论是社会还是社会结构都没有一个明确的定义,因此社会结构和社会环境总是显得模糊而抽象,一一列举具体的社会环境及其功能虽很有用,但实在不是一件易事,这牵涉到目前对它们的认知水平和个人知识的积累。为了研究的方便,这里进行了简化,因为社会环境构成成分的多样性和结构的复杂性,决定了社会环境和功能的复杂性,借用能够在一定程度上表达各种社会环境及其功能状态的词语:秩序和混乱。秩序和混乱在各种社会都可能存在,因此它们对人口变迁的影响也必然是全面而深刻的。

3.3.1.3 社会环境对人口数量的影响

在生物基础决定的生育能力一定的情况下,社会环境(婚姻制度、生育政策、文化及宗教、妇女受教育程度)对生育率的影响远远大于自然环境。影响死亡率的因素中,自然死亡率同样受人的生物基础的控制,但在非正常死亡方面,社会(经济、政治、教育水平、医疗卫生条件)和自然环境(地方病、环境污染、自然灾害等)对死亡率的影响都较大。社会环境通过对生育率和死亡率的影响来改变人口数量的增长,当社会环境表现为有序时,人口一般会呈现出稳定的增长趋势。与此同时,有序的社会环境还会引起人口迁移,从而既影响区域的人口增长,也影响区域间的人口分布。

社会环境中婚姻制度、生育政策、文化、宗教和妇女的受教育程度,都只是从不同层面影响行为主体(个人、家庭或团体)的生育意愿,而不是影响其生育能力。尽管社会环境存在着明显的时空差异,但处在不同社会环境中的行为主体的行动机制是可以探索的,进而通过行为主体的行动机制的认知来判断社会环境对人口数量的影响。

对于行为主体行动机制的探索,可以借用建模的方式来模拟。既然行为主体只是社会结构的一个要素,它的行为必然会受到其他要素和整体结构对它的约束,除非进行过度抽象,要素间的关系一般不会是 $B = f(A)$(B 的值是 A 的一个函数)这种简单的形式。社会环境的运行基本上是在要素间系列(它们在时间上陆续起作用)作用中完成的(见图3-1)。

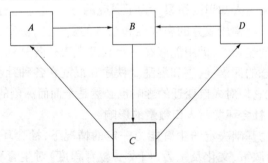

图 3-1 社会环境相互作用示意图

$$B = f(A) \qquad C = f(B) \qquad A = f(C) \qquad D = f(C) \qquad B = f(D)$$

函数中的 A、B、C、D 可以代表具体不同的社会环境,函数 f 代表这些社会环境直接的相互关系。

如果假设 A 和 B 之间有一种线性关系,通过图 3-1 中 B 和 C 的相互作用关系的传递,可以得到 $A = f(A)$(同时 D 也可以通过 B 和 C 影响 A)。这是一个反馈效应,A 在某个时刻的状态部分地影响着它在下一时刻的状态。

$A = f(A)$,如果不是严格限定 $A_t = f(A_{t-x})$,即 A 在 t 时刻的值是 A 在前一时刻 $t-x$ 上的值的一个函数,x 单位在先,也可表达为 $A_t = f(A_{t-x}, A_{t-2x}, \cdots)$。从函数表达式可以知道,$A$ 影响其他要素,而这些要素本身又影响 A;在不能够把"其他要素"分离出来的情况下,只能用一个近似陈述 A 影响 A 作为估计 A 的未来值的简单模型。当 A 为社会的生育意愿时,社会环境对人口变迁的影响程度便可据此模型进行一个基本的判断了。

$$A_t = f(A_{t-x})$$

它表示 A 在任意地点时刻 t 上的值是 A 在那里的前值的一个函数,如果不同地区的社会环境是存在差异的,那么 $A_t = f(A_{t-x})$ 应该修正为:

$$A_{it} = f(A_{j,t-x})$$

即 A 在地点 i 时刻 t 上的值是它在地点 j 时刻 $t-x$ 上的值的一个函数;其性质可视为与 i 和 j 两点间的距离有关。把时间和空间分量相加,方程可扩展为:

$$A_{it} = f(\sum_{k=1}^{x} A_{i,t-k}) + f(\sum_{j=1}^{n} \sum_{k=1}^{x} A_{j,t-k})$$

这里 A 在地点 i 和时刻 t 上的值是它在那个地点上每一先前时刻(x 以长度 k 为单位)的值(方程右边第一项),以及它在每一先前时刻和区域内每一其他地点(n)上的值(方程右边第二项)的一个函数。这个模型可以用来表示社会生育意愿的空间变化,因为一个地方的生育意愿与那里先前的意愿和相邻地区的意愿都有关系,后者的影响反映了它们离所研究区域的距离。

如果研究区域内的生育意愿相对稳定,其对人口数量增长的影响将是持续而稳定的,可以是稳定增长、稳定负增长或零增长。当一个区域的生育意愿对相邻区域的生育意愿存在显著差别时,可能会导致生育意愿的相互传播或相邻区域的人到该对方区域完成生育行为,这种现象在控制生育和非控制生育国家与地区间已经很常见了。

相对稳定的生育意愿需要的是社会环境提供的稳定秩序,如果在一个混乱的环境中,人的生育意愿也是不稳定的。当社会环境提供了稳定的秩序时,有利于社会经济的发展和技术进步,这无疑会间接地影响人口增长和人口分布。

3.3.1.4 社会环境对人口分布的影响

人口分布可以理解为不同区域内人口数量变动结果的空间差异,它可以是均匀分布的,也可以是非均匀分布的,到目前为止,人类社会的人口分布还从来没有出现过均匀分布的现象。一般情况下,人口变动包括两个方面:人口自然增长和机械增长。上节已经针对社会环境对生育意愿和生育行为方面的影响进行了讨论,这里只对社会环境对人口迁移的影响进行分析。

人口迁移是一种非常复杂的社会现象,受多种因素的影响,除自然和经济因素外,各种社会文化因素(如政治、宗教、文化等)的作用也不容忽视。影响人口发生规律迁移的社会环境因素有很多,除此之外,还有很多社会环境导致的随机性迁移。不管是规律性的还是偶发性的人口迁移,其共同的原因之一是社会环境及其变动的结果都会影响迁移活动相关区域的人口数量和人口分布。

社会环境及其变动对人口迁移的作用机制究竟如何,还没有成熟的理论和模型给予说明。但借用上节中影响人口生育意愿和生育行为的模型进行初步的解释是可行的,因为人口迁移行为也受迁移意愿的约束,尽管强制迁移不以迁移人口的意愿为依据,但可以把这种迁移视为其迁移意愿被强制改变之后的迁移行为,这样就可以把影响迁移行为的因素转变为影响迁移意愿的社会环境因素;同时社会环境本身的动荡和变迁,如政治动荡、制度更迭、战争、经济变革等,这些事件将涉及社会每个成员,个人生活中的遭遇和变故,如意外事故、患病、死亡、失业等,这种个人生活中的事件、情境、变故对行为单元的迁移意愿能产生很大影响。也许影响人口生育意愿和人口迁移意愿的社会环境因素并不一致,但其作用过程是相似的,从方法上看,它并没有改变方程的自变量,改变的只是自变量的系数(社会环境因素在人口生育和迁移方面所起作用不同,系数也不一样),因此其结果也是可信的。

社会环境各要素相互作用的结果只有两种:社会状态有秩序或混乱。当社会状态为有秩序,或预期有秩序时,会引起人口从其他区域迁入到该地区,同样的道理,人口会迁出社会状态混乱的地区。这些朴素的道理已经从世界各地人口迁移的事实中得到了多次检验。

政治原因所引起的人口迁移常常有强迫性,例如第二次世界大战期间纳粹德国驱逐犹太人,南非白人种族主义政权把城镇黑人赶入“黑人家园”等均属强迫迁移。文化教育因素对人口迁移的影响越来越明显,人们为了自己或子女受到良好的教育,总是从文化水平低、教育设施落后的地区迁往文化教育中心地区。文化教育事业的发展促进人口迁移,出现“科技移民”。而移入地区也愿意接受具有较高文化素养、有一技之长的人才迁入,这往往导致欠发达地区的人才外流。这种现象既表现为发展中国家和发达国家间的人口迁移,还表现为一个国家内部城乡间的人口迁移。如中国通过考试制度每年从农村选拔大量的人才,而这些人才绝大多数留在了城市。此外,不少宗教活动也经常引起人口迁移。例如西非朝圣者到麦加去的历时几个月的长途跋涉,宗教战争(如十字军东征,伊斯兰教徒征服西非、北非的战争)所引起的人口迁移,以及宗教迫害(如中世纪欧洲天主教对异教徒的迫害)造成的被迫人口迁移。当然,婚姻是青年人口迁移的重要因素。

最后需要说明的一个问题是,在讨论影响人口变迁的社会环境时,没有针对具体的社会环境要素进行分析,特别是对人口变迁影响重大的家庭因素。之所以这样做,理由有两点:一是社会环境之间相互作用实在紧密,难以给出清晰的剥离;二是家庭一直以来都是人类社会中最基本的行为单元,它几乎影响人类所有的行为,而且在人类社会发展过程中,家庭对个人行为的约束也表现出了阶段性的特点。基于以上原因,关于人类为什么选择了家庭,以及家庭对人口变迁的影响将在下一章人口策略中进行分析。

3.3.2 经济环境对人口的影响

在人类社会发展过程中,不同的因素起着不同的作用,从逻辑上讲,人口的变迁离不开自然环境,它是人类社会生存发展的物质基础,同时,人的生物基础决定了生殖能力,社会环境影响人的生育率,而经济环境则影响人的生存率。这样有了生育能力、生育意愿和生存能力,就为人类主动调节人口的变迁提供了条件,并通过主动调节来实现人类的繁衍和社会的有序发展。

3.3.2.1 经济环境对人口数量和质量的影响

图 3-2 描述了人口增长过程中生产技术变革对人口数量的影响,从某种意义上讲,人口发展史就是一部经济史。对于是人口增长促进了经济发展,还是经济发展促进了人口增长,学术界也存在着分歧。远的不说,仅从现状来看,如果人口增长促进了经济发展的判断成立,则不能解释中国和印度两个人口最多的国家,经济为何在长时间内落后于发达国家;相反,经济发达国家现在普遍出现人口负增长的事实,也不支持经济发展促进人口增长的判断。更何况在远古时代,人类在刚出现时,既不知道粮食,也不知道布匹,用四肢行走,像动物那样生活,谈不上经济发展,当然也谈不上经济环境对人口的影响。从历史的起源来看,经济环境对人口的影响应该是一个历史的范畴,在经济发展的不同阶段,它对人口变迁

的作用存在差异是可能的。

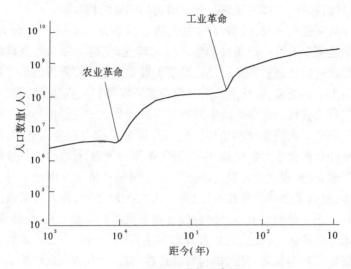

图 3-2　人口增长示意图

　　无论情况怎样,与社会环境对人口的影响相比,经济环境要具体而直接得多。经济环境是最主要的、经常起作用的因素,它既影响人口的数量和质量,也十分显著地影响着人口的迁移和分布。

　　经济环境对人口自然增长的作用主要表现在它决定了人口的增殖条件和生存条件,通过改变人口的出生率和死亡率来影响人口的自然增长率。经济发展对人口变动的决定作用表现在两个方面。其一,经济发展决定人口的自然变动,从目前世界各国的人口增长情况看,经济发展水平越高,生育水平越低,人口出生率和死亡率越低。这主要是因为现代人们接受教育年限的延长,相应推延平均婚龄,必然会在一定程度上降低生育率;同时人们的生理知识、育儿知识、保健知识日益丰富,又会促成婴儿死亡率降低;二者为低出生率和低死亡率构成了合力,同时,为了自身及其后代各项素质的提高,把有限的收入用于提高自己和子女素质上,也不得不采取少生优育的策略。其二,经济发展还影响人口质量并决定人口结构,包括人口阶层结构、教育结构和职业结构等。

从宏观角度看,经济环境主要通过以下方式影响人口变动。一是经济发展使生产条件和生产方式转变,使得对劳动力由数量的需求转向质量的需求。二是经济发展促进了生存条件的改善和生活水平的提高,强化了人们对自身素质发展和生活享受的需求,生殖行为在社会经济生活中的地位逐渐弱化。三是经济环境为城市化提供了物质基础和条件。城市化体现了社会的全面进步,包括全社会教育水平的提高、医疗卫生条件的改善、社会保障制度的发展和完善、现代生育观念的建立等。四是经济发展促进了科技进步,提高了避孕节育技术,改善了人类生殖条件,为人口素质的提高提供了可能。五是经济发展有助于提高妇女参与社会、经济、政治生活的能力,促进其生育观念和生育行为的转变。六是经济发展促进社会保障制度、福利制度日益完善,弱化家庭所承担的传统功能如养老、保障、安全等,有利于生育率的下降。

从微观角度看,经济环境同样对人口数量和质量产生影响:从理性人的假设出发,家庭是一个生产单位,家庭的生育决策取决于家庭收益最大化这一影响机制,主要包括以下几个方面。一是经济发展将增加对高质量的劳动力的需求,减少对低素质劳动力的需求。家庭为了培养高质量劳动力,必须增加培养孩子的成本投入,从而产生孩子质量对数量的替代。二是父母受教育水平高,尤其是妇女受教育水平高,就业率高,收入水平高,则养育孩子的机会成本大,父母倾向于减少养育孩子的时间。三是社会保障制度、福利制度的完善,使得养育孩子的收益减少,生育效益下降,有助于降低生育率。四是城市化水平提高使人们更注重自我发展,加上家庭抚育孩子的成本上升,也会促使人们倾向于少生孩子。

结合上面的分析可以做出如下推断:当人口数量不能满足经济发展对劳动力的需求时,人口自身的再生产必将会受到刺激;当人口数量超越了经济发展所能提供的消费总数后,人口自身的再生产必将受到遏制。在现代生产力水平下,人口的自然增长率将随着经济水平的提高而下降。

3.3.2.2 经济环境对人口分布的影响

如果把地球作为一个匀质的质点对待,则无所谓的人口分布只有人口数量和质量的变化,但事实上,无论是自然环境还是社会经济环境都存在着区域差异,这种差异往往意味着,不同区域存在着不同的生存机会,从人类诞生的那一天起,人类的迁移和分布变化就没有停止过。今天的经济环境更能为人类的迁移提供动力和条件,并不断改变着区域间的人口分布格局。因此,经济环境对人口分布也具有特别重要的意义。

在多数情况下,人口迁移是为了追求更好的就业机会和更高的经济收入,从而能有更高的生活水平,各国及各地区之间经济发展不平衡构成人口迁移的主要原因。通常,经济发展水平高的地区人口迁入率较高,经济落后的地区迁出率高。相比自然环境,经济因素对人口迁移的影响往往是通过人类的经济活动实现的。因此,生产布局的变化和新区开发也常常使人口分布和人口迁移的流量、流向发生变化。大型生产项目的兴起和新区开发能够提供更多的就业岗位和更多事业成功的机遇,因而具有很强的吸引力,导致大批人口流入。例如,美洲大陆的开发就是与欧洲和非洲大批移民的涌入同时进行的。此外,人口迁移还在很大程度上受制于交通运输业的发展,人口迁移的距离和规模与交通工具的发展与布局有很大关系,交通和通信的发展相对缩短地区之间的距离,减少迁移困难,促进人口迁移。在近代以前,海洋使新旧大陆处于隔绝状态,现代运输工具的发展则使海洋成为交通运输和联系新旧大陆的通道,也导致人口迁移的距离和规模增大。新交通线的开辟,常常伴有规模较大的人口迁移。

历史地看,经济环境对人口分布的影响可以具体化为生产力发展水平、生产活动方式、交通运输条件以及文化教育状况等。其中,生产力发展水平对人口分布的影响最为显著。封建社会以农业经济为主,农业发达地区人口密集,但居民点比较分散,如中国著名的黑河—腾冲线两边的人口分布差异;进入资本主义社会后,由于工业化带动城市的发展,人口迅速向大城市集中;20世纪50年代以来,由于生产力的发展,科技与管理技术的进步,人口不断向城市聚集,这在发展中国家表现得尤为突出;经济落后国家的人才流失问题也与经济环境的差异有关。

即使在同一时期,经济环境对人口分布也有很大影响。在现代社会中,农业生产的现代化及第二、第三产业迅速发展,使经济结构发生巨大变化,导致人们从农业部门转向非农业部门,从农村走向城市,从一个地区迁移到另一个地区,以谋求生存空间和发展机会,如中国1980年以来的人口从中西部向东部城市转移的现象。

通常情况下,经济发达或发展速度较快的地区,对人口具有一种吸引力和凝聚力,人口机械增长为正值;相反,经济落后或经济发展速度缓慢的地区,对人口会产生一种排斥力和离散力,人口机械增长一般为负值。当然也有例外,如地理大发现初期,欧洲向美洲的移民,并不是因为当地的经济比欧洲发达,而是因为美洲丰富的资源和广袤的陆地能给迁入者提供更多的发展机会。

3.3.3 技术环境对人口的影响

文明是文化的积极成果,是社会进步的尺度,是与人类的野蛮状态相区别的、表明社会进步程度的概念。因此,文明的进步和发展的程度与人类发展是一致的,越来越趋向于文明。文明具有多种形态(物质、政治、精神文明),各种形态的文明统一体便构成了人类文明。各种形态的文明是在物质生产方式基础上相互作用的,并且在不同层面影响着人口的变迁。

各种形态的文明中,物质文明是人类维持自身存在的物质基础,其状况标志着这个社会的生产力力水平和物质财富的丰富程度,而物质文明的重要基础是生产技术,所有生产技术的实现又离不开能量,能量来自不同的能源。因此,一个国家或地区的能源利用方式可以代表其物质生产技术,而一定的能源利用形式则会形成相应的人文环境。严格地讲,技术并不直接影响人口过程,它需要通过其他环境间接起作用,特别是自然、人文环境。

3.3.3.1 火对人类的影响

火不直接决定人口的繁殖和死亡,但它会通过对自然、人文环境的改变来影响人口变迁的过程。到目前为止,多数人关于火对人的作用的认识依然集中在以下几个方面:

(1)吃熟食易于吸收,使猿人获得了更加丰富的营养,熟食、开水使猿人少生疾病。

(2)刀耕火种,火促进了农业的发展,增加了产量;铜的使用、铁的使用、陶器的发明都离不开火。

(3)火是原始人黑夜里驱赶虫蛇野兽的最有力工具。

在此基础上,有人类学家认为:人们为了保持火种,要用专门的人看管,其职责不仅重要,而且神圣,估计这类看管火的人最后都变成祭师或者巫师。古代波斯有拜火教,大约就是从生活中看管火的重要性发展起来的原始宗教。

火的作用显然不止这些。没有火,生命可以存在,海洋证实了这一点。但没有生命,火就不能存在。火的历史表现出了与陆地生命同步进化的趋势,在这个过程中,火已经变成了一种选择性的力量和生态学因素,它指导进化,塑造生物区系,并使物质世界与生物世界相关联。另外,火还通过地球上的碳循环以及从燃烧中产生的温室气体对生物产生普遍的影响。

人虽然是唯一能制造和使用工具的生物,同样会受到火的选择和影响,而且火还是人类最古老、最持久和最普遍的技术之一。

在远古时代,钻木取火是控制火的必备技术,由于钻木取火是一件很费时费力的事情,大约在中国的西周时期,又发明了把铜镜磨成凹形会聚阳光点燃材料的办法,称为"阳燧",而"阳燧"取火的限制比较大,它必须有阳光才能够实现取火;再后来发明了火链,火链是一种易于产生铁屑的铁器,外加一个打火石和一张火棉,火棉是一种很容易燃烧的棉绒,当火链和石头撞击出火星时,火星掉在火棉里,火棉迅速被引燃。据说到了宋代,火棉已经经过硫磺处理,引燃火的效率被大大提高。从它的演化历程便可发现火与人类的关系密切。

火的另外一个重要用途就是用它来塑造其他工具。千百年来,火塑造了多少工具没有人能够说清楚,但火却一直在变革自己,以至于不同时代的人对火的认识也大不一样。旧石器时代的猎人可能不会认识到猎枪中的火;新石器时代的刀耕火种者可能不会认识隐藏在机车或氮肥中的火;自然哲学家可能不会认识到化石燃料推动工业机器时所蕴涵的原动力也来自火。

有火才有农业,在农业时代,火只能在生物兴旺的地方才兴旺,由于这种火不能回避植物生长的生态学,也不能逃避生长和衰弱的循环,由于人依然是从动植物中获取能量生存,正是这种依赖构成了人口增长的束缚,虽然它们曾经对人口的第一次爆发性增长提供过支持。

为此,人类发明了一种新的"火",即工业火——化石生物的燃烧,它们不再以植物为燃料,从而导致可燃物成百万倍的增加。世界煤产量在1820~1860年增长了10倍,在1865~1950年又增加了10倍。1820~1950年,可用能量增加了6倍,而与此同时人口仅增加了2倍。可见,在人口的变迁过程中,人均能量消耗增加了,它也意味着人对能源的依赖在加深。但新技术不仅扩展了人类获取能源的途径,还提高了能源的利用效率,并大大降低了能源对人口增长和人口分布的限制。这种技术对人口变迁的限制还不确定,但可以肯定的是,它对环境的不利影响以及伴随它的文化选择会替代此前的生物能源限制,这种新的约束本身就是人口增长和技术进步相结合的产物。

工业火开始改变每一处火的栖息地,不仅影响土地、农田、森林和荒野,加重生态负担,还重新塑造使用它的城市、政治、技术和社会秩序。火是一种实体工具,也是一种精神工具,它是变化的本质——尤其是快速变化。就像人类用火改造周围的世界,大自然在这样做,发生在其中的人口过程当然会受到火的影响。

3.3.3.2 电力对人类的影响

工业火的发明引起了能量供给的极大增长,能量的增长又促进了经济增长,经济增长反过来又导致了发现新能源的教育和科研的发展。这些改变既是人文环境的内容,也是人文环境改变的动力,它们无疑会对人口变迁产生种种重大影响。

1831年变压器的发明标志着电力工业的诞生,也意味着人类从此从火的时代进入电的时代。到1870年,已经能生产各种实用的发电机了,那些年代还生产了电炉、电锅、电褥单之类为近代生活广泛使用的电器用具。其中最著名的发明之一便是电灯,人们对此项发明给予了高度的评价:希腊神话中说,普罗米修斯给人类偷来了天火;而爱迪生却把光明带给了人类。

由于电及相关发明的影响,人类支配能源的进程加快了,生产的能量越多,找到的能量也越多,到20世纪中期,不仅利用太阳能、潮汐能、水力、风力和地热发电,还发明了通过核裂变或聚变获得能量的方法。所有这些使人类获得的能量急剧增长,从1860年世界无生命的商品能源产量为11亿MWh,到1960年时已达到330亿MWh了。期间的能量生产年均增长率为3.25%,远高于同期的人口增长率,因此人均能量供给也大大增加了。人均能量的增加不但意味着有较多的能量可以用于消费,还意味着有较多的能量用于生产,借此提高劳动生产率。

到 1970 年时,全世界 2/3 以上的能源都来自不能再生的化石燃料煤炭、石油和天然气。它们是生物有机体中的 CO_2 和 H_2O 受太阳辐射影响而形成的。它们是储存的阳光。当今人类在 1 年中消耗的煤比在 1 万年左右碳化过程所形成的煤还多。

这些能源提供的能量中,实际用于做工的却不到 40%,其余的都损耗散掉了。能量的损耗多种多样,有生产损耗和传输损耗。如燃料相互转变过程中的损耗、热能转变为机械能过程中的损耗。最大的能量损耗发生在消费阶段,在这一阶段,即使在今天,也几乎有一半供给的最初能量在使用过程中以废热的形式浪费了。认识到这一点很重要,因为能源利用中的效率低或浪费严重是一个方面,而能源利用中废弃的残余物在迅速地污染环境却是另外一个方面,它影响着微妙的生态平衡,甚至可能正在破坏人类的遗传。这种影响开始是不知不觉的、渐进的,等到人类意识到问题的严重性时,可能要付出更大的代价。

当矿藏逐渐枯竭时,为了避免这种危险,人类改变了思维,从使用化石燃料转到使用所谓的新能源来发电,如风力发电、太阳能发电、核能发电,试图减少对环境的影响和污染。人类的消费观念已经形成,那就是大量的消费造成人类对能量的过度依赖和使用,而在消费阶段能量的损耗和浪费程度又是最高的。

从系统熵理论的角度看,地球系统的熵是不断增加的,而由于系统能不断从系统外获取负熵来维持系统的生命,所以地球一直以来都是人类的避难所。但是当人们产生了太阳能、风能、水力和核电是无穷无尽的,而且没有污染的判断时,人们对它们的利用规模不断扩大,进入系统的能量分布已经不再是自然状态,而是受人类活动的影响和安排。于是大气中能量分布发生了变化,海洋和大气循环、大气中温度场分布出现了紊乱,使得天气气候变化规律被打乱,在全球气候变暖的背景下,极端天气变得越来越频繁。这对地球系统来看,并无大碍,但对生存于其中的人类和其他生物来说,短时间内只会是灾难。

长此以往,地球上的火、电时代很可能与人类的时代相重合。越过这个时代的下一个时期,在一个物种完全消亡之后,另一物种必然会审视它的履历,结果就像人类看待火一样,人类将会被看做一种技术或工具——带有破坏、更新和转变的力量。

3.4 其他因素

人口增长和分布的原因最终都可以从经济方面得到解释。但这并不排除各种非经济因素对人口过程的影响作用。相反,许多经济环境对人口过程的作用是通过非经济因素实现的。

3.4.1 人类本能的影响

在与经济发展的不同阶段相联系的不同社会形态中,或者在同一社会形态的不同阶段上,人类生育本能对人口过程中人口增减的作用有所不同,但这一影响作用却从未消失。

从理论上讲,生育在不受任何因素影响的形式上,实际上就是人类本能或天性的一种表现。人类自身的生产和再生产最初动因是为了种的延续。这种种的延续在人类的初始阶段,甚至在人类历史的漫长过程中的绝大部分时间内还谈不上是人类的自觉行为,而是出于人类的"本能"或"天性"。人类的本能是人类不自觉的种的延续的最基本和最原始的动因。人类作为一种社会动物,即使仅仅为了种的延续,也必须一代接一代地生育。

在经济异常落后的原始社会中,人类能够延续下去,并得到不断发展的途径之一,就是通过大量的繁殖。尽管当时的死亡率很高,但活下来的人口基本上都是能够较好适应环境的群体,在一代又一代的繁殖过程中,人类通过自然选择不断改变自己的基因来适应环境,并最终成为生态系统中的强势种群。在这种情况下,人口本能引起的人口增长对社会经济的发展的促进作用是主要方面,而社会经济环境对人口过程的影响则要小得多。

3.4.2 宗教的影响

宗教作为一种意识形态,对人口过程的影响特别是在信奉宗教的区域,影响异常突出。宗教的影响经常使法律变成一纸空文,这种情况在世界各地都有表现。

伊斯兰教认为避孕、流产、节育是大逆不道,是违背神的意志的。土耳其的法典早已废除了多妻制,也明确规定了妇女的初婚年龄,但强大的宗教势力竟能使法律做出让步。印度政府1929年起就颁布法令禁止早婚,1978年又发布禁止童婚修改法,但由于印度教法典的提倡,早婚、童婚依然盛行不衰。1979年,在印度阿杰米尔举行的集体婚礼仪式上,有的婴孩刚2岁,有的甚至还不到2岁,就被宣布为"夫妻"。在南美洲天主教认为,多生孩子是人民身心健康和国家兴旺的标志,认为化学药品和机械避孕是一种伤风败俗、违背自然规律的现象。在天主教影响最大的一些拉美地区,许多节育方法至今仍然被禁止。

大多数宗教都鼓励人口增殖,佛教虽然僧尼不结婚生育,但对民间的婚育持放任态度。当然僧尼的大量增加会造成人口特别是劳动力的停滞或减少,这在中国历史上是出现过的。"北魏孝文帝太和元年(公元477年),全国僧尼数不过七万七千余人,到了北魏末年(公元534年左右),上距太和初年不到60年,全国僧尼总数激增到二百万人左右(当时北方总人口数约三千万)。东西魏分裂(公元534~556年),周齐对峙(公元557~577年),两国僧尼总数,几达三百万左右(两国总人口数在三千万左右),占当时北方总人口的十分之一。"这造成国家在税赋、兵力、人力等方面的困难,使当时的政教之争表现为政府与寺院争夺土地和劳动力之争。因此,相继出现了北魏太武帝和北周武帝灭佛事件。宗教大都鼓励人口增殖,这与宗教各教会、教派、教区为了扩大自己的势力及政教争权等因素有关,各宗教为使自己的信徒尽可能地增多,鼓励自己的信徒早婚多育是非常重要的手段之一,同时也就形成了鼓励生育的教规和教义。

3.4.3 战争和殖民

战争和拓荒行为也是影响人口分布的重要因素之一,有时甚至可在较短的时间内改变人口过程。例如,两次世界大战使世界政治局势发生了明显的变化,除战争中出现大量人口伤亡改变了人口数量外,更明显的是大规模的人口迁移。人类历史上,因为战争和殖民引起的世界性人口迁移活动有很多,比较突出的是欧洲人迁往美洲,黑人被贩卖到美洲,中国人流向东南亚和美洲。

3.4.3.1 欧洲人迁往美洲

1492 年哥伦布首次从欧洲前往新大陆以后,欧洲人就开始大量地迁往美洲。早期是西班牙人与葡萄牙人在中、南美洲进行殖民活动。17 世纪英国开始向北美洲移民,由于北美洲的美国与加拿大东海岸接近西欧,所以移民的速度逐渐加快,并成为欧洲移民的主要集中地。

英国人从 1607 年开始在弗吉尼亚的詹姆斯登陆建立殖民地,随后,于 1620 年"五月花号"带来的清教徒在马萨诸塞登陆。到 17 世纪末的"大陆殖民"已拥有繁荣的农业、商业和渔业经济,并开始有制造业,人口已有 25 万。18 世纪中期,移民已达 200 万。经过独立战争,到 1783 年,人口已有 300 万。根据 1790 年第一次人口普查材料,居民大多数是来自欧洲的移民,其中来自英国的占71%,来自欧洲大陆的占 8%。另外,还有来自非洲的移民,占 21%。

19 世纪初,美国移民的来源出现变化,英国虽然仍居首位,但是西欧、北欧,甚至东欧、南欧的比例有很大增长。原来包括英国在内的西欧和北欧移民所占比例已由 96% 下降到 68%,而东欧与南欧的移民到 19 世纪已占 22%。在 1820～1860 年,移民中主要是爱尔兰人;1860～1890 年主要是德国人;在 1890～1900 年,北欧出现"往美国移民热";到 1900 年,移民的主要来源已转向东欧和南欧。在 1820～1920 年的 100 年间,到美国的移民占美国人口年增长数的 20% 以上。1920 年以后移民大大减少。1882 年开始对移民加以限制,尤其对来自东方的移民限制更严。在 1921 年和 1924 年通过立法,对移民进行控制。20 世纪 30 年代开始,拉丁美洲(尤其是墨西哥)和亚洲移民大增,60 年代占 52%,70 年代占 73%;欧洲来的移民 60 年代占 32%,70 年代占 20%。

3.4.3.2 非洲黑人被迫迁往美洲

欧洲人到新大陆以后,开始对美洲实行大规模的掠夺和殖民活动。在此过程中,由于对印第安人实行灭绝人性的大屠杀,遇到了印第安人的反抗,结果,在开发中劳动力特别缺乏,特别是白人尚不适应当地的湿热气候。为种植甘蔗、烟草、棉花、水稻、蓝靛等经济作物,需要大量利用非洲黑人。

奴隶贩卖活动始于 16 世纪 30 年代。开始主要集中在非洲西海岸,而后扩及从塞内加尔到安哥拉之间长达 6 000 多 km 的奴隶贸易区,在西非奴隶来源不足时,又扩大到东非。最初采取突然袭击的办法进行捕捉,后来则用收买的办法,引诱当地部落的酋长挑动战争,并用粗劣物品换取俘虏,然后用船运到美洲。欧洲的奴隶贩子从伦敦、利物浦、马赛等港口出发,用船运载物品,把在非洲"换得"的奴隶运往西印度群岛、巴西和北美洲出售,同时将在该地购得的棉花、甘蔗,或矿产品运回欧洲。北美洲的奴隶贩子则从新英格兰出发,用木材、乳制品、面粉换取西印度群岛的甜酒,再到非洲换取奴隶。这就是"三角贸易"。英国人和荷兰人在此活动中居于垄断地位。

奴隶贸易一直到 19 世纪 30 年代才逐渐停止,长达 3 个世纪,使非洲人口损失近1亿。据粗略估计,被运往美洲的4 000多万黑人,由于船上过度拥挤、饮食恶劣和疾病流行,有过半的人死于途中,到达美洲的只有1 400万~1 500万,并有数千万人死于反捕捉过程中。

在美国,第一批黑奴是1619年到达弗吉尼亚的。到1775年,北美洲殖民地的黑人已达50万人,约等于北美洲总人口的1/6。1861年内战开始前夕,南部15个州人口总数只有1 200万,而黑奴就占400万。尽管美国后来废除奴隶制,给予黑人以公民权,但是,他们在政治和社会地位、职业和教育等方面仍受到歧视。今天美国有2 000万黑人,占美国人口的约10%,成为美国国内人数量最多的一个少数民族,在地理分布上,他们已随着南部农业机械化发展,劳动力需求的减少而转向东北部的工业地带。

在加勒比地区的西印度群岛上,由于大量使用奴隶劳动,结果,黑人已占人口中的重要地位,如牙买加与海地的黑人都占2/3以上,而原来的土著印第安人几乎完全绝迹。战争和殖民活动对人口过程的影响之大可见一斑。

3.4.3.3 中国人迁向东南亚和美洲

中国人向外迁移早在汉代时已开始。宋末元初,因战乱,宋遗民大批涌向海外。明末清初,为逃避清兵,又一次有大批人漂洋过海,移居国外。康熙年间实行海禁,移民遂暂时中断。

1840年的鸦片战争,中国被迫对外实行门户开放,加上国内战争、饥荒,又使沿海各省的贫苦民众以空前规模大量到海外谋生。直到1949年中华人民共和国建立的109年间,中国出国人数多达1 000多万,足迹远远超出亚洲范围,遍及世界各地。据统计,现今居住在国外的华侨(包括华裔)有2 300多万。其中绝大部分人侨居在亚洲各国,占91.8%,而东南亚的华侨、华裔又占亚洲的90%,主要集中在泰国、马来西亚、印度尼西亚和新加坡等国。中国向东南亚移民的历史比较悠久,出国的移民中广东省占

60%以上、福建省占20%以上,广东省主要集中在赣江流域、潮汕平原和珠江三角洲地区。他们把中国的生产技术带到南洋,为其经济发展作出了巨大贡献。

在美洲的中国移民约有200万,其中约有1/2在美国,其余的在加拿大、古巴、秘鲁、巴西等国。在美洲的华人多是作为"契约劳工"被骗去的,他们在那里每天从事长达十几小时的最艰苦的劳动,过着非人的生活。甚至遭到各种刑罚的折磨,不少人受饥饿、疾病、劳累的折磨而死在异乡。可是,在各种工程完工以后,这些"契约劳工"就受到排挤、迫害和屠杀,不少人被迫回国。

可见,人口变迁除受到自然环境、社会环境、经济环境和技术环境的影响外,还会受到其他多种因素的影响。

接下来需要探索的是:人类会选择什么样的人口策略来适应这些环境的刺激或约束,以实现人口的繁衍和发展,以及这些策略会对各种环境产生什么样的反馈效应等问题。

第4章 人口策略

　　人口变迁既受自身生物基础的制约,还受到环境因素的影响,那么在漫长的演化过程中,人口与环境之间的关系是趋于均衡,还是非均衡呢? 如果是趋于均衡,当然有利于人类的繁衍;如果是非均衡的,人类又采取了哪些策略,其结果将会如何?

　　自人类诞生以来,从长期来看(千年),人口的增长与环境的关系处于相对均衡的状态,如果放在较短的时间内考察,这种均衡则并不明显。这有两个原因:一是灾难性的事情——流行疾病、气候或自然灾害的周期性发生,它们会在短期内改变人口与环境均衡的条件;二是决定生殖强度的人口繁衍机制相对稳定,而环境变化相对较快的事实。既然在短期内不能保障实现人口与环境的均衡,就必然不能保障其实现长期的均衡。所以,人口机制运作存在缺陷,而且当运作过程在不同人群和不同年龄之间的效果还存在差异时,人口与环境的关系趋于均衡和非均衡都是可能的。当趋于均衡时,整个种群会在环境的约束下继续繁衍;当趋于非均衡时,其结果则可能是整个种群的灭绝。

　　值得庆幸的是,人类还在地球上繁衍,但他的存在绝不是仅仅因为侥幸,而是因为得益于人类在人口机制调节人口与环境关系的生殖策略,同时,人还发展了新的策略,即主动改变环境,让环境适应人口过程的文化策略。

4.1 生殖策略

4.1.1 环境波动

现在地球上大约有 4 000 万个不同的植物和动物物种,而在此前的不同时期曾经有 50 亿 ~ 400 亿个物种。也就是说,只有 0.1% 的物种存活了下来,而 99.9% 的物种都灭绝了。从这一记录可以看出,所有物种的繁衍机制都是以数量的波动去适应环境的选择,而适者生存的自然选择机制是通过环境波动实现的。

自然选择是生物进化的动因,无论自然选择理论的逻辑结构是简单还是复杂,其基础本身都是很简单的——三个不可否认的事实,以及从这三个事实中得出的一个必然结论:

(1)环境是以不同的周期和幅度波动的;

(2)生物是可变的,而且生物的变异是可以遗传给后代的(至少是部分);

(3)生物产生的后代数量多于可能生存下来的后代数量;

(4)一般说来,生物的后代向着环境对其有利的方向变异,就可能生存并繁衍下去。

进一步抽象便可以得到自然选择的实质,即环境波动与种群数量波动的均衡。自然选择的中心概念是适者生存,它是生物局部地适应环境波动的理论,没有提出更完美的原则,并不能保证一般性的改善。生物能在变化的环境中生存下来,是因为它们具有优越的构造及功能。

虽然目前还不清楚某个区域环境波动的具体模型或方程,但可以通过简单抽象后的图 4-1 来表达环境的变化趋势。先假设波动幅度不变,那么在不同时间尺度的背景下,环境总会在某个时期内表现出该种波动状态;如果假定周期为某个值,则可以找到在这个周期内呈现该种波幅的环境变动的区域。所以,用该示意图粗略描述环境的波动是可行的。

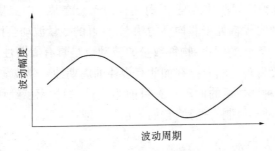

图 4-1　环境波动示意图

环境波动是自然选择的逻辑基础,它对自然选择的重要性不言而喻,它相当于人工选择中驯化者的思想,驯化者的思想变化代表着被驯化者的环境波动,在这个变化着的环境中,有些特性将是优越的,生存下来的生物通过环境波动的挑选而传播开来。

所有的生物物种都是生活在具体的环境中的,而环境是波动的,它的波动无疑给生物的生存带来了某些困难,为了种群的繁衍,它们必然会尝试用不同的策略来应对这些困难。物种有千万种,那么它们适应环境的策略当然也会很多,为了简化分析过程,在这里仅以两种最极端的方式为代表进行说明(见图4-2)。

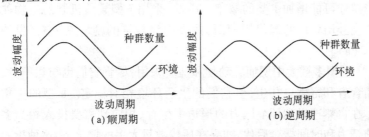

图 4-2　两种波动的极端状况示意图

图 4-2(a)为两种波动是顺周期的情况,两种波动一直处于均衡之中,此时种群的数量不会无限增加,也不会突然减少;而图 4-2(b)为逆周期的情况,此时两种波动会在某个时点实现某种均衡,其他时候都处于非均衡的状态,种群的数量波动会比较明显(这里有个隐含的假设:物种数量的波动也是具有周期性的)。事实上,还没发现自然界存在如此有规律的周期性环境波动,以及如此规律的种群数量的波动。到目前为止,生物学家已经认识到的种群数量波动机制有两种,它们分别是 r 型和 k 型。

4.1.2 人口波动

人作为生物的一种,他采取什么样的生殖机制来调控种群数量,将关系到人口与环境波动是否存在均衡的可能,以及在非均衡状态该如何用非生物的机制来调节的问题。

目前,已经被生物学家识别的繁衍机制主要有两种类型,分别是 r 型和 k 型。这两类机制可以用于描述生物连续繁殖的简化形式。

r 型多被昆虫、鱼和一些小的哺乳动物采用,这些生物体通常生活在不稳定的环境中,尽管后代存活的概率很小,它们还是利用特定的时期(年或季节性的)大量繁殖。不稳定的环境促使它们必须依靠庞大的数量存活,此时生命就像买彩票,只有买进大量的彩票才可能增加中奖的概率。因此,采用 r 型繁殖机制的生物往往会经历较多的起伏周期,具体表现为数量的剧增或锐减(见图 4-3(a))。

k 型多被大中型哺乳动物和鸟类采用,尽管它们也与竞争者、捕食者和寄生虫共生,但它们的生活环境相对稳定。k 型的生物体在自然选择和环境压力的逼迫下生存,相应地需要投入相当多的精力和时间抚育后代,如果在后代数目太多的情况下,这种投入便不能实现,因此它们的后代数目往往较少(见图 4-3(b))。

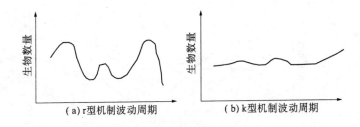

(a) r型机制波动周期　　　(b) k型机制波动周期

图 4-3　r 型和 k 型机制示意图

r 型和 k 型描述了两类不同的生物群体繁衍机制,前者适合于小型动物,它们生命短促,两代间隔很小,孕期短,每次生产的间隙也短,产仔众多。相反,k 型适用于大型动物,它们寿命长,两代之间有较大的间隔,两次生育之间的跨度也较大,出生个体数量少。

已有研究表明,各类物种的增长率基本和一代寿命长短及体型大小成反比的关系。大型动物较低的生殖潜力和它们应对环境波动时弱点较少有关,也和它们的庞大体型有关。因为它们有更好的生存机会,不需要将种族的延续寄托于高水平的繁殖力上,这种高繁殖力实际上会损耗保护和照看的投入,而且这些投入是减少机体弱点和降低死亡率所必需的。

显然人类繁衍选择了 k 型机制,这与人类改变环境能力的不断增强和抚育后代方面更多的投入有关。这种机制的结果是人口呈现阶段性的增长,尽管可能在某个时期是下降的,但总的趋势是增长的。如果环境还是按某种周期性波动,那么人口和环境的波动必将是趋于非均衡的状态(见图 4-4),其结果也不是人类所追求的。问题的关键可能在于,这种生物机制一旦选定,其变化是非常缓慢的,当人类不能改变这种生物机制时,就选择了非生物的人口策略来尝试调节人口与环境的关系。

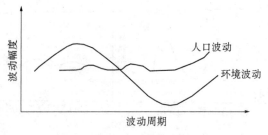

图 4-4　人口与环境波动曲线示意图

　　不同的生物面临不同的选择压力,同个体的器官也会面对不同的选择压力,所以不同的生物按不同的方向进化,各器官也是如此。尽管也是 k 型机制,但和其他选择 k 型机制的哺乳动物相比,人类的生活过程和节奏明显较慢,而且当其他灵长类相应的器官已经停止生长时,人类的相应系统却在继续发育。例如:出生时,恒猴的脑体积占身体的 65%,黑猩猩的占 40.5%,人类的仅占23%。在出生后的第一年,黑猩猩的脑容积为最终脑容积的70%,人类需要经过 3 年才能达到相应的水平。已有的研究表明,在所有生物中,人类的发育期是最长的,几乎可以占到整个生命周期的 30%。

　　这种延迟发育对人类的生物进化本身是有意义的,因为延迟发育提供了能保留适合于后代成年生活方式的幼年特征的机制,而幼年特征则充当了后代潜在适应能力的储藏室,幼年特征的利用可以为人类适应环境提供更好的途径。延迟发育对人类的另一个重要意义在于人类的社会进化,因为延迟发育,后代和父母在一起的时间延长,这样既能增加学习的时间,也加强了维护家庭稳定的纽带,并为人类独特的文化发展准备了条件。

　　在面临自然选择的生物进化过程中,为应对环境的波动,人类选择了 k 型繁衍机制调节人口,同时,人类在社会进化过程中还采用了相应的文化策略来应对环境和人口本身的波动。

4.2　文化策略

所有生物都有相应的生殖策略来应对环境的波动,但事实上只有0.1%的物种还在地球上繁衍,而且这种繁衍还具有很大的不确定性,得出如此判断的依据是物种减少的过程并没有停止。这意味着人类如果也仅仅依靠生物策略去被动适应环境,人类将会在未来的某天像其他物种一样消失。值得庆幸的是,不管是偶然还是因为别的什么原因,人类还发展了自己独特的文化策略,不仅用它来改造环境,还用来约束自己的行为。这无疑增加了协调人口与环境关系的可能性,但还不能消除人类繁衍的不确定性。

4.2.1　不同时期的文化策略

人口策略是为应对环境的波动而产生的,它的目的无非有两个,要么保持人口的稳定,要么保持人口与环境以相近频率波动,只有这样才能把人类持续繁衍的不确定性降到最小。无论哪个目的,仅仅依靠生物策略都很难实现,原因在于生物策略的相对稳定性和环境波动的不确定性,而且在没有外部影响的情况下,生物繁殖有无限增长的趋势。既然如此,人类如果没有其他策略来应对环境的波动,人口的剧烈波动即使不影响其繁衍,也与其选择 k 型繁衍机制的逻辑相悖,因为 k 型机制本是一种为减小波动幅度的生物设计的。同样,人口的相对稳定也会因为环境波动的不确定性而失去。如果这样,生物策略就失去了其应有的意义,可见人口的文化策略必定是对生物策略的补充或修正,其目的也必然与生物策略相一致。但不同的是,文化策略不但用于调节人口,还用于调节环境。

4.2.1.1　史前人类文化策略

在人类生物进化、人口增长的同时,人类的文化也在不断进步。这里的"文化"指史前和历史时期不同阶段人类改造自然、开发资源的生产力水平、社会组织形式、风俗习惯和知识水平。人类文化的发展,使得社会化的人类活动成为地球表层演变的重要营力。与生物进化不同,人类文化具有加速发展的特点,所以人类调节人口和环境的能力也在加速发展。

在旧石器时代早期,人类刚刚直立行走,智力水平不高,只是将石块做简单的打击加工,用来猎取动物、采集植物根茎和果实。重要的是,这个时期人类数量极少,而且集中生活在东非和亚洲东南部的森林地带,对环境的影响很小。到了旧石器时代的中晚期,人类的体质已经与现代人基本相同,随着人口的不断增加,活动范围的不断扩大,人类发明了取火技术,它不但为改善当时人的生产和生活提供了工具,更为人类发展史上生产力的进步,如农业种植、制陶、冶炼、蒸汽机的发明奠定了基础。当时处在末次冰期,气候寒冷,海平面下降,森林大面积消失,人类的生存环境十分恶劣。但随着取火技术改进、穿上衣服(兽皮制作的)、吃上熟食和食物多样化(火让以前部分不能吃的东西变成了食物),人类体质和智力水平都得到提高,抵御环境波动的能力大大增强。同时各种工具的大量使用,猎取大型哺乳动物的能力大为提高。例如,在北美洲和欧洲的旧石器时代晚期遗址中,经常出现大型草食性哺乳动物的骨骼和狩猎工具,这个时期人类猎取的对象不仅有各种小型动物,还有大型动物如野牛、猛犸象等。

新石器时代在距今 10 000 年左右,人口显著增加,分布的区域也大大扩张。简单的狩猎已经不能满足生活的需要,人类迫切需要稳定的生活资料来源,由于火的推广和应用,农业(种植业)和畜牧业得到了发展,这种生活方式导致了聚落、村庄和房屋的出现。农业不但为人类提供了稳定的食物来源,还在此基础上产生了不同的文化,如种植谷子和水稻的东方文化,种植小麦、大麦和莜麦的中东和西方文化,种植玉米的中、南美洲文化。陶器(谷物类需煮食的器具)的发明和应用也是这个时期的重要特征之一。这种文化对环境的改造能力已经达到了较大的强度,具体表现在当时文化发达的地区,人类聚落的分布密集,较大的聚落人口规模可以达到 100～500。在当时的生产力水平下,要维持这么多人的生活,必须有足够的生产和生活资料。

人类活动最频繁的地区主要集中在河谷、平原、森林边缘、稀树草原和灌丛草原。从狩猎的角度来说,这里是食草类哺乳动物经常出没的地方;从开垦种植的角度来说,这里地形比较开阔平坦,土壤深厚。特别是在掌握了火之后,放火烧林以有效捕猎动物,放火烧荒以扩大耕地。这些活动无疑会加剧对环境的干扰。例如:孢粉分析表明,渭南北庄遗址在人类聚落出现之前是针阔混交林植被,但从人类居住于此,并开垦耕种谷物起,森林很快消失,变成了以藜、黎、禾草为主的干旱、半干旱草原性植被,并一直延续到现在。

可见,在这个时期人类的文化策略对环境的影响表现为:主动改造环境,并导致环境改变;对人口的调节,到目前为止,还没有发现当时用文化策略干预人口增长的证据,而人口增长和分布范围的扩大更可能是一种顺乎自然的现象,而不是主动地用文化策略应对的结果。人口的增长虽然在高出生率和死亡率的共同作用下增长缓慢,但从自然选择的角度来看,生存下来的则是能较好适应环境的种群,这也为人类的文化进步奠定了生物基础。

4.2.1.2 历史时期的文化策略

经过几十万年甚至更长时间的文化积累,人类文化在大约3 000年前发生了一次巨大的变化,那就是发明了用火来制造工具,如冶铁和冶铜,从此人类对环境的影响能力迅速增强。尽管当时人口有了较大增长,但人口压力可以通过生产力提高或人口迁移来化解,所以当时的文化策略既用于对环境的改造和利用,也用于鼓励生育和促进人口增长。文化对环境的影响已经很普遍,例如,尼罗河下游的埃及平原是当时地球上最先进的文明地之一,现在看到的只有沙漠中的金字塔和狮身人面雕像;中国的华北平原在大约 3 000 年前还是湖沼相连、人迹罕至,但商周以后,大象、犀牛和水牛等大型动物已渐渐消失。同样,鼓励生育和促进人口增长的证据也不少见。例如,在古希腊的斯巴达,由于经常发动战争,人口死亡很多,因此为增加人口,法律规定所有市民都要承担结婚的义务,独身者在政治上和法律上被剥夺一切特权。古罗马以及中世纪的欧洲各国也有通过税收的方法来鼓励结婚生育的法律规定。在伊斯兰教国家,伊斯兰教经典《古兰经》通常就是这些国家的家庭法典,伊斯兰教教义不主张严格的禁欲,规定结婚是每个穆斯林人应尽的义务,真主要以繁殖力与各民族竞争。在中国古代,为了鼓励人们生育以增加兵源,增加赋税,往往规定了较低的结婚年龄。如越王勾践为报国仇,曾下令:"凡男二十岁,女十七岁不嫁娶者,惩其父母。"汉惠帝为了增加户口税收,曾下令:"女子年十五以上至三十不嫁,五算。"其他各个朝代也都有类似规定。

在工业革命前,人类社会还是以农业为特征的。这个时期通过对动植物的驯化、生产工具的改进,人类已经能通过比较复杂的劳动,获得环境不能或不足以提供的食物和其他需求。更为重要的是,农业社会的一个重要特征是:农业是劳动密集型产业,主要动力是依靠人力和畜力,主要能源是生物火(以植物为主要燃料)。由于人类集聚式的生产和生活,文化策略一方面扩大了生存的空间,另一方面也促进了人口的增长,同时调节着人口和环境的波动。这种实践为后来文化策略的发展准备了条件,随之而来的机械发明、矿物能源和矿产的开发利用,更是把人类应对人口和环境波动的能力发展到了新的高度。

4.2.1.3　工业革命后的文化策略

18 世纪工业革命以来的 200 多年里,科学技术飞速发展。对能源的利用从历史时期的"生物火"发展到"化石火",虽然还是燃烧,但燃料和燃烧方式发生了革命,为了获取燃料,人类大规模地开采煤和石油等化石能源,到1970年时,全球2/3以上的能源还是来自于矿物能源,即用化石作能源,动力从人力和畜力转向各种机械,大大提高了动力的可获得性和便捷程度,促进了工业生产部门的剧增。为获取更多的生产原料,人类开始大规模地开采各种金属和非金属矿产。这些策略的应用极大地提高了物质生产水平,人类活动的范围也扩张到极地、高山、冰川、荒漠、密林、海洋和空中。人类似乎已经从环境分化出来并脱离了自然的束缚。大规模地与环境进行能量和物质交换的结果是:废水、废气和废渣的大量排放,以及化肥农药的广泛施用对大气、海洋、河流、地下水和土壤等造成污染,CO_2、SO_x、NO_x 和甲烷、氯氟烃化合物等气体进入大气层,引起温室效应、酸雨和臭氧层的破坏,并进而导致了全球的生态环境问题。

19世纪末已经开始用电,人类逐渐从火的时代进入电的时代,其时代特征为电子与信息技术的广泛应用。能源中的化石燃料仍占较大比例,但太阳能、激光、风能、核能和微波等新能源的比例在逐步增加;生产工具得到升级,如计算机、信息网络、电子显微镜、激光设施和数控机床的应用等;人类活动的空间进一步扩张到深海、地下和太空。更值得注意的是,人类开始使用人造原材料和生物基因技术,对其影响的广度和深度目前还难以估计。

从大量使用化石能源开始,能量供给的极大增长促进了经济增长,经济增长反过来又促进了发现新能源的教育和科研的发展。从长远的观点看,能源的增长比人口增长要快(见图4-5和表4-1),但世界不同地区能量供给的增长与人口增长并不同步,它意味着人均能量消耗存在差异。

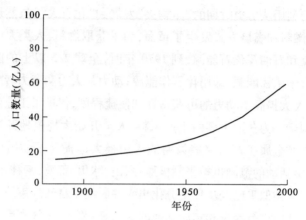

图4-5　1900~2000年人口增长趋势图

表4-1　1860~1970年全球化石燃料产量　　（单位：百万t）

年份	煤	褐煤	石油
1860	132	6	
1870	204	12	1
1880	314	23	4
1890	475	39	11
1900	701	72	21
1910	1 057	108	45
1920	1 193	158	100
1930	1 217	197	203
1940	1 363	319	299
1950	1 454	361	536
1960	1 809	874	1 073
1970	1 808	793	2 334

　　工业革命前,人口策略在促进人口增长方面起着重要作用,人口增长比史前时期明显加快,但由于较高的死亡率的制约,人口增

长仍然缓慢。到了工业革命初期,由于新能源和新工具的应用,经济得以迅速扩张,缓慢的人口增长已经不适应扩大再生产的需要,世界各国无不推行人口增殖的政策。如欧洲的德国和意大利为扩张领土,实行人口增殖政策;在东方的印度和中国一直实行的是人口增殖政策,特别是中国,一直到 1960 年前都是倾向推行人口增殖政策的。在这种人口政策的影响下,出现了早婚、早育和多育的现象。但到了 20 世纪下半叶,当发达国家出现人口衰退而鼓励生育时,中国却开始实行严格的计划生育政策。

从能源消耗情况看,不同阶段不同地区的文化策略是不同的,而且这些策略实施的效果也存在着时空差异,无论是技术进步,还是人口政策,都有相当大的弹性空间供人类选择。

4.3 策略空间

所谓策略空间在这里是指:人口策略的选择空间及其影响人口增长和分布变化的极限值。从人口变迁的过程来看,人口增长及其分布有着很大的策略空间,增长和衰退的速率可以导致人口急剧膨胀或减少,人口分布也会随之发生改变。策略空间的上限被生殖能力和人类寿命之类的生物特征所决定,因此人口增长在相当长的时间内主要受死亡率和可用资源的约束。随着文化策略的发展,死亡率和可用资源不是固定不变的,而是随着人类活动不断扩展的。另外,新的能源对人类活动空间的约束也在改变,它也可能为人口分布增加可选择的空间。尽管人口策略空间很大,但只有很小的一部分被某些人群永久地采用。

4.3.1 人口增长空间

人口增长的空间首先受到生物策略和特征的约束,其次是受文化策略的影响,二者共同作用的结果决定了人口增长的空间。

4.3.1.1 环境限制

人口的自然增长率取决于出生率和死亡率,而自然增长率变动区间又制约着人口增长的策略空间。在适应环境约束的过程中,必须有相应的策略以调整人口的规模和增长率去应付环境的约束力量。这些策略部分是自动完成的,部分是人主动选择的。例如,遇到食物短缺,身体发育会自动减缓,如果食物严重短缺,死亡率就会上升,人口减少或消失,调整适应也不可能完成了。另一种自动适应的是感染某种疾病(天花或麻疹)后产生的某种永久或半永久的免疫力。即便是这种短期内的调整,也需要以一定比例的生殖期人口为前提,长期来说更是如此。特别是在18世纪以前,由于生育控制手段还没普及,影响生育和新生儿存活的方式主要依靠性禁忌、哺乳期、堕胎和杀婴等。

图4-6是人类社会发展过程中出生率和死亡率的变化曲线趋势图,从图中的自然增长过程来看,虽然呈现的是持续增长趋势,但人口增长速度有正有负,并且经常交替出现,它充分表明了影响人口增长的力量的波动。

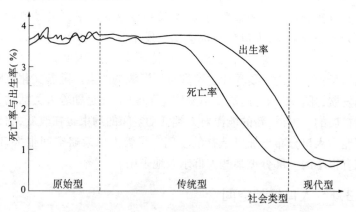

图 4-6　出生率和死亡率变化趋势示意图

短期来看,环境会给人口增长以限制。长期来看,这些限制又会因为人口策略而松动。虽然环境给人口增长留下了一定的策略空间,但找到合适的人口策略却是一件不容易的事情,这可以从已经消失的人类种群事实中得到支持。图4-6表达的另外一个信息便是,从出生率和死亡率两个方面入手,可以有多种策略来控制人口增长。当出生率上限为生物属性所决定时,最基本的两种策略是:①出生率和死亡率按不同比例变化;②出生率和死亡率按同样比例调整。在此基础上可以有多种多样的策略组合去实现对人口增长的调控。

4.3.1.2 突破限制

人类需求的性质、数量、形式都随着文化条件和地理环境的不同而不同,随着社会等级、年龄、体质、性别及活动强度的不同而不同。人类的需求没有上限,但有下限——维持生命所必需的最低限度的食物(也是一种能量)。

人每天需要的能量根据其性别、年龄、工作和环境条件的差异,在 8 373.6 ~ 12 560.4 J,另一方面,人也生产能量,即把输入的大部分能量以热的形式散失到环境中,剩下的能量一部分作为废物排出体外,另一部分以神经活动和机械能的形式最终显示出来。研究表明,人对进入身体内的能量的最大利用效率在 18% 左右。人还可以运用其输出能量掌握和利用其他形式的能量,这样做的效率越高,它对环境的影响也越大,越能达到自己的目的。

当人类发现了能量的某种来源时,主要问题是如何在合适的时间和地点将这种能源转换成特定形式的能量,其关键在于转换的成本和效率问题。为解决这个问题,人类一直在寻找各种各样的能量转换器,例如蒸汽机。但所有的能量转换过程都会有能量的消耗和散失,即能量转换后的能量输出量总是小于能量输入量。如果在能量利用的过程中需要进行多次转换,就会有连续的能量损失,其大小取决于各种转换器的技术效率的大小。这对人类的人口策略很重要,因为人类活动需要能量,而且消耗的能量也是通过各种转换实现的。如果能源的利用效率越高,即同样的能源可以供越多的人口使用,意味着越有利于突破环境的约束,人口策略空间也越大。

人类以动植物为食,动植物就相当于能量的转换器。到目前为止,只有植物才能利用太阳能合成复杂的有机化合物,把光能转换成化学能,可食性动物则可以把这种化学能转换成另一种对人类更好利用的化学能。不过,从纯技术的角度来看,大多数动植物都不是高效的能量转换器,野生植物的光合效率通常只有1% ~ 5%,动物的能量转换效率也只有10%左右,这可以从食物链的环节很少超过5个的事实得到支持。另外,把化学能(饲料)转换成机械能(畜力)的效率为3% ~ 5%。

人类诞生之后的大部分时间里都在寻找食物。但发明火之后,一些不可食植物变成了可食植物,增加了人类可以支配的能量,用火取暖还使得人类可以进入那些原来不适宜生活的地方。接着人在制造工具和驯养动物方面的改善,进一步提高了动植物的能量转换效率。照此逻辑发展,人类社会如果不想损害未来的持续繁衍,必须保持一定的规模才行,而这个规模与每年动植物的消耗和生长有关,它取决于动植物的消耗速度和增长速度的平衡水平。如果要提高这个平衡水平,人类就需要提高动植物的供给效率或者发现新能源。事实上,人类做到了这点,在随后的农业和工业革命中,这些问题都在一定程度上得到了突破。这种突破主要体现在如下几个方面:

(1)驯化了新的动植物品种,玉米从一种不比现代草莓大的野草发展成世界上最大的谷类植物之一就是一个典型的例子。

(2)新工具的发明,从石器到铁器增加了可用于耕种的土地。

(3)耕作技术的改进,如灌溉、人造肥料和轮作。

这些进步用了几千年,确实提高了人类利用其肌肉的能量效率,也提高了动植物能量转换的效率。

到了十六七世纪,由于商业发展和文艺复兴,人们逐渐有了理性的工具,并开始对环境中出现的现象进行了有意识的系统研究。其成果之一便是对矿物质能源的转换和应用,燃料从生物燃料变成了矿物燃料。19 世纪末,人类更是从火的时代进入电的时代。瓦特的蒸汽机的技术效率只有 5%,现代汽轮机的效率可以达到40%;在 1900 年,燃料中的能量转换不到电力效率的 5%,现在它的平均效率已达到 40% 左右。在几百年的时间里,能量的转换效率有了明显提高,但还有很大的改进空间。

无论是生产效率的提高,还是生存条件的改善,都依赖于技术的进步。能源作为一切技术实现的基础,而且能源效率提高本身就是一种技术进步,能源的利用效率越高,生存条件改善的可能性也越大,它为人口增长预留更大的策略空间的同时,也可能扩大人口分布的策略空间。

4.3.2 增长策略及选择

农业变革从新石器时代已经开始,猎手和采集者慢慢变成了农民,游牧生活也随之转向定居的生活方式。这种转变是不规则和渐进的,而且到今天还有依靠狩猎和采集维持生活的人类群落,可见生产和生活方式选择的多样性。虽然对这个时期的人口进行定量评估很困难,但与史前时期相比人口增长却是被普遍认同的。长期以来对其增长的机制和原因都存在着争论,特别是关于人类究竟选择何种策略实现人口加速增长的解释。

关于农业革命时期人口加速增长的解释有多种假说,影响较大的是两个几乎相反的理论。一个理论认为:人口增长加速是因为农业体系创造了更多的食物,有助于度过粮食短缺的时期;健康和生存条件的改善,使死亡率下降,即使生育率不提高,潜在的人口增长率也会增大并且趋于稳定。而相反的理论认为:农业的出现提高了死亡率,但由于抚育孩子的成本降低带来了更高的生育率,从而导致人口增长的加速。至于为什么农业发展会提高死亡率,它的理由有两点:①猎手和采集者的食物更加均衡,农民的食物单一且营养水平低;②稳定的定居人口,产生了传染病传播的环境。

值得注意的是,即使采集者享受更多样化的食物,但向农业转换的过程中,农民不但有稳定的食物供给,还可以通过狩猎和采集来补充土地产品,因此很难判断采集者变成农民时营养水平一定会下降。退一步看,即使营养水平下降也并不一定导致死亡,它也许导致了发育迟缓或青春期推迟等生理特征的改变,从而导致生育率的下降而不是上升。不过,传染病的产生与传播会随人口密度增加而概率增大的观点基本是成立的,但随着人类掌握了火的技术,又在一定程度上会降低疾病传染的概率。对比分析可以发现,二者都主张农业改变了营养水平,得出的却是相反的结论。那么,哪种观点更符合人类会选择的人口策略呢?

从当前的前农业人群得到的证据是:他们向定居农业转变时,生育率有增加的倾向。接下来要做的是:如果能证明那个时期死亡率有下降的倾向,则有理由相信,人口的加速增长是生育率不变或增加时死亡率下降的结果;如能证明当时死亡率是上升的,那么只能表明人口加速增长是因为生育率比死亡率上升得更快。那么,当时死亡率变动的趋势就成了问题的关键,而从实物证据上入手显然很困难,因为对当时人口加速增长的现有的解释所依据的证据多是猜测的,并没有十分确凿的证据。当出现难以选择的情况时,不妨换个思路。

人类的进化过程,无论是制造工具还是能源利用,都遵循一个基本的逻辑,那就是从无序和低效走向秩序和经济。从人口数量的变化来看,农业革命前的史前时期经历了几十万年,人口增长率很低,人口再生产的效率极低,它意味着大量的原料(出生)和能量被浪费(死亡)。孩子比他的父母或祖父母先死的现象十分普遍,表现出来的是自然的时间等级的无序。更为严重的是,这种无序和浪费会阻碍基于个体生存的长期计划的制订和实施,它还与人类通过人工选择(学习和计划)增加适应环境能力的趋势相悖。事实上,图4-6也清楚地表明,在人类社会发展过程中死亡率的总体趋势是下降的。

因此,无论是从历史的起源,还是从逻辑的起源,都有理由相信人口进化过程中的加速增长是通过死亡率的下降实现的,而死亡率的下降与生产效率和生存条件的改善有关。可见,人口的策略空间很大,人类只是选择了其中效率较高的人口增长策略。在此基础上还可以得到如下推论:

(1)死亡率下降或上升时,可以通过降低出生率或增加出生率来调节人口增速,也就是更大的策略选择空间;

(2)火的发明和生产工具的改进,扩大了人类生存的空间,同样也可以为人口分布策略选择提供空间。

从人类社会发展过程来看,虽然在农业革命后又经历了工业革命,人口并不是直线增加的,有时在疾病和战争的影响下,人口还出现过下降的现象,而且不排除在有些阶段会出现人口死亡率下降、出生率上升的人口加速增长阶段,或者死亡率下降、出生率下降,但出生率下降的速度没有死亡率下降的速度快的情况,此时,人口仍然会呈现加速增长的现象。

4.3.3 分布策略及选择

自古以来,控制人口增长的主动选择,最典型的就是被不同时期人类所共同采用的手段——移民。这是因为:虽然人口的策略空间很大,但不是所有地方的人都会同时采用相同的人口策略,加上各地的环境约束也不一样,人们突破这种约束的能力和效率也有差别,其结果必然是地球上人口分布不均。当一个地方的人口增长达到了环境约束的边界时,最简单直接的办法就是移民。其次才是技术进步,扩大环境约束的边界。之所以是次要选择,是因为技术进步往往短期内难以实现,事实上,人类在发展过程的大部分时间内都是如此。

可见,人口分布是为了缓解人口增长对环境的压力而主动选择移民的阶段性结果。如果没有机械变动(移民),人口分布只需要考虑各个区域的人口增长差异就能得到结果。事实上,人口的机械变动从没有停止过,因此人口分布的状态取决于人口的自然变动和机械变动,而影响人口自然变动和机械变动的因素并不一致。前面已经对约束人口增长的因素进行过分析,这里还需要对约束人口迁移的因素,以及如何突破这些约束的策略进行探讨。

不同时期的人口策略和人口规模存在差异,不同时期的人口迁移也会不一样,所以从不同时期的人口迁移策略入手展开讨论,既是合理的也是必要的。

4.3.3.1 史前时期

化石研究表明,人是由普通的类人猿进化而来的,不但他们有相似生物学属性,而且他们的学习方式也很相似。在没有新的证据证明这个判断是错误的之前,暂以此为起点展开讨论。

同其他动物一样,人类首先要解决的是生存问题,包括吃和住。从这两个方面出发选择生存空间是最基本的要求,事实上,当时的人口分布也与这个推断相一致。当时人口主要分布在非洲东部、亚洲东南和欧洲大陆。这些地区在当时属于热带草原或森林草原的过渡带,四季变化不明显,气候温暖,即使没有衣服和住房也能很好地生活下去,当然丰富的食物是前提。由于当时人类使用的工具很简单,生存发展受环境的直接影响,人类的食物也只是一些小动物和植物的根茎、果实。这样一来,植物果实和猎物分布便成了影响人口分布策略的决定性因素。

为了简化问题,先假设环境保持相对稳定,人口分布的策略必然与能否有效获取足够的食物有关。获取足够多的食物有两种途径：一是找到更大范围适合生存的空间，二是在同一空间内发现更多可以食用的食物弥补原来食物的短缺（相当于不断更新的食谱）。从人类进化过程中生存面积不断扩大的事实看，人类寻找更大生存空间的做法从来没有停止过。第二种途径从人类的粪化石和今天采集者的食物对比来看，古人的粪化石里含有诸如花粉、植物结晶体、羽毛、骨头、毛发及蛋壳等，今天南非沙漠中的亢人（kung）能用近500种不同的动植物作为食物、药品、毒品、化妆品和其他用品，他们吃的甲虫幼虫、毛虫、蜜蜂蛹、白蚁、蚂蚁和蝉等昆虫中，今天的人大部分认为是不能吃的，然而它们却都富含营养，如白蚁的蛋白质含量就高达45%。可见，当时人类的主要食物与今天的食物是存在差异的，狩猎和采集者的食物范围是不断扩大的，而且食物非常丰富。另外，今天仍有生活在别人都不愿居住的所谓恶劣环境中的采集者的现象，也在一定程度上表明，即使在相对恶劣的环境中采集者的食物也是比较充裕的，需要说明的是，这个推断有一个隐含的前提，即人口的相对稳定。如果不考虑环境的变化，则可以推断，当时的人口分布策略有两种选择：一是移民获取更大的生存空间；二是在本地扩充食物来源（这种策略还可能刺激了种植业和畜牧业的出现）。

　　没有证据证明这两种策略的优劣。虽然移民是最简单而直接的方式，但它要面临繁衍所需最小规模人口的约束，如果只是少数人迁移，其结果可能是该群体的消失；如果是大规模的迁移，则需要达到一定的人口规模后才能实现。即便如此，在移民前的相当长的时期，由于人口的增加可能会出现食物短缺的情况，为了突破食物的约束，制造工具和发现新的食物都是可能的选择。制造工具和发现新的食物本身还可为扩张生存空间准备技术条件，后来人类的技术不断进步也是有力的证据。从知识的积累过程看，当没有获得适应或改造某种环境的知识之前，贸然到一个新的环境中往往也是危险的。从这个角度看,人类的分布策略并不是首先选择移民,而更可能倾向于在最初的居住地生活,至少在人类社会初期是可信的。

在没有考虑环境变化时,可以得出如此结论,如果考虑环境的变迁,人口的分布策略又将如何呢? 人类祖先的演变经历了 6~7 次大冰期和 5~6 次间冰期,这种急剧的环境变化迫使所有的动物必须能不断地适应和再适应新的环境,大多数物种在这样的环境变迁过程中消失了,而人类得以繁衍的关键很可能是智力和文化的不断增长,因为人类的体力和抵御极端温度的能力都不算特别强。当出现极端天气事件,人们想尽办法却得不到充足的食物时,转向求助于超自然的存在物,原始宗教便是在这样的背景下产生的。从这个角度也可以看出,即使移民是可用的策略,到了新的环境同样要面对环境的急剧变化的约束,如果不能增长智力和知识,这个策略并不能保证群体的正常生活和繁衍。

至此,可以得出如下结论:在史前时期,人口分布策略更有可能选择在源地居住,主要依靠制造工具和发现新的食物来突破食物短缺的约束;移民可能只是在某种条件下的补充策略;该时期的人口分布策略选择的主要限制来自本身的能力和意愿,外部约束则主要是自然环境的适宜程度。

4.3.3.2 农业社会

从新石器时代到工业革命前,人类社会进入以农业为特征的时代,也称为农业社会。在这个时期,最基本的经济文化单位是村庄,它代替了史前时期的流动团体,一直到 18 世纪末期之前,它都是处于统治地位的生活方式。随着动植物的驯化、火的控制和生产工具的进步,人类逐渐能够通过比较复杂的劳动获得自然界不能或不足以提供的物质财富,如通过引水灌溉、疏水排洪来抵御干旱和洪涝灾害,还可以通过商品交换实现区域间互通有无,物质财富是日益丰富的。从这个角度出发,随着农业社会生产力水平的不断提高,单位土地面积可以容纳更多的人口,如果按照为寻找食物而迁移的思路,除非人口的增长超过了生产力进步的速度,一般不会发生大规模的人口迁移,农业社会的人口分布应该是相对稳定的。

事实上,这个时期人口增长速度并不快,甚至出现过阶段性的人口下降的现象。从公元前 8000 ~ 公元 1500 年,人口从 500 万 ~ 3 000 万增加到 46 100 万,增长了 15 ~ 92 倍。到公元 1500 年时,农业活动的范围从公元前 8000 年的中东发源地扩展到全球各地,农业活动的面积扩张远不止 100 倍。虽然农业活动范围的扩张速度超过了人口增长,由于新增土地的人口容纳能力不一定与其面积成正比,所以还不能完全否定为寻找食物而迁移的假说,但也不能排除可能存在比寻找食物更深层次的原因,也许是它们共同作用决定了人口分布策略的选择。

人们虽然还不能脱离自然的束缚,但已经初步从自然系统中分离出来。也正是这种分离导致了人类观念的变化,那就是财富和财产私有观念的盛行。这个时期的一切财富几乎都与农业有关,而所有的农业生产对象又主要是土地,因此土地渐渐成为了积累财富的中心。为了获取更多的财富,必须有更多的土地,对土地的追逐便成了当时影响人口分布策略选择的决定性因素,获取土地的手段主要是战争和拓荒,与此相一致的人口分布策略便是在各部落或国家所占有的土地上广泛分布人口。

至于在拥有的土地内部,土地不可移动性使农业人口相对稳定;随着人口增长,由于土地的相对不足,不得不寻找新的土地,这个过程也是人口迁移的过程。此时,适合农业生产的土地多少和分布状况对人口分布策略的选择至关重要,人口分布表现为土地依存型或农牧业依存型。虽然商品经济的发展影响人口向城镇集中,政治中心和文化中心也常常集中了大量人口,但在以农业生产为主的时期,城市人口不占重要地位。人口分布的差异取决于土地肥力、土地利用方式(农或牧)、作物种类、灌溉条件、集约的程度等因素共同作用下的单位面积产量或载畜量。人口分布策略是相对分散而均衡的,人口在扩散的过程中,仍然体现了效率原则,即生产效率高的土地承载了更多的人口。

土地变成真正的财富需要经过转换,即让土地具有更高的种植或畜牧的效率,因为除少数地方外,没有燃烧,大面积的农耕和放牧是不可能的。燃烧需要燃料,此时的燃料还是生物燃料,农业扩张也需要大量囤积可燃物的能力。而农业种植可以生产燃料,这样火既是催化剂也是新工具,它与农业结伴扩张的结果便是财富积累及其效率的日益增加。为了保护所拥有的财富和效率,人类尝试建立了各种秩序以取代血腥的争夺,如财产制度、分工制度和等级制度,等等,但这些制度在战争面前都很脆弱。

历史上,伴随着土地占有的人口分布变化经常发生,其中历史记录最完整的是中国,其各个朝代的治乱更替便是最好的证据。公元前221年,秦统一中国后,建都咸阳,为把关中发展成为名副其实的国家政治中心,"徙天下豪富于咸阳十二万户",估计人口总数在70万以上。公元前214年,秦始皇为了戍边和开发新区,派大将蒙恬率30万大军,在河套建城设县。同年,秦政府派军队征服了珠江流域的百越族。秦政府在那里设置桂林、南海、象郡,派官进行治理,还迁50万中原人民与百越族杂居。

西汉初期,为了"实关中",刘邦继续由关东向关中大规模移民,总数不少于30万人。西汉中期随着对匈奴战争的节节胜利,汉武帝组织了向西北边疆的大规模移民,总数70余万人。此外,汉武帝还派人到西南少数民族地区,在四川、贵州、云南等地建立郡县。东汉末年到西晋末年,为躲避战乱,大批北方居民迁居江南。北宋末年,由于战乱,北方居民为逃避灾难,大批人口南迁。494年,北魏孝文帝迁都洛阳,从而使大量的人口从内蒙古西部和山西北部迁到河南一带。

可见,引起我国历史上人口分布变化的原因是多种多样的,其中最直接的原因是移民支边、人口迁移、战争和自然灾害。历史上,黄河中下游平原是中华民族的发源地,中国人口最初生活和繁衍于这一片地区。从秦汉时期开始,由于自然环境和社会的原因,我国人口频繁地迁移,由黄河中下游平原向四周扩散,特别是向南方的长江流域和珠江流域扩散,从而使人口逐步扩散到我国的每一个地区。据胡焕庸教授估计,由唐代"安史之乱"引发的人口大迁移,第一次从根本上改变了中国人口地理分布的格局,使南方人口第一次超过了北方人口,中国人口地理分区的中心也由黄河流域转到了长江流域。

4.3.3.3 工业社会

从 18 世纪英国的工业革命开始,人类开始从农业社会进入工业社会,推动工业发展的能源从农业社会的生物能源逐渐变成了化石能源,其燃烧的效率更高,更加容易掌控。工商业的发展对土地的依赖比农业小,它从根本上改变了把劳动力束缚在土地上的状况,但对市场和原料的需求却远远大于农业。随着工业生产条件的不断变化,工业生产要求劳动资料、劳动对象和劳动力及市场之间形成良好的配合。至此,人变成了工业生产的基本要素,人口分布与工业生产的关系日益密切,影响人口分布策略选择的主要因素中,除传统人口压力外,更重要的是经济因素。

工业革命后,对世界人口分布影响最大的是欧洲的扩张。以前的各个时期的扩张几乎都是对土地的追逐,近代欧洲人的扩张却是从海上的侵略开始,并最终建立他们的全球霸权的。这一过程影响了所有覆盖植被的大陆以及所有的前农业地貌。与先前的农业拓荒不同的是,它使得曾经不相往来的世界各地联系起来,并促成了在自然条件下不可能发生的动植物交流。因此,欧洲的扩张不但改变了新旧大陆的人口分布,还使食物和物种流动起来。

这种流动使得人们可以不必追逐土地，只要有相应的购买力就可以得到所需的各种食物和财富，这种流动反作用于人口分布时，会让人口分布策略选择变动更加复杂。

由于各地经济发展水平不同导致的各地收入差异，以及由于更快速和便捷的交通运输"缩小"了世界，此时人口迁移规模前所未有的大。具体表现为：①国际人口迁移，是指人口跨国界并改变住所达到一定时间（通常为 1 年）的迁移活动；②农村迁往城市，即城市化。国际人口迁移在历史上曾不断发生，其中规模最大的是 15 世纪地理大发现以来从旧大陆向新大陆的迁移高潮。1864～1932 年，从欧洲移民到新大陆的人口大致如下：英国和爱尔兰为1 800万，意大利1 110 万，西班牙和葡萄牙 650 万，奥匈帝国 520万，德国 490 万，波兰和俄罗斯 290 万，瑞典和挪威 210 万。这些简单的数据表明了人口迁移对欧洲经济增长的重要性，由于技术进步提高了生产率，产生了大量的剩余劳动力，人口的迁移不但减轻了对迁出地的压力，还使得移民地区经济快速增长成为可能，使得这些地方对劳动力的利用更加有效，而且使欧洲和海外的资源与市场得到普遍增长。

随着新大陆经济的发展，除欧洲人口继续向新大陆迁移外，其他地区人口也向新大陆迁移，如非洲黑奴被迫贩往美洲；中国人、日本人、印度人开始迁往东南亚、美洲、大洋洲等地。战后，国际迁移的特点有所改变，持续了数百年向新大陆的迁移已近尾声，由发展中国家迁往发达国家的外籍工人和技术移民越来越多，还有因区域性政治冲突而不断产生的国际难民。

虽然各个阶段的人口分布选择有差异，但总体来看，这个时期的人口分布策略仍是在生产效率高的地方分布较多的人口。

关于人口从农村迁往城市的现象，即城市化过程，现在仍在进行，特别是中国城市化进程中的人口迁移规模更是庞大，下面将对城市化和中国城市化问题展开讨论。

4.3.4 城市的演变

乡村人口向城市集中,一直是现在人口迁移的一种重要形式,实质是农业人口转变成非农业人口,这与工业聚集、商品经济的发展有着密切联系。城市是人类社会发展到一定阶段的产物,作为社会政治、经济、军事和文化中心的功能是逐步形成的。城市是人类文明的主要组成部分,城市也是伴随人类文明与进步发展起来的,是人类走向成熟和文明的标志,也是人类群居生活的高级形式。

在城市的发展过程中,不论城市的形成和功能有多大的差别,但它们都有一个共同的基础,即食物和能源是城市保持活力的基础,也是城市的人口和生产活动规模的根本约束。因此,从城市的演变入手,探讨其对人口规模和人口分布的影响是可行的。

4.3.4.1 早期城市的演变

远古时代,在人们劳动和生活的自然关系与社会关系基础上,形成了村庄这样一种社会组织形式。村庄是居民开始以地域关系结合起来的社会性组织。当村庄里出现个体家庭时,民族、血缘的关系纽带开始松弛,以从事农业生产为主的个体家庭相邻而居,并有一些简单的内部生产分工。社会分工对城市的出现起着决定性的作用。按照经典的社会进化理论,人类一共经历了三次社会大分工。第一次社会大分工使游牧部落从原始人群中分离了出来,开始从事原始的畜牧业。一些没有转化为游牧部落的原始人,则去从事原始农业,使得以渔猎和采集为主的部落,逐渐以从事种植业为主,这便使村庄的形成成为可能。对城市的形成具有重要意义的是第二次社会大分工和第三次社会大分工。

第二次社会大分工使手工业从农业中分离出来,逐渐出现了专门从事手工业制作与生产的人群和阶层。手工业开始作为独立的部门出现后,有了专门依赖手工业生产和交换而生活的人群,他们开始远离农业生产。在这些远离农业生产的人群中,开始有人凭借对生产资料的占有获得财富,不用去从事任何生产劳作。当这些远离农业生产的从事劳作(手工业)和不从事劳作的人开始聚集在一起时,城市的雏形就开始出现了。第三次社会大分工使商业从农业和手工业中分离出来,出现了一个不从事实物生产、只从事商品交换的商人阶层。它使商品生产和商品交换得到较为充分的发展,而且还促进了铸币的出现。商人和手工业者拥有铸币,不仅可以交换到本地生产的商品,而且可以消费到商人从远处贩来的各式各样的物品。在愈来愈活跃的商品交换的刺激下,逐渐形成了城市。此时生产和消费不再像农业那样是一体的,二者可以在不同的时空范围内分别进行,这种分离本身就是一种新的生产和消费观念,而且会催生新的思想和观念。

无论是中国出版的《辞源》,还是英国出版的《当代高级英语辞典》,对城市一词的解释都含有商业活动与市场的意思。商务印书馆1993年出版的《辞源》对"城市"一词的解释是:人口密集、工商业发达的地方;英国朗文出版社出版的《当代高级英语辞典》对"城市"这个词的解释是:一个由大群房屋和建筑物组成的并供人们居住和工作的地方,通常还有一个娱乐和商业活动的中心,其规模和重要性都要大于一个集镇;在英国通常还要有一个大教堂(A large group of houses and other buildings where people live and work, usu. Having a centre of entertainment and business activity. It is usu. larger and more important than a town, and in Britain it usu. has a catherdal)。商品的交易和市场在城市的起源与发展中起着十分重要的作用,尽管市场并不是所有早期城市的唯一功能。

透过今天世界上许多经济繁荣的大都市的变迁历史,都能找到市场促进城市形成和发展的痕迹。荷兰人首先发现了纽约(当时叫新阿姆斯特丹),同时也把那里当做商品交易的主要场所,并使那里发展成欧洲商品和美洲商品的主要交换地,纽约也就这样一步一步地发展繁荣起来的。东方的城市,如东京、香港、新加坡和上海,都是商业中心和金融中心。而且,这些城市今天的繁荣和它们历史上(或早或晚)市场的出现与发展有着密不可分的联系。

当生产得到迅速发展,财富增加时,人们的私有财产也更多了,于是就开始想到设置障碍防止敌人入侵,保护自己的私有财产:房屋、马匹、玉器和钱财。这样,一种军事行为对城市的出现和社会经济的进步有着重大的积极意义。中国已发现的最早的城市——殷商时期的商城(郑州)有着长达 7 km 的城墙,表明当时城市的防备功能还是很突出的。从古希腊城市的变迁中也可以看出古代城市中的军事功能。在希波战争之前,古希腊的城市都没有建造城墙。希波战争结束后,许多城市开始建造城墙,例如雅典修建了距雅典 8 km 的庇拉伊斯城墙,还修建了从雅典至庇拉伊斯公路两边的城墙。当时雅典的中心是卫城,建在一个陡峭的高于平地 70 ~ 80 m 的山顶上,用乱石在四周砌挡土墙形成大平台,成为最后的城市堡垒。平台东西长约 280 m,南北最宽处为 130 m,山势十分险要,上下只有一个孔道。可以想象,当时的雅典在很大程度上是按军事目的来建设的。

从 10 世纪全民地、大规模地开垦荒地和围海造田开始,10 ~ 11 世纪,农业生产力显著提高,农具和耕作技术日益发展,铁犁的使用开始普及,三圃制得到推广,等等,使农业生产率显著增长,收获量增加,农业产品的剩余日渐增多。农业生产水平的提高,又为手工业的发展提供了越来越多的粮食和原料,准备了庞大市场,加上当时消费水平的上升以及生产技术的进步,要求手工业能提供更好的产品。这促使了手工业专业化的加强和手工业技术的提高。这时,手工业中的大多数部门开始脱离农村家庭手工业或庄园手工业形态,集中到城市中来。西欧中世纪城市在上述诸多因素的综合作用下诞生了。

随着城市与乡村的分工日益明确,乡村主要以从事农业为主,而城市则主要从事贸易及手工业。农业和手工业生产的发展,为商业提供了日益增长的活动要素,新市场及大集市的建立以及社会生活的改变,引起了对新的娱乐品或奢侈品的需要,商业活动也得到了空前的发展。商业的发展又刺激了手工业和农业生产的发展。所以,农业、手工业、商业贸易等因素的发展,乃是西欧中世纪城市产生的最直接、最主要的经济动因,片面强调其中任何一个因素都是不确切的。

可见,城市是社会发展到一定历史阶段的产物。从本质上讲,城市主要是指一种不同于乡村的生活方式。因此,可以认为:城市是一个人口集中、非农业产业发达、居民以非农业人口为主的地区,通常是周围地区的政治、经济、军事与文化交流的中心。

4.3.4.2　中国的城市演变

在中国,最早的"城"与"市"是两个不同的概念,属于不同的范畴,二者并无直接的关系。"城"与"市"有机地结合起来并在语言中形成人们约定俗成的词语,是一个漫长而复杂的过程。

1980年出版的《辞海》(缩印本)对"城"解释为:旧时在都邑四周用做防御的墙垣。一般有两重:里面的称城,外面的称郭。"城"的原始含义是为防卫自守所设的军事设施,即城堡。它最初的作用是驻扎人马,防止敌人侵害,具有单纯军事政治中心的意义。

原始社会末期,由于生产的不断发展和私人财富的出现、积累,部落和部落联盟之间经常发生掠夺财富、宗教偏见及血亲复仇的战争,在这种情况下,为了防止敌对部落的侵袭和保护私有财富,筑城自守就显得非常有必要,因而"城"便应运而生。古代文献中关于这个时期"城"的记载颇多,古史传说中就有:"黄帝始立城邑以居"。"帝既杀蚩尤,因之筑城"。这些传说,近来已被考古发掘的城子崖城址、后岗城址、王城岗城址、平粮台城址、边线王城址等所证实。这些城址大都为新石器时代龙山文化的晚期,个别可达中期,这与文献记载的古史传说是完全相符的。

"市"是聚集货物进行以物换物的买卖交易和集中做买卖交易的场所。《说文》云:"市者,买卖所之也。"《易·系辞下》云:"日中为市,致天下之民,聚天下之货,交易而退,各得其所。"说明"市"的本义指买卖交易和买卖交换的场所。只有在发生相当规模的商品交换的前提下才可能出现"市",没有交换就根本谈不上市的起源。最早的"市"可能是随着原始社会末期的部落或部落联盟之间大规模交换而产生的。

可见,"城"与"市"在中国原始社会晚期都已出现,其中"城"比"市"出现得早,甚至可以上溯到距今 6 000 多年的仰韶文化时期。最早的"城"和"市"在概念、范畴上不同,并且无直接联系。但当社会发展到一定阶段,"城"里的人口有了较大的发展,"城"里的设施逐渐完善后,交换物品的"市"从市井、野市、郊市逐渐向"城"里靠拢,并在"城"内得到了发展,于是"城"和"市"就逐渐结合起来。"城"和"市"结合的过程,实际上就是单纯的军事政治中心的城堡演进到兼为政治和经济文化中心的城市的发展过程。

从起源看,"城"是适应统治集团的需要,统治者利用它行使国家职能,由于政治力量的作用自上而下形成的;而"市"则是由于经济的发展需要,通过商品交换以及伴随出现的手工业的逐渐发展,剩余产品的不断增多,由下而上形成的。在城、市分离阶段,由于城的功能偏重于政治中心与军事堡垒的作用,因而抑制了具有经济性质的市与城邑的有机结合;同时,由于社会发展相对缓慢,经济发展的总体水平还不能完全冲破人为的某些束缚向城邑内部转移。

到了周代,由于社会生产的发展和人口的增多,聚居点增加,手工业与商业有了较快的发展。随之而来的是"城"和"市"观念上的变化。一方面人们逐步认识到工商业的发展与国家的富强有着密切的关系;另一方面由于诸侯割据,各诸侯国认识到仅有城墙的防御功能而无经济实力难以长期固守。同时,随着统治集团地域的扩大和社会经济的不断发展,统治者为使其生活更为便利和舒适,并为增强都城的防卫能力,在开始仅建有宫殿或衙署等政治、军事性建筑的"城"里,允许在"城"的城厢设"市"贸易,进而手工业作坊等也不断随之出现并增多,"城"的规模由此相继扩大,人口增加,逐渐形成了"前朝后市"的格局。与此同时,由于经济的逐渐发展,市场的增多,促进了一些交通发达的商品集散地或繁华的市场,继而出现了"市""城"合一的情况。

尽管最初只是"城"与"市"的简单结合,但随着发展,其职能、成分和基本特征等大大复杂化、多样化。这种具有复合性的城市的产生,它不仅已成为国家或地区的政治、经济和文化的相对中心,而且是行政、生产、文化、居住和交通等系统在空间的统一体,也是人们在生产和生活方面利用和改造自然的一个有机联系的环境。它构成了一种区别于乡村的独特的生活方式。

与欧洲相比,中国封建社会城市的发展一般不是以社会分工和工商业发展为前提,而是以政治需要为条件由封建国家有计划地建立起来的,作为中国封建城市主体的郡、县城市,是政治城市的典型。郡、县城市基本是一种政治城市和消费城市,其政治意义大于经济意义,消费意义大于生产意义。

自然环境提供了人口分布的地理框架,而人口分布的格局则决定于社会经济条件。在前工业社会,农业是压倒一切的生产部门,但政治中心和文化中心往往集中大量人口,而且商品经济的发展也促进人口向城镇集中。可见,在以农业生产为主的社会中,城市和城市人口相应所占比例虽然还很小,但它一直在改变着区域内的人口分布,这种改变对人口增长的影响是不用怀疑的,因为伴随它的是生产效率的提高,而其影响到今天仍在延续。

4.3.4.3 城市化

城市化最简单的描述就是农村人口转化为城市人口的过程。

该过程包括：城市数量、城市人口占总人口的比重增长的过程，城市设施水平的提高和居民生活状况实质性改变的过程。衡量一个国家或地区的城市发展状况时，常以城市人口占总人口的比重作为重要标志。因为，城市中的人既是城市一切活动的承担者，又是城市活动的承受者。城市的各种社会功能和结构的变化，与其人口的发展密切相关。在分析城市发展的状况和各项指标时，无不以有关的人口变动为前提。

从社会学的角度看，城市化不仅是一个地区的人口在城镇和城市相对集中的过程，它还意味着城镇用地扩展，城市文化、城市生活方式和价值观在农村地域的扩散过程。衡量城市化进程的指标主要有：城市化水平指标、城市化速度指标和城市化质量指标。

工业革命之后，西欧、北美的城市成为大工业所在地，农民不断涌向新的工业中心，城市获得了前所未有的发展，城市化进程大大加快了。1800 年，世界城市人口比例不过 1%，1900 年增加到 13.6%，1950 年上升到 28.4%，1980 年为 40.9%，1986 年为 43%。从绝对数来看，1900 年全世界城市人口为 0.16 亿，1986 年已经增加到 20 亿以上。

到第一次世界大战前夕，英国、美国、德国、法国等国绝大多数人口都已生活在城市，这不仅是富足的标志，而且是文明的象征。随着世界工业革命的兴起，工业新技术和大机器生产的浪潮也影响到中国。中国城市的发展速度虽然超过以往任何时期，但由于中国处于半殖民地状态，城市化进程与欧洲相比仍是十分缓慢的。随着城市之间的联系日益密切，还出现了由以一个中心城市为核心，同与其保持着密切经济联系的一系列中小城市共同组成的城市群。如美国大西洋沿岸的城市带，日本的东京、大阪、名古屋三大城市圈，英国的伦敦—利物浦城市带等。上海所在的长江三角洲地区实际上也正在形成一个经济关系密切的长江三角洲城市群。

在城市的发展过程中,城市的大小和功能不断出现分化,如小城市、中等城市、大城市、国际化大都市、世界城市等。根据人口规模对城市分类是最普遍的做法,中国根据市区非农业人口的数量把城市分为四等:人口少于20万的为小城市,20万~50万的为中等城市,50万以上的为大城市,其中又把人口达100万以上的大城市称为特大型城市。

中国的城市化比重由1949年的10.6%增加到1999年的32%左右(包括城镇中的暂住人口和流动人口)。但这50年的城市化发展进程相当缓慢,每年仅增加0.45%。如果以1978年为界进行阶段划分,此前为自上而下的城市化安排,它支配了中国20世纪50~70年代的城市化进程,城市化速度和水平都很低,1966~1976年,每年只有0.1%~0.2%的增长率。此后,肇始70年代中后期的乡村工业化从80年代起迅速增长,它引起的乡村城镇化加快了中国的城市化进程。1978年后,每年增加约0.68%,近十年来,每年更是增加到近1%(尤指沿海经济发达地区)。

联合国《世界城市化展望2009年修正报告》显示,1980年中国有51个50万以上人口的城市,到2010年,中国增加了185个这样规模的城市。根据预测,到2025年,中国又将有107个城市加入这一行列。拥有相当规模人口的城市数量也显著增加,显示出中国城市化水平的快速上升。中国的城市化水平也从1980年的19%跃升至2010年的47%,预计至2025年将达到59%。中国的城市化进程极为迅速,目前全球超过50万人口的城市中,有1/4都在中国。在过去30年中中国的城市化速度很快,超过了世界其他国家。目前全球共有50万以上人口的城市961个,其中中国占到236个。目前世界城市人口已经超过全球总人口的一半,达到35亿,世界农村人口为34亿。随着城市化的推进,世界各国的农村人口还将继续减少。

人类的生存和生活,依赖必需物质和非必需物质。1998年,世界人口已达到 60 亿,其中发达国家 15 亿,占 25%。但其所消耗的能源、燃料、木材和钢铁,分别占世界生产总量的 75%、78%、84% 和 70%;而发展中国家人口有 45 亿,占世界的 75%,而消耗上述四种材料的比率分别为 25%、22%、16% 和 30%。从石油消费看,1998 年美国日消耗石油达 1 695 万桶,中国日消耗 310 万桶,仅占美国消耗量的 18.2%,而中国人口为美国的 4.8 倍,美国能源消耗主要在城市。

根据发达国家和发展中国家的城市化水平,可以把发达国家视为城市,发展中国家视为农村,那么,发展中国家向发达国家的移民则相当于另一种形式的城市化。这些城市或国家承担的角色是:从全球获取各种资源,以全球为市场推销其物质产品和文化产品。而全球工业化、城市化的发展趋势,需要更多的资源和市场,随着发展中国家的快速城市化,对资源和市场的争夺日益激烈,其结果必然是给环境带来更大的压力。

4.4 人口问题

目前,对人口问题的关注很多,但对人口问题的讨论大多数局限于人口增长、老龄化等具体问题方面,对人口问题的历史逻辑的关注较少。要讨论人口问题,必须厘清人口的基本属性,因为任何问题的产生和变化都与其基本属性有关。

从生物属性来看,遗传基因如果没有改变,其生物属性也不会产生明显变化,现在还没有证据表明,自人类诞生后其遗传基因发生过普遍的改变(不排除个体的基因突变,而且这些突变通常被视为不正常或病态),因此可假定人的质量没有明显改变;从社会属性来看,人作为社会的基本行为单元,在其质量不变时,人的数量(即人口)变动必然会引起相应社会结构和功能的改变,而数量也不是一个简单的规模问题,它还包括不同性别、年龄、受教育程度、民族等人群的规模和数量比例,这种比例又称为人口结构。

从人口问题的字面意思理解,它至少有两个解释:一是所有与人口有关的知识,二是因人口引起的麻烦或问题。本书关注的主要是后者,即使这样,人口问题还有广义和狭义之分。狭义的人口问题仅仅指人口的规模问题;广义的人口问题既包括规模问题,也包括结构问题和人口素质问题。

最后需要说明的是,不论从哪个角度理解,人口问题一直都存在,而且在不同时期和不同地区其表现也是不同的,古代社会对人口问题的解决主要是通过时间来实现的,由于时间成本太大,现代社会为降低人口问题带来的损失,往往采取主动控制的方法。因此,在本书不展开讨论古代社会的人口问题,而仅对当代社会的主要人口问题进行分析,特别是中国的人口问题。因为中国的人口问题不单纯是人口数量的问题。除与人口数量有关外,中国的人口问题还与人口素质、人口结构、人口分布和迁移以及持续的低生育率有关。一方面,由于中国现阶段人口增长过多,已经妨碍了经济的发展以及人民生活水平的提高,对环境保护和资源利用带来极大压力;另一方面,人口结构问题也逐渐显现并引起了相关的社会问题。中国是世界上人口最多的国家,所以对中国人口问题的研究有着重要的理论和现实意义。

4.4.1　人口的数量问题

人口问题不尽然全是人口数量问题,但人口数量的确是全球最大的人口问题。人口的数量问题既包括人口增长变化问题,也包括人口增长变化所带来的经济环境问题。

4.4.1.1　人口数量

根据最早的文字记载,公元前 400 年的世界总人口为 1.53 亿。公元 200 年,增加至 2.57 亿。之后经过数百年,世界人口曾经降至公元 700 年时的 2.06 亿,但最终又于公元 1000 年时达到

2.53 亿。换言之,800 年内不增反降。当人类进入公元 1000 年之后,人口增长速度随着人类文明的发展而逐渐加快。1200 年,突破 4 亿;1800 年,达到 9.8 亿;1987 年,第 50 亿个人在南斯拉夫萨拉热窝出生;2009 年,人口已接近 70 亿。人口数量问题已成为人类不可回避的一大难题。而且,当人口基数突破 10 亿大关后,其增长之势一发而不可收拾。1900 年为 16.5 亿,1950 年为 25.2 亿,1960 年为 30.2 亿,1970 年为 37 亿,1980 年为 44 亿,1990 年为 52.7 亿,2009 年为 69 亿。

　　人口数量问题的另一方面是:人口数量究竟是多还是少,各国情况并不尽相同,因此各国对人口问题的认识和人口政策也有很大差别。

　　发达国家的人口有减少的趋势。全球 45 个发达国家的生育率都低于人口更新水平。在世界出生率最低的 25 个国家中,有 22 个在欧洲。欧洲已有 18 个国家的人口出现负增长。其中最突出的是俄罗斯,俄罗斯是世界上人口数量减少速度最快的国家之一,从 20 世纪 60 年代起,俄罗斯人口数量逐年减少。苏联解体后,俄罗斯人口下降速度加剧。从 1993 年到 2005 年,俄罗斯人口总数从 1.49 亿减少到不足 1.4 亿,减少了将近 1 100 万。其他发达国家,如德、法、英、日等国也出现了人口停止增长甚至负增长的趋势。人口数量减少成为这些国家最大的人口危机,给这些国家的经济发展和国家安全带来了严峻挑战,尽管各国采取种种措施鼓励生育,但收效甚微。

　　发展中国家人口迅速增长。世界上人口增长率最高的都是一些最不发达国家,如阿富汗、布隆迪、刚果、利比里亚、尼日尔等。而发展速度较快的发展中国家,如中国、印度、埃及等,也面临人口增加带来的经济和环境压力。2005 年,埃及人口已经突破 7 600 万。埃及在阿拉伯国家中人口最多,自然环境却非常恶劣,严重缺水,全国 96% 的国土是沙漠,98.5% 的人口挤在 4% 的尼罗河河谷和尼罗河三角洲地区。随着全球气候变暖,地处亚非的发展中国家将首当其冲,遭受更严重的水荒和粮荒。遗憾的是,虽然发展中国家普遍意识到了人口数量过多的灾难性后果,但像中国、埃及这样实施计划生育政策的国家还是少数。

由于发展中国家占世界绝大多数,世界人口的绝对数量以惊人的速度在增长。1950 年,世界人口只有 25 亿,到 1987 年,增加 1 倍,达 50 亿,经短短 12 年,到 1999 年增加到 60 亿,2010 年,联合国的人口报告中指出 2009 年全球人口已将近 70 亿。

4.4.1.2 人口增长带来的问题

人口迅速增加所带来的问题是多方面的,这些问题的相互叠加进一步使问题复杂化,甚至危及人类的生存和繁衍。20 世纪中叶,美国学者保罗·埃利曾说过,我们将会被我们自己的繁殖所湮没,认为全球人口爆炸将成为威胁人类可持续发展的定时炸弹。因为人口数量急剧膨胀,意味着地球资源、能源的过度消耗,人类赖以生存的环境遭到破坏,也意味着地球生态系统受到威胁。

地球是目前人类唯一的住所,而它所能承载的人口数量从资源约束来说是有限的。地球的潜在承载力只是维持人生存的最低限度下地球的承受能力,而且最大人口容量是必须经过努力而实现的,不能推导出现实不可能出现承载力危机的结论。人口的快速增长必然会影响人的生存质量。事实上,目前许多发展中国家,由于人口数量增加,耕地面积减少,粮食问题日益尖锐,已经存在食物供应小于人口增长的人口危机。随着城市化进程加快,对农业的需求也在不断增加。另外,直接消费的植物性食物在逐渐减少,间接的动物性食物在逐渐增加,这种转换过程本身也是对粮食的间接消费。所以,人口持续增长的压力是双重的,一方面是现存的贫困和食物短缺问题,另一方面是长远可能出现的食物供应危机问题。面对食物供应的诸多不确定因素,比较可行的方法是:采取适当的人口政策,控制人口的快速增长。

由于人口增长带来的压力,发展中国家的卫生和健康状况也难以得到较好改善。据联合国调查,2005年,在发展中国家的48亿人口中,大约3/5缺乏最基本的卫生设施,1/3无法接近干净水源,大约20亿因缺乏维生素和矿物质而贫血,约有3.5亿育龄妇女没能采用先进、安全的计划生育措施。每年有大约200万妇女感染性病,58.5万妇女死于难产,7万妇女因堕胎方法不当而丧命。

随着人类文明的发展,人对自然资源的需求越来越大。随着对地球自然资源和环境的利用及了解的深入,人类已能够利用掌握的知识和技术来相对地测定地球最大人口容量。即使如此,用不同的方法计算出来的数据仍然不同,而且相差颇为悬殊。根据资源、环境的承载力的一般估计,世界人口达到100亿时,地球上的水、土地以及其他资源的承载能力将达到极限。而据目前的生育率估计,到2050年,即40年后,全球人口将增长到92亿,若生育率有所提高,人口超过100亿的时候,地球资源将被消耗殆尽。

生态环境是一个复杂的系统,系统内外的任何一个因素变化都可能引起整个系统的混乱。平衡的生态是环环相扣的,各种自然因素相互制约,一环被破坏,就会产生一系列不良后果。人类本来是自然界的一部分,与其他生物是平等的,但人类一直在用自己的智慧改造着世界。近代,随着科技的发展和人类数量的增加,这种改造对生态环境越来越具有破坏性。大自然做出了自己的反应,如土地沙漠化、水资源短缺、森林减少、大气污染、气候异常、臭氧空洞,等等,这些现象已经给人类敲响了警钟。如果生态系统崩溃,人类文明是否会因此湮灭呢?答案是肯定的。

4.4.2 人口结构问题

所谓人口结构,是指人口中各类人口的比例关系。关于人口问题的研究很多,目前,人口结构问题主要集中在两个方面:一个为年龄结构的老龄化问题,另一个为性别结构的失衡问题。这两个方面在不同的国家有不同的表现,唯一的例外是中国,其老龄化和性别失衡问题都很突出。

4.4.2.1 老龄化问题

人口年龄结构是过去几十年甚至上百年自然增长和人口迁移变动综合作用的结果,又是今后人口再生产变动的基础和起点。区分人口年龄结构类型的标准,并不是永远不变的。它随着出生率、死亡率的变动,特别是人口预期寿命的延长而变化。人口年龄结构是一个静态时点指标。对于同一地区不同时点上的人口年龄结构进行分析对比,可以看出其发展趋势和规律。对于不同地区的人口年龄结构进行对比研究时,原则上只有在同一时点上统计的年龄结构才具有可比性。由于调查统计的差异,对相隔时间不太长久的不同地区的人口年龄结构进行粗略的比较也不失为一种有效的替代研究。

根据联合国人口老龄化的标准,一个国家60岁及以上的老年人口占人口总数的比例超过10%,或65岁及以上的老年人口占总人口的比例高于7%,这个国家或地区就进入了老年型社会或老年型国家。法国是世界上较早关注人口老龄化的国家,1800年,法国65岁及以上老年人口比例超过了5%,1900年其比例增加到了8%。瑞典人口学家桑德巴发现瑞典15岁以下人口和50岁以上人口的比例与其他国家存在差别。他根据少儿人口与老年人口的比例差别,将人口年龄结构分为增长型(年轻型)、静止型(平衡型)和缩减型(老年型)。

西方国家人口老龄化主要发生在20世纪,20世纪二三十年代西方国家的人口年龄结构变化明显。二战以后,西方国家对人口老龄化的关注与研究不断增长,特别是在联合国1982年制定《维也纳老龄问题国际行动计划》之后,老龄问题就被列入了联合国大会的历届议题。1992年,第47届联合国大会通过了《1992~

2001年解决人口老龄化问题的全球目标》和《世界老龄问题宣言》,并决定将1999年定为"国际老年人年"。1999年标志着人类进入长寿时代和人类社会进入全面老龄化的时代(邬沧萍,1999)。人类对人口快速增长还没有完全适应时,又迎来了新的限制——人口老龄化。

人口老龄化是人口转变的必然结果,不同地区人口年龄结构变化的差异是与地区所处的人口转变阶段相一致的。从老年人口的相对比例上升来看,老龄化是生育率下降的结果。20世纪80年代,绝大多数发展中国家和地区的人口属于年轻型,他们的少年儿童比重较高,育龄妇女人数多,即使在妇女生育率水平不变的情况下,未来人口的增长速度仍是较快的;大多数发达国家和地区的人口属于老年型,他们的老年人口比重相对较高,育龄妇女人数少,若妇女生育率水平不变,未来人口的增长速度将是很低的。人口的增长和生育率的下降会引起人口年龄结构逐步而持续的变化。由于人口增长的队列效应,后期人口的年龄结构在很大程度上取决于前期的年龄结构。虽然发展中国家比发达国家处于人口转变的更早阶段,但他们在人口老龄化中将经历生育率上升、死亡率下降,不得不在更短的时间内,在经济水平较低的状况下面临人口的老龄化问题——"未富先老"。这从中国的老龄化进程中可见一斑。

2000年11月,中国第五次人口普查中,65岁及以上老年人口已达8 811万,占总人口的7.0%,60岁及以上人口达1.3亿,占总人口的10.2%,以上比例按国际标准衡量,已进入了老年型社会。与1953年第一次人口普查65岁及以上老年人口为2 620万相比较,47年中增长了2.36倍,年均递增2.6%,大于全国人口递增1.6%的一个百分点,占总人口的比重由4.4%提高到7.0%,提高了2.6个百分点,近十年老龄化速度加快,每年递增3.4%,大于全国人口递增1.1%的2倍多。2005年中国人口1%抽样调查结果显示,60 岁及以上的人口为 14 408 万,占总人口的 11.03%(其中,65 岁及以上的人口为 10 045 万,占总人口的 7.69%)。与第五次全国人口普查相比,60 岁及以上人口的比重上升了 0.83 个百分点(其中,65 岁及以上人口比重上升了 0.73 个百分点)。2008 年人口变动情况抽样调查资料显示,我国 65 岁及以上老年人口已达 1.1 亿,占世界老年人口的 23%,占亚洲的 38%。

中国人口老龄化用了 18 年左右的时间(1981~1999 年),与发达国家相比速度很快。如法国用了 115 年,瑞士用了 85 年,英国用了 80 年,美国用了 60 年。目前,中国尚处于人口老龄化的早期,但在未来几十年里,它终将成为 21 世纪我国主要的人口问题之一。由于人口基数大,无论是现在还是将来,中国老年人口总数都将居世界首位。人口老龄化给社会、政治、经济带来一系列影响和问题,它要求对社会生产、消费等都要作出相应的调整。

4.4.2.2 性别结构问题

所谓性别结构,通常是指男女的数量比例,它与出生性别比密切相关。人口出生性别比是指该人口某一时期(通常为一年)内出生的男婴总数与女婴总数的比值,用每百名出生女婴数相对应的出生男婴数表示。例如,某人口 1975 年的出生性别比为 105,则表明在 1975 年出生总人口中,每出生 100 名女婴相对应的男婴出生数为 105。20 世纪 50 年代中期(1955 年 10 月),联合国在其出版的《用于总体估计的基本数据质量鉴定方法》(手册 Ⅱ)(Methods of Appraisal of Quality of Basic Data for Population Estimates, Manual Ⅱ)认为:出生性别比偏向于男性。一般来说,每出生 100 名女婴,其男婴出生数值域为 102~107。此分析明确认定了出生性别比的通常值域为 102~107。从此,出生性别比值下限不低于 102、上限不超过 107 的值域一直被国际社会公认为通常理论值,其他值域则被视为异常。

1967 年印度学者普拉文·维萨里亚(Pravin M Visaria)研究

表明,在统计的 80 个国家及地区出生性别比中,有 50 个为
104.0 ~ 107.0;有 23 个为 90.2 ~ 103.9;7 个为 107.2 ~ 117.0。
1969 年美国的唐纳德·博格(Donald J Bogue)指出,出生性别比
约为 105 或 106;1971 年肯尼恩·坎梅耶(Kenneth C W Kammey-
er)研究结果为出生性别比高于 102,但常为 105,而生活条件差及
艰难的地方,出生性别比低于 102。这些研究至少告诉人们,出生
性别比大致是处于一定区间的,并不存在唯一的比值。

出生性别比值在 102 ~ 107 的区间,是在全球多数人口的出生
性别比的统计中作出的结论,因而便成为对调查与登记数据进行
质量评估的重要参考以及出生性别比是否"正常"的判别标准。
然而,如果出生性别比低于 102 或高于 107,是否就可以断定其统
计质量低或出生性别比异常呢? 仅凭此就武断地认定其统计质量
低,并不可取;仅凭此而不管其高出 107 多少或低于 102 多少就武
断地认定其出生性别比异常,也不可取。因为影响出生性别比高
于 107 或低于 102 的因素中,有些至今仍未被人们所认识。人口
出生性别比只有在没有人为干扰的自然生育状态下,才完全呈生
物学规律。但在生物学规律基础上的非生物学因素的影响作用与
结果却是普遍存在的。

绝大多数学者普遍认为,从一定时空条件上的出生婴儿总数
看,男婴与女婴的出生概率虽有差异,但各自的出生概率基本相对
稳定或略有微小波动,其出生性别比通常波动在102 ~ 107。从统计
学上讲,若观测的样本大到近 1 000 万人,其误差趋近于零,这也
是可信的。1981 年中国第三次人口普查全国 29 个省、自治区、直
辖市全年出生的婴儿性别比为 108.47,男性多于女性。1990 年中
国第四次人口普查的 1% 与 10% 抽样,其样本人口都超过 1 000
万,分别为 1 100 万和 11 000 万。以 1% 的普查样本获得的出生
婴儿性别比为 111.4,以 10% 的普查样本获得的出生婴儿性别比
为 111.5。出生性别比的问题从此引起了学界和政府的广泛

关注。

西方发达国家的人口统计资料表明,西方发达国家从生育率开始下降到降至更低生育水平或其以下,普遍经历了100多年的自发下降过程。人口出生性别比虽然也有一定幅度的波动,但却从未超出102~107的值域范围,表现出高度的稳定性。妇女生育水平的高低及生育水平下降的过程,对出生性别比似乎没有任何影响。乔晓春(1992)指出:瑞典在过去200多年中活产婴儿性别比出现了升高趋势,由1751~1760年的平均值104.4增加到1971~1980年的平均值106.0。这一上升的过程是比较缓慢的,瑞典出生性别比的增长是与死产婴儿性别比的下降同时出现的。虽然瑞典出生性别比升高1.6个百分点,但仍置于102~107的值域内,可以认为是相当稳定的。日本自1872年开始分性别统计出生婴儿以来,出生性别比也一直相对稳定,波动相对较小,平均出生性别比为105.7。发达国家之所以长期保持了出生性别比的稳定,主要是这些国家在生育上受性别偏好的影响较弱。

在中国,1990年普查时,20~11岁的各分年龄性别比变动,均为70年代历年出生人口性别比变动。其最低值为20岁的102.70,最高值为11岁的106.84,这表明70年代各分年龄性别比基本呈逐年升高态势,波动范围为102.70~106.84。1990年普查时,10~1岁的各分年龄性别比变动,均为80年代历年出生人口的性别比变动。其最低值为10岁的107.43,较70年代的最低值高出4.73个百分点,较70年代的最高值高出0.59个百分点;其最高值为1岁的111.59,较70年代的最低值高出8.89个百分点,比70年代的最高值还高出4.75个百分点。其数值表明:80年代历年出生人口的性别比变动继续呈升高趋势,其波动范围均在传统沿用的出生性别比通常值域102~107的上限值之外,即历年都高出其上限值107。分年龄性别比虽不等同于该年龄出生时的性别比,但通常根据分年龄性别比的变动可以断定70年代初至90

年代初的历年出生性别比基本呈升高趋势。不同的是,70 年代历年的出生性别比升高是在传统沿用的通常值域下限到上限间的变动,而80 年代以来的历年出生性别比都是在超出其上限值 107 之上急剧升高变动的。

对于中国 80 年代以来出生性别比升高的归因分析,学术界在主要成因、成因的排序、出生性别比升高是否反映客观事实等方面观点都不尽相同,只在一个问题上有共识,即出生性别比大大高出 107 是一种反常现象。造成这种反常现象的原因可大致归结为:若干数量的已出生女婴被瞒报,若干数量的女性胎儿在性别鉴定后被人工流产,若干数量的女婴被溺害,等等。美国学者安德森(Babara A Anderson)教授和布赖恩·西尔弗(Brian D Silver)在对中国 80 年代以来出生性别比变动研究的成果与结论中明确指出:虽然对中国的出生性别比升高进行了一些可能性解释的探索,但要肯定地回答这一问题,只能期盼于今后的研究。可见人口性别比失衡问题的复杂性。

4.4.3 人口素质问题

对人口素质的讨论最著名的是舒尔茨人力资本理论,他认为人口质量就是人力资本。关于"人口质量"和"人口素质"的概念存在着两种意见:一种认为,二者完全相同,不必区别使用;另一种认为,从逻辑分层的角度看,二者是有差别的,因而需要区别使用。因为人口质量的含义较人口素质更广泛,它是与人口数量相对称的概念。人口素质则是人口某一特征或标志的概括,如文化素质、身体素质、思想道德素质等,它们的总和构成人口质量,单独的素质概念没有对称的概念。

本书关注的重点是人类文化教育的发展对人类行为方式的影响,更倾向于素质的可塑性,而对以人类生理、智能、伦理、优生学的资质(或质量)差异涉及不多。因此,本书对人口素质规定为:

人类群体认识、改变世界的条件和能力,主要包括身体素质、科学文化素质和思想道德素质。身体素质指身体发育状况、体质、体力、智力发育、寿命、疾病等,它是人口素质的自然基础和物质承担者;科学文化素质指人口平均受教育水平、科学技术知识的认识和掌握程度、劳动能力和技巧,它是人口素质的核心,决定人类行为的基本能力;思想道德素质指人口群体平均的思想意识形态及其实践,包括政治、思想、道德、法律等观念和社会行为,它是人口素质的灵魂,决定人类的行为方式,能阻碍或促进行为能力的发挥。在人类社会早期,自然环境是影响人口素质的主要因素。今天,人口素质主要取决于社会、经济环境,也是这些国家社会经济环境存在差别的根本原因。

现代文明社会,包括科学技术、法律、宗教、伦理道德等可能会创造这样一种环境,在这种环境下,不仅一些被认为身心俱健的"适者"能生存繁殖,也会使一些被认为应是属于被淘汰的弱者,得到生存甚至繁殖的机会,这样就增加人群中不良基因的遗传频率,最终可能会削弱人类的遗传素质。要遏止人口素质的逆淘汰,促进人口素质的现代化,一个必要的条件就是使人口系统走向开放。人口迁移使得人口正淘汰的机制力量变得更强,对人口系统的素质提高是十分必要的。因为人类的历史已经证明,一个群体,其文化的进步往往取决于它是否有机会吸取相邻社会群体的经验。一个社会群体所获得的种种发明可以传给其他群体,彼此间的交流越多样化,相互学习的机会就越多。

人口素质是一个国家或地区人口群体的身体素质、科技文化素质和思想道德素质的综合表现,它的提高要依靠人力资本的投入。因为人力资本的投入能提高自然资源、物质资本、一般劳动等生产要素的使用效率,具有收益递增的效应;还能积累推动技术进步和创新。人力资本的投入积累越多,对新技术的发明和应用就越多;最后,人力资本具有自我适应和配置能力,能根据经济社会发展条件的变化,及时地重新配置资源,以获取更多的经济效益,其实现途径之一便是人口的流动或迁移。

对人力资本的投资主要是通过教育培训来实现的。人口投资包括优生优育投资、文化教育投资、健康卫生投资和环境(生态环境、劳动环境和生活环境)优化投资。这种投资策略是人类不同于其他物种的最根本的区别,正是这种投资使得人类在适应环境的同时,还不断改变环境来适应人口的增长。

4.4.4　人口问题的实质

人口问题中数量的多与少、增长速度的快与慢,以及由此导致的资源环境、生态环境退化都可能影响人类的生存繁衍。结构问题与数量问题有所区别,结构问题侧重强调人口结构失衡引起的社会经济发展中行为主体的行为,以及可能由此导致的社会行为规范的失序和冲突。如性别失衡引起婚姻家庭问题;老龄化导致劳动力人口负担系数提高而削弱了对人力资本的投入,人力资本的投入关系到新增人口的素质提高,它无疑会影响当下和未来某个群体的生活水平与竞争力。人口问题的各个方面在不同时期和不同地区也曾出现过,只是在时间的流逝中,这些问题慢慢以不同方式得以化解,如人口迁移和教育。但今天人口迁移所面临的约束越来越多,已经不能简单地用人口分布策略来缓解人口增长过程中产生的各种人口问题,这也是世界各国纷纷尝试以人口政策来缓解其人口问题的原因之一。

从人类历史人口的变迁知道,人类社会经历了渔猎、农业、工业社会(从火的时代进入电的时代)以及进入了信息社会,世界人口在19世纪特别是20世纪经历了前所未有的快速增长。在马尔萨斯出版《人口论》的18世纪末,世界人口还不足10亿,19世纪末世界人口增加为16亿左右,到20世纪末世界人口已经超过了60亿。自然资源、物理化学环境是人类经济活动的基础,不同的时期由于人类认识自然、利用自然的方式不同,所以不同时期地球人口承载力也有很大的不同。如渔猎时期土地承载能力是 0.02~0.03 人/km^2,畜牧业时期是 0.5~217 人/km^2,农业时期是 40 人/km^2,工业时期则为 160 人/km^2。据此估算,世界人口最大容量可扩充到 220 亿,中国人口最大容量约可达 16 亿。虽然世界人口不会无止境地增长,但从历史的角度看,上述以工业时代确定的无论是世界人口最大容量还是中国人口最大容量都只能是相对的。

在人口与环境的关系中,人口是主动的,既能保护和改善环境,也可以对环境造成破坏。今天,一个地区环境质量的好坏,往往不是取决于人口的多少和人口增长的快慢,而更多地取决于人口素质的高低,特别是人口的科学文化素质的高低。而人口素质的发展取决于人口素质的存量水平和潜能开发水平的高低或转化程度。在人口素质质量水平一定的情况下,只有建立正确评价人才和合理开发人力资源的机制,才能让人口素质潜能不断激发出来。

可见,人口问题的实质不是数量问题,也不是素质问题,而是资源、环境的利用效率和分配问题。因为人口增长和自然资源缺乏一直是人类发展中面临的普遍性矛盾,解决这一矛盾的关键在于如何合理分配资源,使得在人口增长的同时,还能提高人口素质。能够想象,这种过去若干世代都经历过的分配实践还将进行下去。

无论是人口规模、增长速度、人口结构,还是人口素质问题,都会传导给社会经济活动,并作用于资源与环境。对这些直接或间接的人口压力,环境又是如何响应的呢?这将在下一章展开讨论。

第 5 章　环境变迁

　　近年来,对环境变化及其变化原因的关注越来越多,如气候变化。从观测的数据出发,有人提出 20 世纪是有史以来最热的一个世纪,而且这种现象与人类活动有关。事实上,这个判断是有疑点的,从中国历史上的气候变化的积累来看,曾经出现过比今天更冷或更热的极端气温,当时人口比今天少得多,商代(公元前 1600 年左右)最多一两千万人,南宋(公元 1200 年左右)大约 1 亿人,现在的人口将近 13 亿,而且人均资源消耗量在逐渐增加,按理说出现极端气温的可能性要比过去大,但事实并不是这样。从气候变化来看,环境的变迁虽然不全面,但却能清楚地表明环境变化的复杂性,它至少还在一定程度上说明了气候变化并不全是人类活动导致的,还有自然本身的原因。

　　关于人类活动对环境变化的影响有着不同的观点,其中一个最容易被接受的观点是:人口越多,对环境的影响越大。虽然现在对人类活动的关注在逐渐增加,但对环境变化的规律研究并没有实质性进展,很多变化原因还不清楚。到底该如何看待这种影响,还需要在更多的深入思考和研究之后,才能做出较为准确的判断。因为对人口与环境关系的看法,不同时空背景下的人有着不同的感受,而且从不同的角度和尺度看问题,也可能得出不同的判断。

5.1　环境与环境变迁

　　环境是人类繁衍生存的客观条件,对人类的产生和发展起着决定性的作用。人类诞生在地球上的某些特定区域的事实,以及人类演化过程中的人口增长和分布变化的路径选择,分别从不同的角度对这种决定作用给出了阐释。随着人口增长和社会发展,人类活动对环境影响的广度和深度都不断扩展,以至在地球表层已经很难找到一个纯粹的自然环境,到处都是自然环境和人工环境的综合体。所以,讨论环境变迁不能仅仅局限于自然环境的变迁,还需要考虑人工环境的变迁。

5.1.1 自然环境及其变迁

5.1.1.1 自然环境

自然环境是指人类生存和发展所依赖的各种自然条件的总和,是以人为主体的空间中可以直接、间接地影响到人类生活、生产的一切自然形成的物质、能量的总体。构成自然环境的物质种类很多,主要有空气、水、植物、动物、土壤、岩石矿物、太阳辐射等,这些是人类赖以生存的物质基础。自然环境不等于自然界,只是自然界的一个特殊部分,是指那些直接和间接地影响人类社会的自然条件的总和。随着生产力的发展和科学技术的进步,将有更多的自然条件对人类社会起作用,因此自然环境的范围还会扩大。

在地球表层,某些区域的自然环境要素及其结构是不同的,因此各区域的自然环境也不相同。低纬度地区每年接受的太阳能比高纬度地区多,形成热带环境,高纬度地区形成寒带环境。雨量丰沛的地区形成湿润的森林环境,雨量稀少的地区形成干旱的草原或荒漠环境。高温多雨地区,土壤终年在淋溶作用下呈酸性;半干旱草原地带,土壤常呈中性或碱性。不同的土壤特征又会影响植被和作物。在广阔的大平原上,表现出明显的纬度地带性;在起伏较大的山地,则形成垂直的景观带。在自然环境中各个环境要素是相互影响和相互制约的。

5.1.1.2 自然环境分类

在自然环境中,按生态系统可分为水生环境和陆生环境。水生环境包括海洋、湖泊、河流等水域。水体中的营养物质可以直接溶于水,便于生物吸收;水温变化幅度小于气温变化幅度,生物容易适应;水中的氧和氮的比值大于大气中二者的比值。因此,水生环境的变化比陆生环境缓和而简单,水中生物进化也缓慢。水生环境按化学性质分为淡水环境和咸水环境。淡水环境主要是陆地上的河流和湖泊,是目前受人类影响最大的区域,环境质量的改变也相当复杂。咸水环境主要指海洋和咸水湖。海洋中又可分为浅海环境和深海环境。浅海环境水中营养较丰富,光线较充足,是海洋中生物最多的部分。深海环境范围广大,生物资源不如浅海丰富。

陆生环境范围小于水生环境,但其内部的差异和变化却比水生环境大得多。这种多样性和多变性的特点,加快了环境对陆生生物的自然选择,单位面积的生物种属多于水生生物,并且空间差异很大。如按热量带来分,有热带生物群系、温带生物群系、寒带生物群系;按水分条件来分,有湿润区的生态类型、干燥区的生态类型;按地势来分,有低地区生态类型、高山区生态类型。陆生环境是人类居住地,生活资料和生产资料大多直接取自陆生环境,因此人类对陆生环境的依赖和影响亦大于对水生环境的依赖和影响,如农业的发展,就大面积地改变了地球上绿色植物的组成。

自然环境按人类对它们的影响程度以及它们目前所保持的结构形态、能量平衡可分为原生环境和次生环境。前者受人类影响较少,那里的物质的交换、迁移和转化,能量、信息的传递和物种的演化,基本上仍按自然界的规律进行,如某些原始森林地区、荒漠、冻原地区、大洋中心区等都是原生环境。随着人类活动范围的不断扩大,原生环境日趋缩小。次生环境是指人类活动影响下,其中的物质的交换、迁移和转化,能量、信息的传递等都发生了重大变化的环境,如耕地、种植园、城市、工业区等。虽然在结构和功能上发生了改变,但是它们的发展和演变的规律在受自然规律的制约的同时,还会受到人类活动的作用。人类改造原生环境,使之满足于人类的需要,促进了人类的经济文化的发展。次生环境有可能优于原始状况,也存在环境中能量流动和物质循环失衡,出现环境退化的可能。

在关于自然环境的分类中,存在把生态环境与自然环境混用的情况,但生态环境并不等同于自然环境。自然环境的外延比较广,各种天然因素的总体都可以说是自然环境,但只有具有一定生态关系构成的系统整体才能称为生态环境。仅由非生物因素组成的整体,虽然可以称为自然环境,但并不能叫做生态环境。从这个意义上说,自然环境包括人类生活的一定的生态环境、生物环境和地下资源环境,生态环境仅是自然环境的一种。

5.1.2　自然环境变迁

地球形成至今已有数十亿年。全球变化按照其自然发展变化规律,从低级到高级,从简单到复杂,从无生物的太古代到有原始生物的元古代,再到古生代、中生代、新生代,由量变的积累达到质变,也即沿着渐变与突变相互交替变化发展着。例如,地球曾经历了三次气候变冷的大冰期,即震旦纪大冰期、晚古生代大冰期和第四纪大冰期。人类是在第四纪大冰期中由类人猿在与恶劣的自然条件斗争中,逐步学会制造工具与使用工具而转变为古人的。

关于自然环境的变迁,人类在很早就有认识,世界各国的文献典籍中都有关于环境变迁的论述和记载。其中大多数都是与灾害性环境变化有关的,例如关于远古时代的环境变化,西方《圣经》上有 40 天大雨洪水彻底改变世界面貌的记载;印度古代传说中连续 12 年大洪水导致的环境恶化—毁灭—复原循环;中国古代女娲炼石补天和大禹治水的故事,这些可能都与远古时期的暴雨、洪水有关,而后羿射日的神话则可能与长期的干旱有关。

从 19 世纪开始,各种探险和科学考察活动扩展了人们对自然环境及其变化的认识。如 1820~1930 年 Venetz、Louis Agssiz 等在对阿尔卑斯山、格陵兰岛、斯堪的纳维亚半岛进行了大量的考察研究后,提出西北欧的漂砾层是过去冰川扩张后退缩形成的。同样的道理,北半球中纬度地带干旱半干旱地区的湖泊经历的多次扩张和萎缩,则记录了过去气候的干湿变化。人们关于海陆变化也有相关记录,如中国晋代就有的沧海桑田的说法;北宋时代的沈括根据在太行山山麓的卵石和螺、蚌化石分布情况,推断当地曾经是海滨。到 19 世纪后期,有学者在研究了欧洲、中亚和中国西北的黄土后,提出黄土层是冰期时期风力将荒漠和冰川外围松散沉积物中的粉沙长距离搬运堆积而成的。

20 世纪 50 年代,深海钻探技术、氧同位素研究、古地磁研究和 ^{14}C 测年等技术逐渐被应用,通过对深海沉积物、冰岩芯和黄土层的研究证明,在过去 250 万年里,曾发生过 20 多次冰期和间冰期气候变化回旋,每一次的回旋尺度大约为 10 万年。

就大尺度的环境变迁而言,到目前为止,一般认为气候是最为活跃的因素。在寒冷的冰期,冰流扩张影响地球的大气环流和海洋洋流,使北半球的气候带向南移动,寒潮增强,热带季风萎缩,冰缘和冻土界线向南移动,冻土苔原植被扩展。由于降水减少,气候干旱寒冷,沙漠扩张,内陆冷高压气候系统活跃,地表的松散沉积物被风力搬运至远方沉降堆积形成黄土。中低纬度地带的干旱半干旱地区,降水减少,湖水得不到有效补充,湖面萎缩甚至咸化形成化学沉积。冰期海平面的降低,导致大部分浅海大陆架转变为陆地,大陆性气候增强,森林面积缩小,草原植被扩张,由此还引起一系列的动植物类型和分布变化。

早期农业受气候变化影响明显,因此农业收成和农业生产的变化可以视为反映小尺度范围内气候变迁的理想载体。如中国的

12 相数纪年法,从某种意义上是对以 11 ~ 12 年为周期的气候变化规律的总结;二十四节气则是根据气候四季变化安排农业生产的又一个证据。可见,地球表层的环境变化多数与气候变化有关,而且气候变化具有一定的周期性规律。

随着人口增长,人类活动对自然环境的压力越来越大,以及由此导致的土地覆盖变化、物种灭绝、水土流失、沙化问题、农田开发和城市化等,这些现象不但会引起局部、区域和全球的变化,还会增加环境变化的不确定性。因此,未来的自然环境会变成什么样,已经成为环境变迁领域的重要课题。

5.1.3　人工环境

5.1.3.1　人工环境的类型与特点

人工环境的含义有广义与狭义之分。广义的人工环境,是指在自然物质的基础上,由于人类活动而形成的环境要素,它包括由人工形成的物质能量和精神产品,以及人类活动过程中所形成的人与人的关系(称为社会环境)。狭义的人工环境,则是指由人为设置边界面围合成的空间环境,它包括房屋围护结构围合成的民用建筑环境、生产环境和交通运输外壳围合成的交通运输环境(车厢环境、船舱环境、飞行器环境)等。为了探索人口与环境的关系,以及人类活动引起的有关环境问题,本书将采用广义的人工环境。

从宏观角度看,人工环境分为城市、农村;从微观的角度看,人工环境则包括农田、工厂、住宅的设计和配套公共服务设施如交通、通信、供水、供气、绿化面积等。

人工环境按性质可分为物质环境和社会文化环境。物质环境多数是对自然环境加以改造的结果,包括建筑物、道路、工厂、驯化驯养的植物和动物等。社会文化环境则是人类在创造物质财富过程中所积累的精神财富的总和,它体现着一个国家或地区的社会文明程度,规定了行为主体的行为规范,并决定人类行为对环境作用的广度和深度。

人工环境按空间特征可分为:点状环境、面状环境、线状环境;根据人类控制的程度高低,人工环境又分为:完全人工环境(如空中飞行器等)和不完全人工环境(如种养殖基地、自然风景区等)。

人工环境的类型很多,都具有一些共同的特点:

(1)人类是人工环境及其变化的主导因子。

(2)人工化程度越高,自然环境在系统中所占比例越小。整个人工环境中的生态系统比较脆弱。

(3)人工环境在与外部系统进行物质和能量交换时,由于自然环境比重小,自然净化能力较弱,当人类排放的污染物没有进行有效的人工处理时,环境污染问题比较突出。

(4)由于工农业生产中排放物容易造成食品和环境污染,人工环境中影响人口健康的不确定性因素也较多。

5.1.3.2 社会环境和文化环境

广义的社会环境是指人类生存及活动范围内的社会物质、精神条件的总和,它包括整个生产力、生产关系、社会制度、社会意识和社会文化。狭义的社会环境仅指人类生活的直接环境,如家庭、劳动组织、学习条件和其他集体性社团等。社会环境对人类的形成和发展进化起着重要作用,同时人类活动给予社会环境以深刻的影响,而人类本身在适应改造社会环境的过程中也在不断变化。

社会环境是一个开放的系统,它的存在和发展有赖于和外界不断进行的物质、能量和信息的交换,需要不断吸收新的因素。社会环境还是一个复杂的系统,各个组成要素都具有自我组织和不断完善的特性,有可能出现各要素发展的不平衡。社会环境为了适应新的需要和新的不平衡,就要不断调整原有的结构关系。这种适应和调整先是局部的、缓慢的,积累到一定程度就有可能导致原有结构体系的整体改组,直至采取社会革命的形式。在影响社会环境变迁的诸因素中,社会的物质需要和经济的发展变化是最根本的原因。社会的物质生产力是生产方式内部最活跃、最革命的因素。物质生产力的变化造成生产方式的不断更新,社会生活、政治生活和精神生活也随之发生变化,从而整个社会结构也发生变化。社会环境变迁除最终取决于社会生产力的发展外,还取决于自然环境、人口、社会制度、观念、社会心理、文化传播等多方面因素的影响,它是多种因素相互作用的结果。

作为影响行为主体行为的文化环境,通常是指在一定社会形态下的教育水平和道德规范、价值观念、宗教信仰以及世代相传的风俗习惯等被社会所公认的各种行为规范。教育是遵照一定目的要求,对受教育者施以影响的一种有计划的活动,是传授生产经验和生活经验的必要手段与途径,反映并影响着一定的社会生产力和生产关系。价值观念是指人们对社会生活中各种事物的态度和看法。生活在不同社会文化环境下,人们的价值观念会相差很大。价值观念的差异最终以行为主体的行为方式表现出来,并对环境产生影响。消费习俗是人类各种习俗中的重要习俗之一,是人们历代传递下来的一种消费方式,可以说是人们在长期经济与社会活动中所形成的一种消费习惯。它在饮食、服饰、居住、婚丧、信仰、节日、人际关系等方面,都表现出独特的心理特征、伦理道德、行为方式和生活习惯。不同的消费习俗具有不同的消费需求。从历史来看,世界各民族消费习俗的产生和发展变化,与宗教信仰是息息相关的。宗教信仰是影响人类行为的重要因素,有时甚至有巨大的影响力。亚文化群是指在共同的文化传统大集团中存在的具有相对特色的较小团体。每一种社会文化的内部都包含若干亚文化群。亚文化群不仅可以划分为种族的、民族的、宗教的和伦理的团体,而且可以由年龄(如老年人、中年人、青年人)、活动爱好(如足球迷、篮球迷、桥牌迷、围棋迷、拳击迷等)或者其他特殊的团体来组成。亚文化群实质上是一种非正式组织,但它对行为主体的影响往往更直接和有效。

可见，人工环境系统的运动和自然环境一样需要物质和能量支持，人工环境的物质和能源供应都直接或间接地来自自然环境，这些来自自然环境中的物质和能源一般称为资源。自从人类诞生以来，不断产生着新的人工环境，而且人工环境在不断发生变化，其所利用的物质和能量的形式也在不断改变。这种改变意味着不断有新的资源出现，提供资源的资源环境也在改变。如从过去的生物燃料、矿物燃料一直到今天的核能、风能等新能源的应用，这种能源利用的变迁也在不断改变着人口的活动形式和空间。

从上面的分析可以看出，人工环境的基础是自然环境，二者之间是相互作用的。人工环境的形成离不开自然环境提供的各种资源，人工环境形成后又反作用于自然环境，并从环境中发现新的资源支撑人工环境的运动。资源是人类与环境发展作用的媒介，而且新资源的发现或发明的同时，提供资源的环境也得到了扩展。

5.1.4 资源与资源环境

对自然资源的看法，一直都是以对自然界的认识为基础的。从技术进步和生产力发展的角度看，当科学技术不发达，人类开发自然资源的能力很低时，多数资源并没有出现短缺的问题，而且生产的分配主要是按劳动力资源的占有来进行的，劳动生产率主要取决于劳动者的体力。随着科学技术的发展，人类开发自然资源的能力增强，大多数可认识资源逐渐成为了短缺资源。19世纪以来，工业革命的完成使生产效率极大地提高，铁矿石和煤、石油等机器生产所需的主要资源成为短缺资源，并开始制约经济发展，此时经济发展主要取决于自然资源的占有，生产分配主要按自然资源的占有来进行。进入20世纪下半叶，科学技术高速发展，知识形态生产力的物化不断加快，人类认识资源的能力、开发富有资源替代短缺资源的能力大大增强。此时，自然资源虽然仍是重要基础,但科学技术已经逐渐成为经济发展的决定因素。

马克思在《资本论》中说:劳动和土地,是财富两个原始的形成要素。恩格斯的定义是:其实,劳动和自然界在一起它才是一切财富的源泉,自然界为劳动提供材料,劳动把材料转变为财富(《马克思恩格斯选集》第四卷)。他们都指出了自然资源的客观存在属性,又把人(包括劳动力和技术)的因素视为财富的另一不可或缺的来源。可见,资源的来源及组成,不仅是自然资源,而且包括人类劳动的社会、经济、技术等因素,还包括人力、人才、智力(信息、知识)等资源。因此,资源指的是一切可被人类开发和利用的物质、能量和信息的总称,它广泛地存在于自然界和人类社会中,是一种自然存在物或能够给人类带来财富的财富。或者说,资源就是指自然界和人类社会中一种可以用以创造物质财富和精神财富的具有一定量的积累的客观存在形态,如土地资源、矿产资源、森林资源、海洋资源、石油资源、人力资源、信息资源等。简单地说,资源是一切可以被人类开发和利用的客观存在。

从对资源的认知来看,资源是指在一定生产力水平下所能利用的一切物质和非物质形式,是一国或一定地区内拥有的物力、财力、人力等各种要素的总称,可分为自然资源和社会经济资源两大类。在资源的开发(或区域开发)中,自然资源只提供基础与可能,社会经济资源则把这种可能变为现实,并通过对自然资源的开发时序、开发程度和规模、开发效益等体现出来。一个国家和地区社会经济资源的丰富程度和开发利用水平,对其社会经济的发展有着重要作用。由于资源的范围和多少与生产力水平密切相关,因此它是动态变化的,它在一定生产力水平下是有限的,但随着生产力的进步,其范围会得到相应的扩展。这种扩展主要取决于人类认识、利用资源的潜在能力。

从上面的分析知道,资源是相对于人类认识和利用的水平而言的。人类最先学会了利用材料来加工制作简单的生产工具,提高了劳动生产力,但仅用材料来制作的简单工具,要靠人力来驱动和操作;随着文化的积累和技术的进步,新工具不断发明,并学会用非人力资源来驱动工具,尽管这些工具还是要靠人来驾驭和操纵,生产力的提高仍受到人的身体因素的限制;当人类逐渐学会开发和利用信息资源,创造了不仅具有动力驱动而且具有智能控制的先进工具时,社会生产力得到空前的发展。

在地球表层,人的生存繁衍还需要依靠开发利用各种资源,而各种资源之间相互联系、相互制约,又形成一个复杂的资源系统,该系统所依存的背景便是资源环境。资源在自然因素和人类活动的共同作用下不断改变,资源环境也会发生相应的改变,它们变化的规律取决于各种驱动因素和空间尺度。

5.2 环境变迁的原因

无论是自然环境,还是人工环境,一直都在以不同尺度的形式发生变化,研究环境变迁的原因和尺度是发现环境变迁规律的必要条件,而环境变迁的规律则是探索人口与环境关系的理论基础之一。

地球既不是一个开放系统,也不是一个封闭系统,因为它只与外界进行能量交换,物质交换几乎可以忽略,这样的系统一般称为半开放系统或孤立系统。地球表层的多种要素构成的环境则是一个开放的系统,因为它不断地与其周围空间进行能量和物质交换。这种交换不可避免地会导致环境中物质和能量的时空分布发生变化,这种变化最终表现为环境的变迁。从已有的认知水平来看,环境,特别是自然环境,其构成物质及运动都遵循物质和能量守恒等经典的物理理论。因此,环境变迁的根本原因是受到了来自系统内外的作用力。作用力的大小、形式、周期则影响环境变迁的尺度和形式。

地球表层环境要素演变的动力,主要依靠来自地球内部放射性元素衰变所产生的内生能,以及以太阳辐射能为主的外来能量。尽管随着人类社会发展和人口增长,人类对地球表层的物质和能量再分配的影响也越来越大,并且日益显现出来,但人类活动对环境的影响与它们是存在差别的。如果仅仅只是地球内部元素放射性衰变,其释放的能量与时间之间一直是简单的线性关系,环境变化也将很简单。但地球表层的环境还要受到太阳辐射、大气成分与过程、海陆分布、洋流、地表物质组成、土地覆被和人类活动的相互作用,在某个时间序列内会有多次驱动、响应、反馈和放大等过程。如气候变化及受其影响的其他环境要素的变迁,在表现出某种周期性变化的同时,往往还伴随着一些速变和突变。对于周期性的变化,其原因相对而言,容易发现和认识,而那些偶然变化的原因往往更加复杂。

5.2.1 太阳辐射的影响

太阳辐射是地球热能的主要来源之一,也是风、雨、霜、雪等气象变化的动力因子。由于太阳辐射变化的幅度很小,太阳辐射包括电磁辐射和微粒辐射,电磁辐射的不同波段和微粒辐射带电粒子的能量强弱不同对地球会有不同的影响,这种影响还受地球磁场、地理位置、地形等因素的制约,因而太阳辐射的变化影响有不同,而且出现的滞后时间也不尽相同。

到达地球的太阳辐射取决于两个方面:一是太阳辐射的输出量,二是到达地球的辐射量。而太阳活动、地球运动轨道参数变化和天文地质事件则会从不同角度对它们产生影响。

5.2.1.1 太阳活动

认识到太阳活动会引起太阳辐射波动是近代的事情。近一百多年来,大量研究表明,太阳辐射变化与太阳活动有关;气象变化与太阳活动也存在相关性。在此之前人们认为太阳辐射是个常量,所以有"太阳常数"这一称谓。随着观测技术的进步,发现太阳常数并不是真正的常量,而是经常波动变化的。理论上,当太阳常数增加时,地球表面平均气温会上升,相反气温则会降低。当太阳活动达到峰值时,辐射输出会减少,幅度为 0.2% ~ 0.5%。太阳黑子、耀斑和太阳风都是太阳的活动形式,这些活动具有一定的周期性,而且它们的活动周期是不一样的。

太阳黑子是太阳活动变化的主要表现,从它的活动观测资料推测出太阳活动的平均周期约为 11 年,后来还发现了周期为 22 年的海尔周期,有人甚至推测太阳活动有 80 ~ 90 年、180 年、400 年、1 700 ~ 2 000年的周期。不论哪种周期的太阳活动,都会影响太阳辐射的输出,如果其他条件不变,则到达地表的太阳辐射也会发生改变。这种改变的结果便是到达地球表面的能量发生了变化,能量的变化则会影响到环境要素的运动,比较典型的如大气运动。大气运动变化又表现为气候变化。别林斯基(1957)已经证明了气候的周期性变化与太阳活动周期的一致性。另外,中国古代指导农业生产的 12 相数纪年法则是太阳活动具有周期性的又一例证。至于是否存在其他的活动周期,在这里并不重要,重要的是,太阳活动会导致太阳辐射输出的波动,而且这种波动对环境的影响是不可忽略的。

5.2.1.2 地球运动轨道参数变化

除太阳自身辐射量的变化外,地球相对于太阳位置的变化,也能影响太阳向地表输送的辐射能量。由于受月亮和其他行星的影响,地球绕太阳的运行轨道不是圆形而是椭圆形的,并且地球的运行是周期性变化的。在太阳辐射量不变的情况下,影响地表太阳辐照量的地球运动轨道参数主要有三个:地球轨道偏心率、地轴倾斜度和地轴的进动。这些参数的改变,引起地表接收的太阳辐照量的变化,地球接收到的太阳辐射量发生变化之后,会导致气候的波动,形成了地球上的不同地区、不同季节的气候,甚至出现冰期、间冰期的交替发生。地球轨道参数的变化,不仅对大气圈有影响,而且对全球各圈层即水圈、生物圈和岩石圈都会有直接或间接的影响。在冰河期气温下降,全球冰川和极地冰层增加,以及海水冷却收缩作用下,全球海平面下降。海平面随全球温度的增暖而升高,随全球温度变冷而下降。生态系统又容易受气候变化的影响。第四纪冰期和间冰期,动植物的兴衰和迁移发生了明显变动,如冰期的植物群分布比间冰期向南移动。森林的衰退时期一般是在地球轨道偏心率比较小和夏季高纬度地区日照年较弱的时期。

5.2.1.3 天文地质事件

大规模的陨击作用,首先在撞击处形成一个陨击坑,某些地面物质被粉碎成尘埃并被抛向空中,可高达平流层而散布于全球。在相当长的时间内,尘云会减少到达地球的太阳辐射量。太阳辐射量的减少会对地表环境产生不同程度的影响,并进一步影响表层地质作用以及生物的生存与演化;这种撞击还可以导致局部的岩石熔融,诱发地壳深部的岩浆活动,引起构造运动,冲击变质、岩浆活动、地震、海啸和地磁倒转等,甚至可能导致地球板块构造格局的变化。

在地球演化的早期阶段,由于大气圈尚很稀薄,陨击作用是十分普遍和强烈的。随着后来大气圈的厚度与密度逐渐增大,使得一般小规模的陨石降落在达到地表之前便在大气层中烧毁或裂解,而且较大规模的陨石降落在经过了大气层的缓冲、燃烧和裂解后,到达地面时其陨击作用也大为减弱。陨击导致的冲击变质作用由于具有极高的冲击压力,可以使地壳表层岩石中普通压力条件下的矿物转变成为极高压力条件下形成的矿物,如石墨能转变成为金刚石。陨击作用形成的角砾岩广泛分布于陨击坑内、坑底部与四周坑壁地区;该作用还常在陨击坑周围形成放射状或环带状分布的断裂与褶皱构造,这种构造分布局限,在远离陨击坑处会迅速消失。可见,天文地质事件不仅影响到达地表的太阳辐射,还会直接塑造地球表层的环境系统。

5.2.2　地球内部的影响

影响环境变迁的另一个重要方面是来自地球内部的作用力,包括地球构造运动和地球表层物质构成及其运动。

5.2.2.1　新构造运动

构造运动是由地球内力引起地壳乃至岩石圈的变位、变形以及洋底的增生、消亡的机械作用和相伴随的地震活动、岩浆活动和变质作用。由地球内部原因引起地壳结构改变的运动与作用,也称为地壳运动。构造运动产生褶皱、断裂等各种地质构造,引起海、陆轮廓的变化,地壳的隆起和拗陷以及山脉、海沟的形成等。构造运动是造成构造变动的原因。按构造运动方向分,构造运动的类型有垂直运动和水平运动。垂直构造运动也称升降运动,是一种波及面广、相对比较缓慢的地壳运动,其运动方向是垂直地球表面方向。它涉及的范围大小、位置、幅度和速度随时间有较大的变化,具有波状运动的特点,常表现为大规模的构造隆起和拗陷。水平构造运动是使组成地壳的物质沿着地球切线方向的运动,能使地壳受到挤压、拉伸、平移甚至旋转,是使岩石产生大规模变形和形成断裂的主要原因,它是造成板块削减、碰撞,形成海洋中海岭和陆地山脉的主要动力。按地质时期分,构造运动的类型有古构造运动和新构造运动。

新构造运动也称近代构造运动或挽近构造运动,它起始于新第三纪中新世末期及晚新世,并贯穿整个第四纪,这正是人类出现与发展的时期。新构造运动研究的内容广泛,除水平运动、垂直运动及保存在第四纪里的构造变动外,还涉及火山、地震,以及被构造作用控制的(或与构造作用关联的)外力地质作用,如地表侵蚀、河流袭夺、温泉和地下水活动等。新构造运动是导致地形变化的主导因素,它对今天的环境影响最为明显和直接。地形及其变化则影响区域气候状况、水文网的形成和变迁。在此基础上,进而影响动植物的种类和分布、土壤的类型和分布,以及人类活动和人口增长。

日本是世界上新构造活动较强的国家之一,意大利的西海岸也是著名的新构造活动区,美国西海岸是西半球最强烈的新构造活动区,除地震外还有活火山,像圣海伦斯火山等。除海岸带外,在亚欧大陆内部也有许多新构造活动区,中国黑龙江的五大连池、吉林长白山和云南腾冲等是第四纪火山活动区,京津唐、川西、云南等也是地震多发区。青藏高原的隆起也是新构造运动造成的,青藏高原大面积隆起成为地球中低纬度的一个"冷极",它对大气圈环流、印度洋暖湿气流的北行都产生了重要影响,使得中国西北内陆成为封闭的具有大陆性气候的内流区域,形成沙漠戈壁和盐湖。有研究表明,东亚季风的形成也与青藏高原的隆起有密切的关系。

当然,新构造运动对环境的影响,除导致环境变迁和引起各种环境灾害外,也有有利的一面。如在大陆内部,新构造活动中蕴藏了地热、温泉或矿泉、旅游等资源。在沿海地区,强烈的沉积可造成数千米厚的第四纪沉积,在高地热的背景下,这些沉积中的有机质也会转变成烃类而形成具有经济价值的油气资源。

5.2.2.2 大气成分

地球上的大气,有氮、氧、二氧化碳、一氧化二氮等含量大体上比较固定的气体成分,有水汽、一氧化碳、二氧化硫和臭氧等含量变化很大的气体成分,还有尘埃、烟粒、盐粒、水滴、冰晶、花粉、孢子、细菌等固体和液体的气溶胶粒子。大气物质成分的变化,主要来自自然界里火山爆发、森林大火、地面扬尘、海啸、海水蒸发等自然过程。

在自然状态下,大气中的二氧化碳、水汽和臭氧浓度的变化,会影响到大气的热辐射的收支状况,改变气温的平衡状态,导致气候变暖。大气的物质成分变化对气候影响的主要方式是温室效应。

大气气溶胶的形状、密度、粒径大小,光、电、磁学等物理性质和化学组成,随其形成和来源的不同而有很大的差异。大气中气溶胶的粒径谱的范围很宽,大气颗粒物只是指大气(连续相)中的分散物质的粒子,而气溶胶则是指分散相的物质粒子和连续相的物质组成的物质体系。大气颗粒物与气溶胶的概念显然不同。为了尊重习惯,一直使用气溶胶的概念。气溶胶粒子对气候的影响问题比较复杂,意见也不一致。有人认为气溶胶粒子的散射作用使地球增温;有人认为使地球降温。但是现在比较一致的看法是:由于人类活动和自然因素引起的大气烟尘粒子增加,使地球的反射率增大,地面接收的热辐射量减少,因此导致地面气温降低。目前观测和模拟结果表明,火山爆发产生的烟尘粒子导致的气温变化不超过 $0.5\ ℃$,而且这种影响持续时间很短,升温过程会很快停止。

在大气层里,云的存在增加了大气对太阳辐射的反射率,减少了地面接收的太阳辐射,同时又能吸收地表发出的红外辐射。云在大气里出现,会改变大气的热辐射平衡,因此会影响到气候的变化。云团的分布、特征、厚度、大小都在不断地改变,因此云对气候的影响也会不断地变化。陆地–大气系统和海洋–大气系统的热量和水分分布,是影响气候的最复杂的因子。在地球系统中,包括大气,云的反射贡献率约占地球系统总反射率的 2/3。高云的反射作用小于温室效应的作用,因此两者的总效果是使地面温度升高。低云的反射作用大于温室效应的作用,两者的总效果是使地面温度降低。全球云的作用的最终效果是使地面降温。

5.3　人类活动与环境变迁

人类为了生存和发展,不但通过适应和改造外部环境去取得必需的各种资源,还通过个人或集体的劳动为自己或他人提供需要的产品和劳务。人从来就不是孤立的个体,从远古开始,人类在与自然的相互作用中形成了部落。后来逐渐发展为许多集团、民族和国家,以及各种各样的社会经济组织。随着社会生产力的发展,人们之间进行着愈来愈细的社会分工,同时人们之间的相互依存关系也越来越紧密。尽管在人类发展的历史中,各个集团、阶级、民族、国家之间经常产生矛盾和冲突,但始终没有改变人类必须相互依存的特点,并且使经济、政治、军事、宗教等各种社会组织日益严密和完善。因此,人类活动不仅通过生产和消费影响自然环境,还在生产和消费过程中不断塑造社会、文化环境。

人类活动对环境的影响与来自地球作用和外部的太阳辐射作用是有差别的。从本质上看,人类和大气一样是环境要素,但他对环境的影响却与其他的环境要素不同,在人类活动影响环境的过程中,不但改变到达地球表层的能量分布,还能改变到达地球表层的能量,而其他的环境要素则主要是通过物理化学作用对环境中的已有能量进行再分配。这也是把人类活动对环境的影响与其他作用力分开论述的一个重要原因。

人类活动形式多种多样,不同的活动对环境的影响也不相同。为方便讨论,可对人类活动进行分类后,根据不同类型的人类活动展开论述,这也是符合科学认识论的。根据不同的分类依据可以得到不同的分类,这里采用最常用的分类,即按活动的性质把人类活动分为生产和消费。

5.3.1 生产活动

物质和能量是一切生物生存与繁衍的基础,为了获得这些物质和能量,生产活动就成了人类的最基本活动方式。为突出人口与环境的关系,结合人类活动对环境的影响,准备按时间序列从生产对象的差异入手,对农业与工业生产中的物质和能量转换形式及效率进行讨论。

5.3.1.1　农业生产

农业是人们利用动植物体的生理机能,把自然界的物质和能量转化为人类需要的产品的生产部门,是人类社会赖以生存的基本生活资料的来源,是社会分工和国民经济其他部门成为独立的生产部门的前提和发展的基础,也是一切非生产部门存在和发展的基础,其他部门发展的规模和速度,都要受到农业生产力发展水平和农业劳动生产率高低的制约。

农业包括的范围不同,一般分为植物栽培和动物饲养两大类。广义的农业包括种植业、林业、畜牧业、副业和渔业,有的经济发达国家,还包括为农业提供产前、产中、产后服务的部门;狭义的农业仅指种植业或农作物栽培业。农业的根本特点是经济再生产与自然再生产交织在一起,受生物的生长繁育规律和自然条件的制约,具有强烈的季节性和地域性。

根据生产力的性质和状况,农业还可分为原始农业、古代农业、近代农业和现代农业。近代农业以前,农业生产基本属于自给自足型,即通过生产活动从环境中获取的物质和能量转移到其他区域的比例很小,农业生产对当地物质和能量的改变取决于农业生产所能固定的太阳辐射量,虽然通过轮作、套种等耕作方式的改进、作物品种改良和播种面积的扩大能够增加农业的产出,这些增加的能量虽然对环境会产生影响,但影响并不明显,这从传统农业社会时期的人口缓慢增长和相对稳定的耕作制度可以看出,资源、环境也必然是相对稳定的。

近代农业指由手工工具和畜力农具向机械化农具转变、由劳动者直接经验向近代科学技术转变、由自给自足的生产向商品化生产转变的农业。不但农业生产力水平提高了,而且农产品被转移到生产地之外,这相当于把 A 地固定的物质和能量转移到 B地,这种物质和能量的异地转移,本身就是对区域环境要素和结构的改变。另外,现代农业的生产投入也发生了明显变化,如化肥、农药的大量施用,使得农业产出水平大幅度提高,即固定的物质和能量也在大幅度提高。最后需要强调的是,转基因作物从实验室到生产实践的转变对环境的影响还存在着很多不确定性。

综上所述,农业生产对环境的影响取决于它所固定的物质和能量的多少,以及这些物质和能量的转移。生物技术对环境产生的影响虽然存在一定的不确定性,但其影响的广度和深度也许是更值得关注的问题。

5.3.1.2 工业生产

工业是社会分工发展的产物,经过了手工业、机器大工业、现代工业几个发展阶段。在古代社会,手工业只是农业的副业。直到 18 世纪英国出现工业革命,使原来以手工技术为基础的工场手工业逐步转变为机器大工业,工业才最终从农业中分离出来成为一个独立的物质生产部门。随着科学技术的进步,从 19 世纪末到 20 世纪初,进入了现代工业的发展阶段。从 20 世纪 40 年代后期开始,以生产过程自动化为主要特征,采用电子控制的自动化机器和生产线进行生产,改变了机器体系。与农业生产相比,工业生产受自然条件的影响要小得多,这表现在地域上的灵活性和季节上的连续生产两方面,这种对自然条件依赖的降低与科技投入有关。从世界各国工业化历史来看,在推进工业化的过程中,工业生产总值在国民生产总值中所占的比例一般呈现出不断上升的趋势。

工业常被分为重工业和轻工业。重工业是指为国民经济各部门提供物质技术基础的主要生产资料的工业。按其生产性质和产品用途,可以分为下列三类:采掘(伐)工业,是指对自然资源的开采,包括石油开采、煤炭开采、金属矿开采、非金属矿开采和木材采伐等工业;原材料工业,是指向国民经济各部门提供基本材料、动力和燃料的工业,包括金属冶炼及加工、炼焦及焦炭、化学、化工原料、水泥、人造板以及电力、石油和煤炭加工等工业;加工工业,是指对工业原材料进行再加工制造的工业,包括装备国民经济各部门的机械设备制造、金属结构、水泥制品等工业,以及为农业提供的生产资料如化肥、农药等工业。轻工业主要是指提供生活消费品和制作手工工具的工业。按其所使用的原料不同,可分为两大类:以农产品为原料的轻工业,主要包括食品制造、饮料制造、烟草加工、纺织、缝纫、皮革和毛皮制作、造纸以及印刷等工业;以非农产品为原料的轻工业,主要包括文教体育用品、化学药品制造、合成纤维制造、日用化学制品、日用玻璃制品、日用金属制品、手工工具制造、医疗器械制造、文化和办公用机械制造等工业。

以上所有部门也可以分为采掘业和加工制造业。采掘业受矿产分布及其地质条件的制约,对自然条件依赖较强。加工制造业对自然资源的依赖性在不断减弱,而对于劳动力,尤其是劳动力的知识和技术的依赖性逐渐增强。随着可进行工业生产的选择越来越多,工业产品也越来越丰富,产品的丰富必然需要有更多的原料和能源投入生产,相应地,对自然环境的影响范围不断扩大,影响程度不断加深。

从历史发展的角度看,世界工业分布一直存在着从少数地区扩散到多数地区、从少数国家扩散到多数国家直至全球的发展趋势。从现状分布看,世界工业仍然集中分布在少数国家的少数地区。新技术革命以来,世界工业分散的趋势越来越明显,分散的速度也越来越快,但目前世界工业分布的突出特点仍然是集中。影响工业分布的主要因素之一是交通运输,如果一个地区交通不便,但可以从互联网上得到信息,获得生产定单,找到产品销售市场时,仍可以促进工业的发展。除此之外,劳动力的素质对工业生产的影响力也在逐渐增强,这从世界各国注重对劳动者的文化教育和业务培训方面可以得到印证。

从20世纪70年代后期开始,以微电子技术为中心,包括生物工程、光导纤维、新能源、新材料和机器人等的新兴技术与新兴工业蓬勃兴起。这些新技术革命,正在改变着工业生产的基本面貌。

工业是生产生产资料的现代化劳动部门,它决定着国民经济现代化的速度、规模和水平,在当代世界各国国民经济中起着主导作用。工业为自身和国民经济其他部门提供原材料、燃料和动力,还为人民物质文化生活提供工业消费品。

所有的工业生产都需要能源,包括产品的运输,除采掘业外,几乎所有的工业部门都需要原材料,而且可以离开原料地和消费地进行生产。可见,生产和消费能够分离的基础必须是能量的便捷输送。正是能量的这种便捷的输送,导致工业对自然条件的依赖不像农业那么大,也使得工业生产对环境中物质和能量的再分配能力大于农业。环境变迁的一个重要方面便是物质和能量在环境中的再分配,工业生产一直都处在这种再分配过程的各个环境中。因此,工业生产对环境的影响是显而易见的,而且伴随工业生产的扩张,对环境的影响也日益扩大。

5.3.2 消费活动

没有消费,就没有人类的生存,也就不需要人类进行生产。从这一意义上说,消费是生产的动力。人类的消费水平受生产力的限制,有什么样的生产力水平,也就有什么样的消费水平。当人类的生产力有限时,生产的目的只是满足人们的自然需要。对商品的消费是一种物质性的消费,消费的是商品的物质使用价值,满足的是人们的物质生活需要。

随着科技的进步和市场化的推进,首先在美国,然后在其他国家,人们对食品、衣物、住房等的自然需求得到了满足,出现了商品过剩以及经济危机。生产过剩和消费不足成为许多国家和地区的一个大问题。为缓解这种问题,纷纷进行了鼓励消费的宣传,为充分调动消费者关注产品的文化意义、目标、价值、观念、理想等文化资源,使商品成为能够吸引消费者注意的带有文化意义的象征符号,让人们在消费它所代表的意义中来消费产品,并不断刺激、引导并培育着人们新的消费观念和消费需求。一旦控制了市场行为,就使人们的心理服从于各种调节和控制,并激发人们对现状的不满以及对那些新产品的向往。这种以消费引导生产的观念,也导致了消费理论从生产决定消费到消费决定生产的转变。

这种消费观念的盛行带来了经济的繁荣和社会的进步,也带来了资源的大量消耗和废弃物的大量排放,甚至引发了全球的资源危机和环境危机。引发危机的直接原因主要来自两个方面:一是消费总量,二是消费的区域差异。

5.3.2.1 消费总量

消费的多少取决于两个方面:一是人口的多少,二是人均消费量。在人类诞生以来,人口基本上是处于不断增长状态的,这样即使人均消费不增加,消费总量也是不断增长的。如果此时人均资源和资源消耗量的不断增加是确定的,那么,消费总量是增加的推论是可信的。

关于人均消费的数据并不全面,但从世界上主要的生产国和消费国的数据看,20世纪80年代末的每个日本人,比1950年的每个日本人多消费4倍多的铝,几乎5倍的能源和25倍的钢材,人均拥有4倍的轿车。从世界范围看,自20世纪中叶至80年代末,铜、能源、肉制品、钢材和木材的人均消费量已增加了大约1倍,轿车和水泥的人均消耗量也已增加了3倍,人均使用的塑料量增加了4倍,人均铝消费量增加了6倍,人均飞机里程增加了33倍。人均资源消耗量的增加必然导致世界范围内资源消耗总量的增加。近现代科技革命和工业革命的发生,世界范围内的工业化使得在20世纪100年的时间里,世界人口增加了近4倍,达到60亿(1999年);工业生产增加了50倍以上,能源消耗增长了100多倍。在这些增长总量中,矿物燃料消耗增长的3/4,工业生产增长的4/5,都是在20世纪50年代以后实现的。

巨大的消费是靠透支地球自然资源的存量取得的。这不仅减少了人类赖以生存的资源数量,引发了资源危机,而且破坏了包括人类在内的各种生物赖以存在的生态环境基础。1998 年 10 月,世界自然基金会在《活的地球指数》的报告中,以地球的森林生态系统、淡水生态系统和海洋生态系统作为指标,比较它们 25 年前后的状况。1970 ~ 1995 年,地球损失了 1/3 以上的自然资源。森林覆盖面积 25 年下降了 10%,每年损失森林的面积相当于英国的国土面积。1996 年以来,海鱼的消费量扩大了 1 倍;木材和纸张的消耗量增加了 66%;二氧化碳的排放量增加了 1 倍多,已远远超出地球生物圈的再吸收能力。

所有这一切已经造成地球所储存能量和物质的巨大消耗,使得地球生态呈现为一种化学失调、简单、不稳定的状态,造成了自然地理环境的恶化,自然界的自净能力已不能净化人类所造成的环境污染,再生能力已不能补充人类对资源的大量消耗。人类赖以生存的基地遭到了毁坏。

5.3.2.2 消费的区域差异

消费总量大会导致环境压力加大,而消费的不均衡则还会导致环境的不稳定。一直以来,消费都没有均衡过,但这种不均衡是逐步增加的。20 世纪末,西方发达国家的人口大约占世界人口的 20%,消耗能源和物质材料却占全世界的 80%,人均消耗的能源和物质材料分别是发展中国家的 35 倍和 50 倍。美国人口不足世界人口的 5%,每年却消耗全世界开发资源的 34%,人均消耗能源及产生的废物分别相当于发展中国家的 500 倍和 1 500 倍。如果全世界都像美国那样消费,整个地球将不堪重负,所有的不可再生资源将在 40 年内被消耗殆尽。发达国家的这种资源消耗水平对外界的依赖程度非常高。他们所用的主要原料大部分来自发展中国家。对 13 种主要原料和石油资源,西方发达国家取自发展中国家的比例分别为:美国,60% 和 45%;欧盟,90% 和 96%;日本,92% 和 99%。以能源为例,工业发达国家储量少,产量少,而消耗量大,这就导致世界能源消费与生产的不平衡。这种不平衡突出表现在石油和天然气上,1994 年,世界经合组织成员国所消耗的石油占世界的 60.6%,然而他们所生产的石油却只占世界的30.2%。在日本、德国、法国、意大利等国生产的石油极少,但在1994 年消费的石油却分别占世界的 8.5%、4.3%、2.9%、2.9%。这一年里,美国的石油产量占世界的 12.0%,但石油的消费量占世界的 25.5%。

发达国家如此大量的资源消耗和进口,导致了世界范围内对资源的掠夺式开发,并导致全球性的生态破坏。以臭氧层的破坏为例,全球排放氟氯烃类化合物的国家,主要是美国、日本、欧盟成员国和俄罗斯。臭氧层的破坏主要是这些国家长期排放氟氯烃类化合物造成的。这些国家现在的排放量仍占全球总排放量的85%。美国的排放量最多,占全球总排放量的 28.6%。另外,工业化国家的燃料燃烧释放出了大约 3/4 的导致酸雨的硫化物和氮氧化物。

由此可见,目前人类面临的资源、环境危机,主要是发达国家200 多年来在工业化过程中过度消耗自然资源、大量排放污染物造成的。同时,发达国家与发展中国家之间占有资源和环境容量上的不平等,也使得环境、资源危机更加突出。

发达国家消耗了更多的自然资源,造成了更大的环境破坏,同时也对发展中国家的环境造成巨大影响。其具体表现是:转嫁污染产业、销售有毒产品和转移有害废弃物。近 20 年来,发达国家一方面通过提高国内环境标准、禁止销售使用有毒物质等一系列措施改善其国内环境,另一方面,又或者迫于高成本的处理费用,把能耗高、污染重的产业转移到发展中国家;或者向发展中国家出口本国法律禁止销售的农药杀虫剂等有毒产品;或者直接将有害废弃物倾销到发展中国家。这无疑使发展中国家的环境状况雪上加霜。由于发达国家环境立法的不断完善,严格的环境标准使得其国内某些企业产品的成本相应提高,使它们在竞争中处于不利的地位。为了逃避本国环保法的制裁和高昂的环境治理费用,便利用发展中国家环保意识淡薄、环境立法不完善、环境标准低,以各种方式把可能对生态环境造成严重破坏和威胁的工业项目,如石化、冶金、电子、化工等迁移到发展中国家,利用那里廉价的土地和劳动力、丰富的自然资源以及不完善的环境法规等转移环境压力。

可见,这种消费至上的观念导致了资源的大量消耗和废弃物的大量排放,给人类带来了严重的资源危机和环境危机。今天,这种观念在印度和中国等发展中国家得到迅速的传播与发扬,这必将影响全球可持续发展战略的实施以及发展中国家现代化的进程,如果不对这种观念进行革命性的变革,所谓的产业结构调整和环境保护都是治标不治本的短期行为。

5.3.3 人口再生产

5.3.3.1 人口再生产类型

人口再生产就是一个国家或地区的人口总体,是由不同年代出生的、不同性别的个体组成的。随着时间的推移,老一代陆续死亡,新一代不断出生,世代更替,使人口总体不断地延续下去。

从历史上看,世界各国的人口再生产有很多共同之处。按照人口出生率、死亡率和自然增长率,可以划分出以下四种人口再生产类型。

(1)原始型。在人类社会发展早期,生产力水平极为低下,人们主要依靠天然食物来维持生存,抵御疾病和自然灾害的能力很低,加上战乱频繁,人口死亡率高,而且变化较大。人口出生率稳定在高水平上,经常出现死亡率超过出生率的情况,人口增长速度极为缓慢。总体上表现为高出生率、高死亡率和很低的自然增长率。目前,这一类型仅见于一些发展中国家的个别地区。

（2）传统型。在以手工劳动为基础的农业经济条件下，生产力水平有了提高，促使粮食供应和人们的生存环境有了一定的改善，人口寿命延长。死亡率有所下降，但是仍然处于较高的水平。由于农业社会需要多生子女来帮助从事农业生产，出生率仍然很高，人口增长速度有所加快。总体上表现为高出生率、较高的死亡率和较低的自然增长率。目前，这一类型的人口也仅见于少数发展中国家的一些地区。

（3）过渡型。产业革命带来了人类历史上生产力的大发展。人们的生活质量不断改善，特别是医疗卫生事业不断进步，导致人口死亡率持续下降，而且降幅较大。随着工业化和城市化水平的提高，加上节育措施的出现，出生率也有所下降，但是下降速度较慢，使得同期的出生率大大高于死亡率，自然增长率保持在较高水平上，人口增长迅速。总体上表现为高出生率、低死亡率和高自然增长率。

（4）现代型。随着生产力不断提高，特别是现代科技飞速发展，推动了社会进步和生活观念的变革。人们越来越倾向于选择晚婚晚育和小家庭，甚至不愿生育，使得出生率不断下降，趋于低水平并且逐步稳定，死亡率稳定在低水平，人口有低增长或者零增长的趋势，甚至出现负增长的现象。总体上表现为低出生率、低死亡率和很低的自然增长率。目前，这一类型的代表性国家主要是一些发达国家，例如欧洲的德国。

从世界范围来看，目前发达国家或地区已经完成人口再生产类型的转变，即人口再生产类型已经处于低出生率、低死亡率和低自然增长率的现代型；大多数发展中国家或地区的人口死亡率虽然降至与发达国家持平，但是出生率仍然较高，人口再生产类型属于高出生率、低死亡率和高自然增长率的过渡型。因为发展中国家人口约占世界总人口的80%，因此总的来说，世界人口再生产类型属于过渡型。

5.3.3.2　人类活动与社会环境变迁

社会环境变迁的内容涉及社会生产、生活的所有领域,可分为自然环境变迁、人口变迁、经济变迁、社会制度和结构变迁、社会价值观的变迁、生活方式的变迁、文化变迁、科技变迁等。社会变迁的表现形式也是十分多样的,主要可分为:社会整体和局部的变迁、社会的渐变与突变、社会的进步与退步等。社会变迁的过程总是在一定的自然环境中进行的,自然环境为社会的生存和发展提供自然资源和物质条件。自然环境依其自身规律演变,影响社会的变迁,人类作用于自然环境引起自然环境的变化,也会影响社会的变迁。

经济变迁包括生产和消费的变化、生产力与消费水平的提高。社会经济的变化与发展是社会变迁的主要内容之一,给整个社会变迁以决定性的影响。社会结构变迁主要体现在两个方面:

(1)社会功能性结构的变化,表现为人们为了满足生存和发展的需要,各种经济、政治、组织、制度等结构要素的分化和组合;

(2)社会成员地位结构的变化,表现为社会成员由于其经济地位、职业、教育水平、权力、社会声望等的不同和变化,所造成的社会阶级和阶层关系的分化,而这种分化是在经济变迁过程中逐步实现的。

经济变迁过程中,往往伴随着科学技术的进步,科学技术作为社会结构体系中独立存在的知识系统,对于现代社会的变迁有着越来越大的影响。科学技术发明创造的变化和研究规模、组织形式的变化,一方面直接影响到社会经济、政治、观念和生活方式的变化,另一方面促使社会环境变迁的加速。人类活动都是在不同的价值观念指导下发生的,社会价值观念的变化往往成为整个社会变迁的先声。文化变迁,这是分析社会变迁内容的一种综合角度,主要是指文化内容或结构的变化,包括因文化的积累、传递、传播、融合与冲突而引起的新文化的增长和旧文化的改变。

人口是社会结构的基本构成成分,也是社会存在和发展的基本前提。人作为社会生活和社会活动的主体,其数量和结构的变动本身便是社会环境变迁的重要形式。而且,在生产和消费活动中,不同的人所拥有的资源和掌握的科学技术并不完全一样,必然导致不同的人所处的地位和作用是不同的。伴随着人口再生产的变化,人口数量和分布不断改变,那么,不同经济地位的人口比例关系也会发生改变,这种比例关系的分化还会引起人的社会价值观念和文化观念变迁。因此,在经济变迁导致的社会环境变化的同时,人口的再生产也会引起整体社会环境的重大变化,只是不同原因所引起的社会环境变化的时空尺度有所差异而已。

人类活动对环境的影响主要是通过对物质和能量的交换实现的。人类活动不但可以通过制造工具、改良作物品种、耕作制度等手段改变到达地球表层的物质和能量,而且能主动改变地球表层环境中的物质和能量分布。这些改变本身就是环境变化的一个方面,它们还可能引起各种环境因素间的刺激、反馈作用的变化,并导致局部环境甚至是全球环境的变化。从这个意义上看,人类不仅能改变环境中的物质和能量的总体规模,还能改变环境中物质和能量的分布状态,这种作用力对环境来说,一点也不比来自地壳内部和地球外部的作用力简单。

从上面的分析可以知道,环境变迁是一个具有多因素相互作用、规律性和偶发性变化共存的复杂过程。在一个时间序列中,各种环境要素并不是单独起作用的,它们相互关联。这种关联可以是刺激和响应关系,也可以是反馈和放大关系,可能是线性的,也可能是非线性的关系。所以,不能孤立地看待某种环境变化现象,也不能把环境变化看成是所有环境因素作用的简单叠加。

人类社会对环境变化的适应从本质上讲就是人类根据自然环境的天然特性来改造自己,以保持人类与自然环境相互作用系统的相对稳定。自然环境制约人类活动,人类活动又反过来影响或改变自然环境的面貌。在这种相互影响、相互制约的变化进程中，人类社会是如何调整自己的生产和生活方式，以适应自然环境的变化？人类活动的种种调整是否得当有效？不同地域类型的人群其适应模式又有何差异？譬如通过主动性的人口迁徙来缓解自然系统的承载压力，通过引进和推广新技术、新物种等来提高自然系统的承载能力，通过提高生产力水平以扩张人类的适应能力，等等。

寻找历史时期人类对重大历史环境变化事件响应的不同方式所能承受的环境阈值，包括农业生产系统中不同响应方式（如生产技术调整与改进、耕作制度调整、生产方式变革等）承受重大环境变化事件的阈值，社会经济系统中不同响应方式（如消费结构调整、食品市场波动、赈灾储备措施调整、政策响应等）承受重大环境变化事件的阈值；总结人类对重大环境变化事件的响应机理与适应模式，包括人类响应重大异常环境事件的决策过程、人类活动对不同时空尺度环境变化事件的响应时滞和人类对重大环境变化事件的适应模式等，可以为当今人类适应未来全球变化提供历史借鉴。

5.4　环境变迁的时空尺度

环境变迁，从来都不是整体的、同步的，而是具有时间和空间差异的。对这种时空尺度差异的认识，关系到对环境变迁规律的认识，也有利于人类和环境关系的调节。

人类赖以生存的地球环境是由大气圈、水圈、岩石圈和生物圈组成的一个相互作用的整体。这些圈层之间存在着极为密切的联系，其要素变化既存在一定程度的协同性和不同程度的差异性，又存在一定程度的稳定性和脆弱性；同时在不同的区域还会以不同的规律特征和不同的形式表现出来。因此，需要在深入总结环境各要素自身变化基本规律与特点的基础上,对各环境要素的共同特征进行揭示,以便寻找出自然环境演变过程中各主要要素的内在联系和驱动因子。气候要素是历史地理研究的各自然要素中研究得最为活跃和深入的,在国际上占有显著地位。这一领域经几代人的努力,已取得了长足的进展,积累了相当丰富的资料与研究成果,其他环境要素虽然也开展了不少研究工作,但与气候要素相比,无论是在深度、广度还是在精度上,都有较大的差距。因此,本节准备从气候变化的时空尺度入手,对环境变化的时空尺度问题展开讨论。

5.4.1 气候变化的时间尺度

气候是长期的大气状态和大气现象的综合。它是最活跃的自然地理要素之一,气候变化的复杂性表现在时空尺度的差异性方面。气候变化是指气候平均状态统计学意义上的巨大改变或者持续较长一段时间(典型的为 10 年或更长)的气候变动。气候变化不但包括平均值的变化,也包括变率的变化。气候变化的原因可能是自然的内部进程,或是外部强迫,或者是人为地持续对大气组成成分和土地利用的改变。

5.4.1.1 气候变化的周期性

气候变化有很大的不确定性,这是一个很复杂的问题。但它也并非没有一点规律可循。首先最重要的一点就是它的变化有周期性,而且在不同的时间尺度上都有周期性,这是气候变化的最基本特征,是人们在探讨气候变化的成因时所无法回避,也不应当回避的基本问题。

先看最短的周期尺度数量级为几十年的周期变化。从中国近百年来气温的变化看,它存在 50 年的冷暖周期变化(丁一汇等,2007);从近百年中国的降水变化看,它存在 30 ~ 40 年的周期(朱珍华,1957),或 20 年的周期(罗勇,2010),或 70 年的周期(钱维宏,2010);从中国近 320 年树木年轮的研究看,它存在 40 年的周期。

再看长一些的周期尺度数量级为几百年的变化。从中国两千年的文明史看,确实存在这种周期为几百年时间尺度的周期变化(李爱贞、李群,1998)。更长的时间尺度,诸如千年尺度的变化、万年尺度的变化,甚至地质时代的冰河期与间冰期的冷暖交替等。

太阳活动变化是解释所有这些不同时间尺度周期变化的成因的一个最自然、最合理的选择。虽然这一解释还缺乏观测数据的直接支持。但否定它却也不容易。有人认为太阳辐射变化很小,不足以解释气候变化的成因,但这种说法所依据的数据来自近 20 年来人造卫星对到达大气层顶的太阳辐射的直接观测。用这样短的直接观测到的数据,来否定太阳辐射可能会存在周期为几十年以及几百年的足以引起气候变动的变化,可信度并不高。退一步说,即使以后真的有有说服力的论据否定太阳辐射说,气候周期性变化的原因也还要继续从大自然的作用中探求,因为从人类活动的影响来解释这种周期性变化存在困难。

人类活动排放的 CO_2 无法解释气候的冷暖周期变化的现象,因为冷暖周期变化在人类出现以前已经出现,而且气候的冷暖周期变化在工业革命出现以前也已经出现了。甚至在工业化的今天,用人类排放 CO_2 理论框架下的气候模式计算出来的中国近百年来的气候变化进程,也只能得到一个线性变暖的趋势,而无法得到两个冷暖周期变化的实际进程(丁一汇等,2007)。即便 CO_2 有增温的作用,也不能用一个增温的理论来解释变冷的现象。

5.4.1.2　气候变化的不确定性

气候变化具有周期性,而且周期长短是变化的。根据已知的一些数据,依然很难判定气候变化曲线是继续在上升还是已经开始下降。另外,地球表面大部分是海洋,陆地上也还有很多地方没有人居住,这些地方的气候资料更加匮乏。但这些地区的气候变化对人类的影响却不能忽略。例如南极 1 400 多万 km^2 的面积上冰雪占了全球的 70%,淡水资源占全球的 90%。这里的气候稍有变化,就会对全球气候产生明显的作用。更为重要的是,人类对过去气候变化的了解很有限,而且没有十分准确的数据,多数只是依靠间接资料。

从气候变化的周期性特征来看,只是大致知道它变化周期的量级,而不知道它的具体数值。从降水要素看,这个周期长短的具体数值变化还很大,其相位是多少,振幅是多大,都还是未知数,因此气候变化的不确定性依然非常大。气候变化并非是个严格的确定类型的周期现象。实际上,它是个带有随机性的准周期现象,这也是一种不确定性的表现。

从冷到暖,再从暖到冷,地球气候的变化是不是一直在循序渐进地改变?最新研究表明,过去的二十多万年中,大自然中冷暖干湿的气候突变事件 1 000 年左右就会发生一次。汪永进教授研究发现,在过去的 22.4 万年中,东亚季风气候的干湿变化,以 2.3 万年为周期,随太阳辐射能量而同步变化。在此周期内,这个循环又被千年周期季风气候事件所打断,其频率与持续时间在冰期—间冰期旋回中极其相似,具可预测性。科学家发现,季风降雨的长期变化与太阳辐射变化周期同步进行,每隔 1 000 年左右,全球就会有一次气候突变,突然增温、降温,变得湿润,或是干旱。在高纬度地区,这种变化甚至可以在几十年中使一个地区的年平均气温起伏十几摄氏度。在季风区域主要表现为显著的干湿变化。4 000多年前的一次气候变干事件,使诸多古代文明消失或者迁徙。也许这个规律可能不完全适合推断 18 世纪以后的气候变化,因为工业革命后,人类活动对气候的影响大大增强。

从数十亿年的地球历史来看,地球上的气候变化是来回变化的,现在这里的自然因素和人文因素是交错在一起的,不仅仅是气候这些因素,也包括太阳辐射,还包括其他的行星运行都会造成气候的波动。近100年来的气候变化,可能与人类的活动有90%的关系,再往前追溯更长时间,可能是自然因素在起作用。所以,这种不确定性还是个需要大力探索的问题。

气候系统之外的参数或强迫力的突然变化,如由于某一冰川湖淡水突然涌入海洋,就可能改变北大西洋的表面环流,从而改变其邻近区域的气候。火山喷发或大规模核战争也会有类似的作用。另外,外力的缓慢变化使气候系统越过突变的界限,如由于地球轨道周期性变化所引起的冰川及温暖条件的振荡范围较大,影响季节性太阳辐射分布,使厄尔尼诺、季风及全球大气环流突然改变等。还有一种可能是气候系统本身内部混沌过程产生的突然变化,如热带海洋大气动力改变所造成的区域性或全球性后果。

总的说来,气候突变带有非线性和多重均势的特点。现在的温室气体排放是否会引发气候突变?尽管IPCC(政府间气候变化小组)的模型显示由于温室气体增多,可能在21世纪引起温盐环流的减慢,但是海洋环流在很大程度上由风力驱动,在任何气候情景中,风总是要吹动的,洋流不可能停止,仍然会将亚热带的暖流带到北方。所以,可以得到如下结论:全球变暖是事实,它也许会对人类造成严重的威胁和灾害性的影响,但这种可以预测的变化,人类在一定变化区间内是可以通过不同的手段来适应的;相对于全球变暖而言,气候突变的危害同样不能忽视,因为面对这种突然的改变时,人类甚至没有适应的机会。

5.4.2 气候变化的区域尺度

环境变迁除具有时间尺度的差异之外,还有区域差异,而且区域尺度也不一致。因为局部环境和区域环境的变迁机制并不完全相同。人们对时间尺度的持续关注,更多的是因为通过对环境在时间上变化的认识,可以用来预测未来不同时间尺度的环境变化,并以此规划未来的活动。而对环境变迁的区域尺度的关注不够，也许是因为人的迁移并不是一种经常发生的事情,至少对多数人而言是这样的。

实际上,环境变化的任何过程都不可能脱离某个区域而抽象地存在。环境变迁的区域差异除因为机制存在差异外,环境变迁过程及引起这种变化的主导因素也随着区域尺度的变化而变化,因此不同尺度的区域往往会表现出不同的变化规律。如果从全球来看,影响植被带分布格局及其演变的主导因素是气候和气候变化,如果在一个小流域,影响植被分布及变化的主要因素则是地形、土壤和人类活动。在今天人类活动遍布全球的背景下,对小尺度的区域环境变化的特殊性规律认识,有利于人口与环境关系的探索。

5.4.2.1 小尺度区域的环境变迁

从理论上讲,在自然环境区域分异系统中,较大尺度的区域环境变化规律,往往简化掉了大部分局地因素的影响,抽象出的是某种共同性的特征;较小尺度的区域环境变化,局地因素的影响明显,表现出来的更多是差异性。这种特征在环境变迁的时间尺度方面同样适用,即大尺度的变化对应于大区域内具有共性的过程,小尺度的变化规律更多是对应于小区域的某些特殊过程。

目前,中国东部处在东亚季风区,该区内基本上雨热同季。在第四纪以约十万年为周期的气候变化旋回中,冰期时中国东部寒冷干旱,间冰期时气候温暖湿润。但在更小尺度的区域中,东部季风区内的气候变化过程和冷暖干湿表现并不完全相同。例如,北半球在 1920~1950 年时是该世纪内的一个温暖期,关中盆地的西安也是一个相对温暖期,气温比多年平均气温高出 0.5~1 ℃,但它却是一个干旱区,1928 年和 1932 年的降水量为 240~280 mm,不到多年平均降水量的一半。1950~1975 年北半球为一个寒冷期,西安也是如此,气温低于多年平均气温 0.3~0.5 ℃,但在多数年份中,降水量却比多年平均值高出 100～120 mm,表现为一个相对湿润的寒冷期,其中 1952 年与 1958 年的降水量竟多达 800～840 mm。同样是东亚季风区内的陕西榆林,1920～1950 年的温暖期内,年平均气温比多年平均值高出 1.0～1.5 ℃,降水量却远低于多年平均值的 438 mm,许多年份不到 350 mm,成为一个明显的干旱期。在 1950～1975 年的低温期,榆林的气温普遍低于多年平均值,其中 1955～1958 年年平均气温为历史最低的 7.5 ℃,但这段时期降水量却增加了,成为一个多雨期。事实表明,西安和榆林虽然都处于东亚季风区,但是较小时间尺度的气候变化与大区域气候变化的基本特点并不一致,有其自身的规律。

在进入仪器记录数据时期以前,以数十年为尺度的气候变化的这种规律性,用树木年轮分析法也同样能够得到证明。根据太白山(海拔 2 750 m)冷湿区的太白落叶松年轮曲线反映的当地气温变化情况,以及黄陵(海拔 930 m)干暖区的侧柏年轮曲线反映的湿度或降水情况,比较两条曲线得到的结果是,1850～1900 年在太白山是一个寒冷期,黄陵却是一个明显的湿润期,相反,1900～1950 年,太白山是一个温暖期,黄陵却表现为干旱期。

5.4.2.2　同一环境过程的区域表现

所谓同一环境过程的区域表现,指的是环境变化在区域上的时间延迟现象。这是地球上普遍存在的。因为任何环境变化,都有一个发生发展的时间过程,由于人为划定的时限具有区域局限性,往往并不能准确界定一个跨区域的大规模环境变化的完整过程。

在全新世时期,随着气候变暖,北半球的植被带向北方推移调整。一个区域植被群落演进更替到形成比较稳定的植被,往往需要上千年甚至更长时间。加拿大西部落基山脉与海岸山脉之间,南北伸展 1 800 km 的地带,在 12 200a B.P. 时,松树开始在其南端 50°N 的地段生长,慢慢形成森林。随着大冰盖向北退缩,松树逐渐向北推进扩展(MacDonald,et al.1985)直到520～430 a B.P.时,才在63°N的地区形成松林。可见,同一个环境过程导致的松树分布,在同一个区域内,呈现出了从南到北各段松林出现时间依次延迟滞后现象。

同一环境过程的区域表现不同,部分是由于上述对区域尺度的认识导致的,还有部分原因在于对环境过程时间尺度的划分。如国际地学界将全新世亦即冰后期的起点划分在10 000±300 a B.P.。实际上,它并没有准确反映整个北半球高纬度、高山地区末次冰期冰川退缩、气候变暖的时间界限。从西北欧洲和北美大陆上两大冰盖发育地来看,因为冰川的消融需要时间,冰后期开始的时间从南向北逐渐延迟,时间相差可以达到上千年,不可能具有同时性。在斯堪的纳维亚冰盖的最前沿地带,即爱尔兰南部到波兰华沙一线(大约52°N),15 000 a B.P.时冰川就开始撤退,该过程形成的湖泊底部堆积的纹泥,表明气候的季节性开始显现,已经进入冰后期的环境演化阶段。和10 000 a B.P.起始年代相吻合的地区是60°N左右的挪威的奥斯陆到芬兰的赫尔辛基一线,该线以南地区在10 000 a B.P.时冰川已完全消融。北美大陆的劳伦泰冰盖占据的地区也与欧洲西北类似,环境过程的起始时限也不一致。

不仅自然界存在环境变迁时差,不同区域的人类文化演进同样具有时差现象。如200年前,有些地区完成了工业革命,有些地区仍处在石器时代(澳洲和巴西的某些土著地区)。

第6章 环境问题

人类的环境就是以人类社会为主体的外部世界的总体。它是人类进行生产和生活的场所,是人类生存与发展的物质基础。人类的生存环境包括生物环境和非生物环境,生物的发生、发展使地表环境发展到一个新阶段,出现了物质和能量转化的生物过程,产生了一个生物圈,形成了若干不同的生态系统。人类的产生使地表环境变得更加复杂,人类以自己的文化来改造环境,把各种生态环境改造成为自然–经济–社会复合系统。

人类通过改变自然来支配自然界,其前提在于能够认识和正确地运用自然规律。人类社会、经济发展要与自然生态系统的能量流动和物质循环相一致,保证生态系统结构的稳定和功能平衡,这样自然生态系统才能给人类提供可供开发利用的巨大资源环境空间,也为人类改善系统结构、增强系统稳定性和功能平衡提供最大可能。因此,人类应一方面将自身活动控制在环境承载能力以内,并且积极与生态系统的结构和功能相结合;另一方面按照生态学的规律改造与重建符合生态系统结构和功能,并与之协调的社会经济系统,逐步建立自适应、自调节反馈机制,实现发展中的动态稳定和平衡。

迄今为止,人类所面临的全部环境问题都与复合生态系统的基本性质有关,这些基本性质也决定了随着人类社会的发展,有些环境问题的产生是不可避免的。

6.1 地表环境系统

自然环境中的生物和非生物长期以来形成了相互依存、相互制约的关系。一个生物物种在一定的范围内所有个体的总和称为生物种群。在自然界很难见到一个生物种群单独占据着一定空间或地段,而是若干个生物种群有规律地结合在一起,形成一个多生物种的、完整而有序的生物体系。在一定自然区域的环境条件下,许多不同种的生物相互依存,构成了有着密切关系的生物群落。由于环境条件的多样性,地球上也出现了各种各样的生物群落,而特定的生物群落又维持了相应的环境条件。一旦生物群落发生变化,也会影响到环境条件的变化。生物群落与其周围非生物环境的综合体称为生态系统,也即生命系统和环境系统在特定空间的组合。在生态系统中,各种生物彼此间以及生物与非生物的环境因素之间互相作用,不断进行着物质的交换、能量的传递和信息的交流。人类所生活的生物圈内其实也是由无数大小不等的生态系统构成的。从人类的角度来理解,生态系统包括人类本身和人类的生命支持系统——大气、水、生物、土壤和岩石,也就是自然环境。除自然生态系统外,还有许多人工生态系统,例如城市、农田、果园等。

6.1.1　生态系统

生态系统指由生物群落与无机环境构成的统一整体,许多基础物质在生态系统中不断循环,生态系统是开放系统,为了维系自身的稳定,生态系统需要不断输入能量。它的范围可大可小,相互交错,最大的生态系统是生物圈;最复杂的生态系统是热带雨林生态系统,人类主要生活在以城市和农田为主的人工生态系统中。

6.1.1.1　物质循环

自然界存在的100多种化学元素中,有近40种元素是生物所需要的,这些元素构成物质,既储存化学能,又是维系生命的基础。它们来自环境,构成生态系统中的生物个体和生物群落,并经由生产者(主要是植物)、消费者(动物)、分解者(微生物)所组成的营养级依次转化,从无机物→有机物→无机物,最后归还给环境,在生态系统中或生物圈中,物质总是按一定路线循环,即从环境到生物,然后又回到环境,这就是所谓的生物地球化学循环。在有机体中,几乎可以找到地壳中存在的全部 90 多种天然元素,其中碳、氧、氮、氢占生物有机体组成的 99% 以上。在生命中起关键作用,称为关键元素或能量元素,其他元素分为两类:常量元素和微量元素。生物圈中的碳、氧、硫、磷的循环在生命活动中起重要作用。以碳循环为例,碳循环有三种形式:第一种形式——大气中 CO_2 通过生产者的光合作用生成碳水化合物,通过呼吸作用和发酵产生 CO_2,通过叶面和根部释放回到大气层;第二种形式——碳水化合物、食物经动物消耗食物氧化产生 CO_2 回到大气层;动物死亡经微生物分解产生 CO_2 也回到大气层;第三种形式——化石燃料燃烧和火山活动放出大量 CO_2 进入大气层。

生态系统中包括六种组分:无机物(N_2、O_2、CO_2 和各种无机盐)、有机物(蛋白质、糖类、脂肪类和土壤腐殖质)、气候因素(温度、湿度、风和降水、太阳辐射)、生产者(能进行光合作用制造各种有机物的各种绿色植物、蓝藻类和某些细菌,又称自养生物)、消费者(不能制造有机物,只能吃现成的,以其他生物为食的各种动物:草食、肉食动物、杂食动物和寄生动物)、分解者(分解动植物残体、粪便和各种有机物,将其转化成无机物的细菌、原生动物、蚯蚓和秃鹫等一些食腐动物,分解者和消费者都是异养生物)。前三种是非生物成分,或者称为无机环境;后三种是生态系统中的生物成分。生态系统中的物质和能量在无机环境、生产者、消费者、分解者之间进行循环和流动。

6.1.1.2 能量流动和信息传递

地球表层环境是一个开放的系统,存在着能量的输入与输出。地表环境中能量输入的主要来源是太阳能。光合作用是植物固定太阳能的唯一有效途径。进入地球表面的太阳能只有 46% ,由于地球表面大部分地区没有植物,到达绿色植物的太阳能只有10%,能被植物利用的太阳能只有1%。绿色植物就是利用这微小部分的太阳能,每年制造出提供给全球消费者的有机物总量。绿色植物实现了从辐射能向化学能的转化,然后以有机质的形式通过食物链把能量传递给草食动物,再传递给肉食动物。动植物死亡后,其躯体被微生物分解,把复杂的有机物转化为简单的无机物,同时把有机物中贮存的能量释放到环境中去。生产者、消费者、分解者的呼吸作用也要消耗部分能量,被消耗的能量也以热量的形式释放到环境中。这就是生态系统中的能量流动。被生态系统转换的太阳能在系统内的流动符合热力学定律:能量既不能创造也不会消失,但可以从一种形式(如光能)转变成另一种形式(如热能),而总量保持不变。任何过程的能量利用效率都达不到100%,总有一些能量转变成热能而散失。生态系统中能量流动是单向的,要保持系统的运转,就必须由太阳不停地补充能量。

在物质和能量流动的过程中,都伴随着信息传递,它的主要形式有:物理信息——声、光、颜色。化学信息——生物代谢作用的产物组成的化学物质。营养信息——食物链和食物网就是营养信息系统。行为信息——动物的飞行姿势和舞蹈动作等。信息传递在沟通生物群落与其生活环境之间、生物群落内各种群生物之间广泛存在,而且对生态系统的调节具有重要作用。

在生态系统中,一种生物以另一种生物为食,彼此形成一个以食物供给连接起来的链条关系,由于一种消费者往往是以多种生物为食,而同一种食物也可以被不同的消费者所吃,因此各食物链之间又相互交错构成一个复杂的食物网。食物链上每一个环节代表一个营养级,位于同一营养级上的生物是通过相同的步骤,从前一营养级的生物获得食物和能量的。但每一营养级生物只能利用前一营养级能量的10%左右,所以最短的营养级包括两级,最长的通常也不超过5~6级。食物链越短,距食物链的起点愈近,生物可利用的能量就愈多。处于食物链起点（第一营养级）的生物群落的生物个体数量比高一营养级的生物数量多，最高营养级的生物,其个体数量最少,即基数（第一营养级）最大。由于生态系统中各生物种群之间存在着这种食物链的关系,有效地控制生态系统中各生物种群的数量,即控制自然界的生态平衡。如果某个环节的生物减少或消失,势必会导致以它为食的生物种群数量锐减,而为它所食的生物种群数量肯定会大增,生态系统原有的平衡就会被破坏。

6.1.1.3 生态系统的运动机制

生态系统持续运动的基础是其生物生产力,生物生产力是指生态系统中生产和储存有机物质的速率,生产过程可分为初级生产过程与次级生产过程,用初级生产量和次级生产量衡量。初级生产量是指单位时间和空间内生产者通过光合作用生产的有机物质的数量。初级生产是生态系统的能源基础,也是系统内能量流动和物质循环的基础。在初级生产过程中,太阳能不断地被转化为化学能,成为食物潜能。生产者的初级生产速率,影响整个生态系统的活力。但生产速率又受系统的温度、光线等物理、化学因素以及可利用的营养物质的种类和浓度的影响。次级生产过程是指消费者和分解者同化初级生产物的过程。它表现为动物和微生物的生长、繁殖和营养物质的储存。在单位时间内由于动物和微生物的生长和繁殖而增加的生物量或所储存的能量即为次级生产量。

正常生态系统的结构与功能,包括其物种组成、各种群的数量和比例,以及物质与能量的输出等方面基本都处于平衡状态。即:在一定时期内,系统内的生产者、消费者和分解者之间保持着一种动态平衡,系统内的能量流动和物质循环在较长时期内保持稳定,这种状态就是生态平衡。生态系统之所以能保持生态的平衡,主要是由于内部具有自动调节的能力。如对污染物质来说,自动调节能力就是环境的自净能力。当系统的某一部分出现机能异常时,就可能被其他部分的调节所抵消。生态系统的组成成分越多样,能量流动和物质循环的途径就越复杂,其调节能力也越强。相反,成分越单纯,结构越简单,其调节能力也越小。因为在任何生态系统中,作为生物生存的各种资源,在数量、质量、空间和时间上都是有限的,所以一个生态系统的调节能力再强,也是有一定限度的,超出了这个限度,调节就不再起作用,生态平衡就会遭到破坏。如果现代人类的活动使自然环境剧烈变化,或进入自然生态系统中的有害物质数量过多,超过自然系统的调节功能或生物与人类可以承受的程度,那就会破坏生态平衡,造成系统的恶性循环。生态平衡的破坏有自然原因,也有人为因素。自然原因主要指自然界发生的异常变化或自然界本来就存在的有害因素,如火山爆发、山崩海啸、水旱灾害、地震、流行病等自然灾害。人为因素主要指人类对自然资源的不合理利用,以及工农业生产发展带来的环境问题等。

　　生态系统维持动态平衡有其自身的机制,目前人们已经认识到主要有:自然界中各种事物之间存在着相互联系、相互制约、相互依存的关系。改变其中的某一组分,必然会对系统内部的其他组分产生影响,以致影响系统整体;在生态系统环境中,每一生物都占据一定的位置,具有特定的作用,各生物之间相互依赖、彼此制约、协同进化;在能量流动和物质循环过程中,如果加入某些有害物质,它就会在系统中反复地进行循环,其中有些还会通过食物链在生物体内积蓄;任何系统的生物生产力通常都有一个大致的上限,它是由自身的特定和限制因素所决定的,每个系统对外来干扰也都有一定的忍耐极限,当超过其极限时,系统就会损伤,生态平衡就遭到破坏;每一个区域都有特定的自然、经济社会条件,构成独特的区域生态环境系统,同时,它又随时间发生变化;在生态环境系统中,子系统之间、子系统内部各元素之间、共同栖息的生物之间是相互作用、相互制约的关系。

6.1.2 复合生态系统

社会－经济－自然复合系统是在地球表层一定地域范围内的经济系统、社会系统和自然生态系统相互结合而成的具有一定结构和功能的有机整体。如农村、城市及区域，实质上是一个由人的活动的社会属性以及自然过程的相互关系构成的复合生态系统，以下简称复合生态系统。

在人类没有出现以前，整个地球上的生态系统都是自然生态系统。人类出现以后，人类劳动与动物沿食物链猎食的本能活动的差别越来越大，并逐步成为了自然生态系统的改造者和社会－经济生态复合系统的主导者。几百万年来，通过劳动的长期作用，逐渐改变了地球表层原来的自然生态系统的面貌。除少数边远地区还保留原始的自然生态系统的面貌外，多数人口稠密的陆地和近海地区的自然生态系统都改造成了复合生态系统。

6.1.2.1 系统结构

复合生态系统是在人类为了满足自身不断增长的物质和文化生活需要，用文化改造自然生态环境的过程中形成的。由于地球上不同地区原来的自然生态系统及其自然资源的构成很不相同，人类将其自然生态系统改造成复合生态系统的目的不同，人口的稠密度及其人力资源的分布不同等原因，形成了不同结构和类型的复合生态系统，因物质和时间尺度的差别，环境过程也多种多样，如在地域构成上有城市、乡村、陆地、滨海等不同的复合生态系统；在产业构成上有农业、畜牧业、林业、工矿等复合生态系统；此外，复合生态系统模式还会因民族文化、宗教信仰、行政区划的不同而表现出不同的样式。

系统结构是指系统内各组成要素之间的有机联系和相互作用的方式及诸要素在该系统内的秩序。它包括系统的组成要素、诸要素之间的相互联结方式,以及诸要素组合的时空结构。

系统内部各要素之间、各部分之间的相互作用是通过物流、能流和信息流的形式实现的。物流可分为三类:生态系统中的物质循环,它是通过生产者→消费者→分解者→环境→生产者的序列过程进行的;经济系统中的物质循环,它是通过生产→分配→交换→消费的过程在社会各部门之间循环流动的;自然物流与经济物流的相互转化是在社会、技术子系统的作用下,环境子系统与经济子系统之间相互作用的过程中实现的。

能流即能量流动有两个显著的特点:一是流动的单向性和非循环性,并且随着热量的释放而参与物质循环;二是能量的递减性,即随着能量的传递和转移,能量是逐渐消耗、逐级减少的,并且遵循热力学定律,能流分为自然能流和经济能流,经济能流是由自然能流转化而来的。人类通过有目的的劳动过程,把自然物(能)流变换为经济物(能)流,沿着生产链不断形成和转移,最后通过市场交换,实现物质和能量的消耗。

信息流是指在社会－生态－经济系统中,以物质和能量为载体,通过物流和能流而实现信息的获取、存储、加工、传递和转化的过程,信息传递不仅是复合系统的重要特征,而且是管理该系统的关键。从环境角度看,任何子系统或部分都是物质、能量、信息流的统一体,而从经济角度看,则是以物流、能流和信息流为基础的人类经济系统的价值实现过程。

复合生态系统各构成要素是通过一定的组合方式形成链状和网状结构,从而复合成为一个统一的系统。这个组合方式是通过生态系统的食物链、经济系统的投入产出和社会系统的需求链结合而成的。由于人类的文化改造,自然生态系统中的天然食物链变成了人为安排的食物链结构,自然系统同经济系统结合成一个整体。从此,"食物链—投入产出链—需求消费链"构成了复合生态系统的三个基本的子系统。系统中生态与环境的再生产、经济再生产和人口再生产的活动形式,也是物质、能量、信息流动和价值实现的方式。以土壤岩石圈的矿物能源为基础的复合生态系统为例,系统链条的资源起点是土壤岩石圈中的各种矿物能源,它们是亿万年间自然生态系统的食物链上的各级生物参与生物地球化学循环的产物,经过经济系统中的采掘和加工,生产出能源、工农业生产资料,这些生产资料又以需求消费链中的消费品的形式,进入人口再生产的环节中,这样就完成了整个复合系统中的物质循环、能量流动、信息传递和价值实现。

复合生态系统的功能表现为系统的生产加工、生活消费、资源供给、环境接纳、人工控制和自然缓冲功能。它们相互制约,构成了错综复杂的生态关系,包括人与自然之间的促进、抑制、适应、改造关系,以及人与人之间在资源的开发利用过程中的竞争、共生、隶属、互补关系等。

复合生态系统的生产功能不仅包括物质和精神产品的生产,还包括人的生产;不仅包括成品的生产,还包括废物的生产。消费功能不仅包括商品的消费、基础设施的占用,还包括资源与环境的消费、时间与空间的耗费、信息以及人的心灵和感情的耗费。人类活动背后还有生态服务功能,包括资源的供给能力、环境的容纳能力、自然的缓冲能力及人类的自组织能力。

6.1.2.2 复合系统的特征

人的活动会改变社会 – 经济 – 自然复合系统,同样,复合系统也在不断改变生活在其中的人。任何复合系统都是在某个地域上逐步建立和发展起来的,历史上每一代人的生态、经济和社会状况,都是一个承上启下的中间环节,这是复合系统的重要特征:循时持续发展。与自然生态系统相比,复合生态系统存在如下特点:

复合生态系统的发展方向与自然生态系统并不完全一致。具体表现为:自然生态系统的演进方向是系统的净产量趋近于零,生物能流趋于彻底耗散,物质循环趋近于完全,而复合生态系统的净产量趋于越来越高,生物能流在系统内的耗散不充分,物质循环不完全;自然生态系统的演进方向是多样化,成熟阶段也就是系统物种多样化程度最高的阶段,如此来确保系统能量流动和物质循环的完整性,而复合生态系统在人的计划和控制下不断向简单化方向发展,养殖种植单一且生物量庞大的动植物种群以保证更高的净产量,导致大量的物种绝灭,形成以极少数物种占优势的、环境单调的生态系统;自然生态系统的演进方向是稳定性不断增强,而复合生态系统的不稳定性却不断被强化。

复合生态系统自身消耗的能量往往大于自身转换的太阳辐射能,系统的维持需要不断的能量输入。因此,随着人口的增长,对岩石圈中贮存的太阳能及其他非初级生产的能量消耗在不断增加。由于大量能量和物质需要它系统提供,复合生态系统离不开自然生态系统而独立存在,并具有不断发展的开放性,随着人口增长和经济活动规模的扩大,系统的开放性程度越来越高。开放程度的提高,加剧了系统内和系统间物质和能量流动的不平衡性,这种不平衡性的波动便是出现各种环境问题的重要原因。

由于复合生态系统的重要组成部分是自然生态系统,所以自然法则对复合生态系统发展仍然会有制约作用。自然生态系统的结构与功能是经过长期自然演化形成的,其中的生命都是通过自然生境条件筛选和考验的,并形成了相互作用、相互依存的一个完整生态系统。它具有无法代替的特殊并极其复杂的结构和千变万化的物质代谢与转化机能,也有其特有的复杂的调节平衡机制。因此,人类主导的复合生态系统的建立和运行,需要遵守自然法则才能和谐地加入自然生态系统的能量流动和物质循环体系,保证生态系统结构的稳定和功能平衡,并促进复合生态系统的稳定发展。…

6.2 环境问题

在人类发展的初期,人类的祖先过着茹毛饮血、渔猎为生的生活。当时人类对环境的影响和动物区别不大,虽然人类的过度采伐和狩猎也曾对许多物种的数量与生存造成一定破坏,但此时的环境问题是局部的、暂时的,大多数破坏并没有影响自然生态系统的恢复能力和正常功能。随着人们学会了驯化动物和植物,开始出现了农业和畜牧业,人类改造自然环境的能力有所加强,这对人类的发展起到了重要作用,同时也产生了相应的环境问题,如砍伐森林、破坏草原,引起了水土流失、水旱灾害和沙漠化。从16、17世纪以来,尤其是18世纪后半叶开始,以蒸汽机广泛使用为标志的第一次工业革命,使人类的生产能力得到了巨大的发展,大大提高了人类利用和改造环境的能力,但同时也带来了新的环境问题。工业生产过程中排放的废水、废气和废渣,在环境中难以降解和净化,造成了严重的环境污染。与大工业相伴而来的都市化、交通运输以及农业的发展,引发了越来越多的环境问题。从20世纪30年代的比利时马斯河谷事件开始,震惊全世界的环境八大公害,以及发达国家大气、水体和土壤及农药、噪声和核辐射等环境污染问题的相继产生,促成了1972年斯德哥尔摩联合国第一次人类环境会议的召开,并通过了《人类环境宣言》。

可见,环境问题自古有之,它是随着社会生产力的发展而发展变化的,只是在人类社会不同历史时期,环境问题的表现不同而已。因此,如何识别不同时期的环境问题就成了研究环境问题的关键。

6.2.1 环境问题的识别

关于什么是环境问题,目前存在两种不同的观点,一种观点认为环境问题是指由于人类活动作用于周围环境所引起的环境质量变化,以及这种变化对人类的生产、生活和健康造成的影响;另一种观点认为环境问题是由于自然力或人类活动所导致的全球或区域环境中出现的不利于人类生存和社会发展的各种现象。二者的区别是,前者认为环境问题是人为原因引起的,后者则认为环境问题的产生,既有自然原因,也有人为的原因。

从理论上讲,无论是自然原因还是人为原因都会引起环境的改变,并可能对人类社会发展产生不利影响,这是确定的事实。如果以是否有利于人类社会的发展为标志,无疑后者对环境问题的描述更符合这个判断标志。如果从探索人口与环境关系的角度出发,则前者的针对性更强,也更符合本书的研究主题。现实的情况是,由于人口增加,地球上几乎所有的地方都有人类活动的足迹,人类活动对环境的影响是如此广泛而深刻。就算退一万步,人类活动范围是有限的,但在这个有限的区域内,如何来区分环境变化有多少是自然的贡献或人为的原因,以目前的认知水平和技术手段来看仍是很难做到的事情。由此可以推断,对环境问题的识别,无论是观念或理论,还是技术或方法上都有进一步理清和发展的空间。这里仍遵循环境科学的传统理论,由自然变化引起的不利于人类活动的现象称为自然灾害,由人类活动引起的不利于人类活动的现象称为环境问题。

6.2.1.1 环境问题产生的前提

抛开观点之争,从环境问题产生的过程来看,无论哪种观点都有一个共同点,那就是环境先发生变化。尽管环境变化不一定产生环境问题,但出现环境问题一定是环境发生了变化,因此所有导致环境变化的活动都可视为环境问题出现的前提。人类在改造自然环境和创建社会环境的过程中,自然环境仍以其固有的自然规律变化着。社会环境一方面受自然环境的制约,另一方面也以其固有的规律运动着。在人类与环境不断地相互影响和作用的过程中,产生环境问题的可能性在于:人类的一切活动都和自然环境分不开,与自然生态系统中的结构和功能状况相关。通过生产和消费,人类从环境获取所需的物质和能量,将改造和使用过的物质和能量排放到环境中,参与环境中的物质循环和能量流动过程。在这个过程中,人类活动无疑会对环境系统的物质、能量和信息产生各种影响,引起环境变化。

环境变化从宏观的角度来看,可以从物质、能量的规模和分布两个方面分析;微观的角度则可从具体的环境要素的变化来进行分析。人类活动不外乎是从环境中获取物质和能量,这种从环境中获取物质和能量的过程本身就是一种环境变化,而且物质和能量在复合生态系统中的各个环境中流动时,会进一步导致环境中物质和能量分布的变化,最后经过系统的消费活动,还会有一部分物质和能量以废弃物的形式排放到环境中,每一个环节都是对环境的影响,都会引起环境的变化。

1.复合生态系统中的消耗和排放

自然生态系统支持人口需求压力的能力是低水平的,其提供的物质和能量主要是生物质形式的。复合生态系统的建立和发展本身就是为抵抗自然界对人类约束的方式,在复合生态系统中,要满足人口增长过程中的更多需求,必须消耗更多的非生物物质和能量。同时,由于复合生态系统的开放性,以及高产生和高消耗,都加剧了物质循环和能量流动的不完整性,要想维持系统能流和物流的整体性,就要不断向系统中补充物质和能量,于是进一步增加了对非生物资源的需求。因此,复合生态系统越发展,系统的稳定性就越差,为了提高系统的净产出,就要发明和使用更高效的技术手段,其结果是获取非生物资源的能力不断提高,非生物资源的消耗会更多。

在复合生态系统主要由生物质和生物能量支持的情况下,物质主要沿食物链流动,因而只有在人口非常稠密的条件下,才会产生局部的短期的污染。当复合生态系统越来越依赖非生物资源推动时,由于物质循环不能像生物质那样完全,废弃物的排放便不断增加,当排放超出环境自净能力时,产生污染的可能性就会大大增加。另外,根据能量守恒定律,人工投入的能量不会消灭,包括人类消费的产品。严格来说,生产过程和消费过程都是一个排放的过程,尽管通过种种途径减少排放,但从总体上看,高投入和高排放总是相关联的。人类社会的生产过程、消费过程和还原过程的分离,与自然生态系统中生产、消费和还原高度统一于食物链每一环节的情况完全不同,由于复合生态系统中物质循环的不完整性,物质和能量会因为某些环节的缺乏而产生部分中断,并伴随着废弃物的累积。

复合生态系统的功能之一在于,使人类能在一定的土地生产力水平下,获得尽可能多的、满足需要的净产出。假定土地在一定时期累积的生物量为 A,其中人类直接使用的净产量为 B,则人类追求的是 B/A 最大化。自然生态系统演进的趋势却是在一定的土地生产力条件下,使系统实现生物量的最大蓄积,如果系统的初级生产能力为 C,系统生物量的蓄积为 D,则自然生态系统推动的是 D/C 最大化。二者的不同决定了复合生态系统在其发展过程中会导致系统本身生物量的减少。一方面,地球上的农田多由毁林开荒而来,即使土地生产力最高的农田,初级生产力也比不上森林;另一方面,复合生态系统导致生物量减少的另一重要原因是对土地的非农业占用;至于荒漠化、土壤侵蚀、水土流失和盐碱化,都会造成严重的生物量损失。

可见,对物质资源的消耗和排放的一个重要特征是对物质资源空间位置的改变,排放废物和获取资源的空间往往不一致,这种不一致对环境的影响,除在资源利用过程中会产生环境污染外,还会表现在多个方面。如从地下获取矿物质资源,在改变当地环境中的物质构成的同时,还会改变地下的应力结构;过量抽取地下水,不但造成地面塌陷,还会引起当地水分微循环的运动规律改变,影响局地小气候,等等。

2. 能量的转换和分配

人类的一切活动都离不开能量的支持,从人类利用能源的历史过程来看,先是生物能,然后是矿物质能源、水力、风力、太阳能和核能。这些能源从本质上看,除核能是地下放射性元素衰变产生的外,其他的只是太阳能的不同形式。

从前面的分析已经知道,随着人口增长和对能量需求的不断增加,无论是生物能、矿物质能源、水力、风力、太阳能和核能的转换规模和效率都提高较快,这意味着到达地球表层系统中的能量越来越多,如果这种能量是均匀分布在地球表层的,其直接结果是地球表层的均衡升温,并会间接影响表层系统原有的环境模式。但随着人类社会的发展,人类不但从太阳辐射中固定了更多的太阳能,从地下获取更多的核能,同时还在地球表层的能量再分配过程中起着越来越大的作用。虽然在该过程中,能量的转换效率得到很大提高,排放到环境中的无效能量减少,但能量的时空再分配对区域环境影响的不确定性将会更加突出。这个简单而朴素的道理,在对风力的利用过程中得到了体现。

图 6-1 是在盛行风向中建立风力发电站前后风力变化的示意图。从图 6-1 中可以直观地看出,风力发电站所获得的电力来自风力,发电站的转换效率越高,风力的变化幅度将越大。根据能量守恒定律,它意味着大气运动中的一部分能量转换成了电力后,大气运动所携带的能量会减少,直接结果是经过风力发电站之后,风力等级将下降,风的运动距离将会减小。其间接结果则意味着大气中的水汽将不能到达其曾经能够到达的区域,这个区域的干湿状况也将会改变。干湿状况这个气候因子的变动,对区域内其他环境因素的影响除会遵循自身的刺激－反馈模式发生作用外,还会引起人类行为的变化,这无疑会增加该区域环境变化的不确

定性。

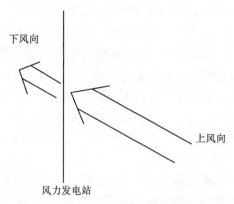

下风向

上风向

风力发电站

图 6-1　风力发电对能量再分配的影响示意图

　　水力、太阳能发电和风力发电一样在提高能量转换效率的基础上,将把固定下来的太阳能以电力的形式输送到更远的城市和农村。这种再分配过程所引起的环境变化目前还没有得到足够的关注,但也正是这种再分配,大大提高了目前全球各地极端气候事件的出现频率。

　　人类在对环境中的物质和能量进行重新分配的同时,必然会影响到环境系统中的信息传递过程,因为环境中的信息传递是以物质和能量流动为媒介的。随着物质和能量流动速度与方向的改变,信息传递方式也会相应调整,当系统中的信息传递发生改变之后,环境系统中的刺激 - 反馈模式可能会放大或被削弱,它将导致环境系统的运行处于一种不稳定的状态之中。由于环境系统中的信息十分复杂,人类对该领域的认识还很有限,因此对这种改变应该给予更加慎重的考虑,才能在环境恢复和保护过程中少走弯路。

6.2.1.2　环境问题的判断标准

　　环境变化的形式多种多样,至于环境变化到什么程度会引起环境问题,在多数领域还没有一个统一的标准。而且,根据环境问题的定义,环境问题的判定既要考虑环境的变化,还要考虑人类的适应能力。由于不同时空背景下的环境条件和人类文化水平的差异,不同的环境变化对不同时空范围的人群来说,并不都意味着会产生环境问题。即使是都会引起环境问题,不同背景条件下的人群判断环境问题的标准可能也会存在着差异。由于各地不同时期对于环境问题的判断标准并不一致,因此这里不针对具体的标准进行讨论,而是从逻辑上探讨环境问题标准设定的合理性和可行性。

以环境污染为例,最常见的环境污染描述是:人类活动使得有害物质或因子进入环境中,通过扩散、迁移和转化的过程,使整个环境系统的结构和功能发生变化,出现的不利于人类和其他生物生产和发展的现象。概念中强调了三点:一是有害物质进入环境,二是在环境中存在一定的时间(扩散、转化),三是对人和生物造成危害。对于这些方面并没有一个清晰的技术标准,而是一个模糊的描述。下面分别对这三点进行讨论。

关于有害物质,不同时期和地区,有害物质的范围是不同的。例如大气污染中的有害物质,目前,美国进行优先监测的有 35 种,苏联规定了 131 种有害物质的限值,中国则规定了 34 种有害物质的限值。虽然明确限定了有害物质的种类,但对这些物质在环境中存在多长时间也没有明确限制。可以想象,当一定污染物进入环境中,如果在一段时间之后,由于环境的自我净化作用,有害物质不再对人和生物造成危害,那么环境污染问题只是在这段时间内存在,这段时间过后污染就不存在了,这就可见时间长度的选择对于污染问题判断的重要性了。至于第三点对人和生物造成危害,可以理解为对不同种类的生物进行了抽象处理,不考虑生物的个体体质差异,以同种生物的平均体质为依据来衡量有害物质能否构成危害还是可行的。但需要强调的是,是否对人构成危害还因为受社会评价的影响而具有社会性,仅此一点便是非常复杂的问题,因为社会评价往往会与人的主观意识与社会制度、文明程度、技术水平、民族习惯、哲学和法律等问题有关。尽管如此，前两点的模糊描述也是不足以得出一个判断环境问题的通用标准的。另外，从风险管理的角度考虑，有害物质在一定时段内虽没造成危害，但仍不能排除因为它引起的间接污染在事后若干时间后显现的可能性。

判断标准的模糊，并不影响对环境污染问题的认识，例如，通过对容易监测到的有害物质造成的各种环境污染事件的过程进行分析，所得到的经验就可以作为今后判断环境污染问题的参考标准。随着环境实践的增多，这样的参考标准慢慢就变成了通用的判断标准。可见，环境问题的判断标准并不是从理论上推导出来的，更多的是一种经验值，所以环境问题的判断标准是一个相对值，还需要不断地在环境实践中进行反复检验，并会随着实践的增多和技术的进步而改变。

从上面的分析可以看出，环境问题基本上只是对各种环境问题的现象进行概括性的总结和描述，在没有严格定义的情况下，对大量的环境问题进行分类认识显然是十分必要的。

6.2.2　环境问题的类型

无论什么样的环境问题，一定是发生在某个具体的时空环境内的。环境是指围绕着人群的空间以及其中可以直接或间接影响人类生活和发展的各种因素的总体。不同的环境中产生环境问题的情况也往往不一样，因此按环境主体、环境性质、环境范围等对环境进行分类是探索环境问题的基础。如按环境性质（人类活动）分类，可分成自然环境、半自然环境（被人类破坏后的自然环境）和社会环境；按环境范围大小分类，可分为宇宙环境（或称星际环境）、地球环境、区域环境、微环境和内环境等。

在识别环境问题的基础上，才可以对各种环境进行观察和分析，从科学认知论的角度出发，这是获取有关环境问题的重要环节。当进行大量观察之后,应对大量环境问题的最简单有效的方法是分类。根据不同的分类依据得到不同的环境问题类型,如根据环境问题产生的背景环境进行分类,如自然环境问题、社会环境问题,等等;也可以根据引起环境问题的原因进行分类,如环境污染、生态破坏与环境失衡等问题。

6.2.2.1 环境污染的效应

环境污染包括大气污染、水污染、土壤污染和生物污染等由污染物引起的污染,还包括噪声、热、放射、电磁和光污染等由物理因素引起的污染。

环境污染不但会给生态系统造成直接的破坏和影响,还会给生态系统和人类社会造成间接的危害,有时这种间接的环境效应的危害比当时造成的直接危害更大,也更难消除。例如,温室效应、酸雨和臭氧层破坏就是由大气污染衍生出的环境效应。这种由环境污染衍生的环境效应具有滞后性,往往在污染发生的当时不易被察觉或预料到,然而一旦发生就表示环境污染已经发展到相当严重的地步。当然,环境污染的最直接、最容易被人所感受的后果是使人类环境的质量下降,影响人类的生活质量、身体健康和生产活动。例如城市的空气污染造成空气污浊,人们的发病率上升,等等;水污染使水环境质量恶化,饮用水源的质量普遍下降,威胁人的身体健康,引起胎儿早产或畸形,等等。

6.2.2.2 生态破坏

生态破坏是指人类活动直接作用于自然生态系统,造成生态系统的结构改变、生产力显著下降等引起的环境问题。如水土流失、土地荒漠化、土壤盐碱化、生物多样性减少,等等。

生态破坏是相对于生态平衡而言的,所谓生态平衡,是指在一定时间内生态系统中的生物和环境之间、生物各个种群之间,通过能量流动、物质循环和信息传递,使它们相互之间达到高度适应、协调统一的状态。也就是说,当生态系统处于平衡状态时,系统内各组成成分之间保持一定的比例关系,能量、物质的输入与输出在较长时间内趋于相等,结构和功能处于相对稳定状态,在受到外来干扰时,能通过自我调节恢复到初始的稳定状态。在生态系统内部,生产者、消费者、分解者和非生物环境之间,在一定时间内保持能量与物质输入、输出动态的相对稳定状态。当这种稳定的状态受到干扰并不能恢复到原有的平衡状态时,便意味着生态平衡遭到破坏,即所谓的生态破坏。

人类对生态系统的破坏性影响主要表现在三个方面:一是大规模地把自然生态系统变成人工生态系统,干扰和损害生态系统的正常运转,如农业开发和城市化;二是大量取用生态系统中的各种资源,包括生物资源和非生物资源,破坏生态系统;三是向生态系统中输入大量的产品和废物,污染甚至毒害生态系统中的物理和生物成分,如荒漠化和生物多样性减少。

6.3　主要环境问题

6.3.1　环境污染

目前,环境污染是存在范围最广的环境问题之一,不仅污染物的种类多种多样,进入环境中之后对环境因素的影响也多种多样。如果有多种污染因素进入环境,还需要考虑污染因素的综合效应和环境因素本身的相互关系,因此具体环境问题的描述既可以从污染因素入手,也可以从环境因素入手。由于污染因素远比环境因素复杂,为简单起见,这里从环境因素入手分别认识水、大气、土壤等环境中的污染问题。

6.3.1.1　水污染

1. 水污染的主要污染物

水污染指水体因某种物质的介入而导致其物理、化学、生物或者放射性等方面特性的改变,从而影响水的有效利用,危害人体健康或破坏生态环境,造成水质恶化的现象。造成水体污染的污染源有多种,不同污染源排放的污水废水具有不同的成分和性质,但其所含的污染物相似,主要有以下几类。

悬浮物:它指悬浮在水中的污染物质,包括无机的泥沙、炉渣、铁屑以及有机的纸片、菜叶等。悬浮物会使水体变得浑浊,影响水生植物的光合作用,也能吸附有机毒物、重金属、农药等形成复合污染物(危害更大),或者沉入水底形成淤积,妨碍水上交通或减少水库容量。

耗氧有机物:包括生活污水和工业废水中的糖、蛋白质、氨基酸、酯类、纤维素等有机物(以悬浮状态或溶解状态存在)。在微生物作用下耗氧有机物分解为简单的无机物,在分解过程中消耗氧气,使水体中的溶解氧减少,微生物繁殖。当溶解氧降至 4 mg/L 以下时,将严重影响鱼类和水生生物的生存;溶解氧降至零时,水中厌氧微生物占据优势,使得水体变黑发臭。因此,耗氧有机物的污染是当前最普遍采用的一种水污染指标,由于有机物成分复杂,种类繁多,一般用综合指标,如生化需氧量(BOD)、化学需氧量(COD)或总有机碳(TOC)等。通常清洁水体中 BOD_5(五日生化需氧量)含量应低于 3 mg/L,当 BOD_5 超过 10 mg/L 时则表明水体已经受到严重污染。

植物性营养物:包括有氮、磷等植物所需营养物的无机、有机物,如氨氮、硝酸盐、亚硝酸盐、磷酸盐及含氮含磷的有机物。它们排入水体,特别是排入流动缓慢的湖泊、海湾容易引起水中藻类及其他浮游生物大量繁殖,形成富营养化污染,除造成饮用水的异味外,也会使水中溶解氧下降,鱼类大量死亡,甚至导致湖泊干涸消亡。如赤潮(海洋中)和水华(湖泊中)。很多重金属也对生物有显著毒性,并且能被生物吸收后通过食物链浓缩千万倍(富集过程),最终进入人体造成慢性中毒或严重疾病。

酸碱污染:指酸碱污染物排入水体使水体 pH 发生变化,破坏水的自然缓冲作用。当水体 pH 小于 6.5 或大于 8.5 时,水中微生物的生长会受到抑制,致使水体自净能力减弱,并影响渔业生产,严重时还会腐蚀船只、桥梁及建筑。用酸化或碱化的水浇灌农田,会破坏土壤的理化性质,影响农作物的生长。酸碱对水体的污染,还会使水的含盐量增加,提高水的硬度,对工业、农业、渔业和生活用水都会产生不良的影响。

石油类污染物:含有石油类产品的废水进入水体后会漂浮在水面并迅速扩散,形成一层油膜,阻止大气中的氧进入水中,妨碍水生植物的光合作用。石油在微生物作用下的降解也需要消耗氧,造成水体缺氧。同时,石油还会使鱼类呼吸困难直至死亡,食用在含有石油的水中生长的鱼类会危害人体健康。

难降解有机物:是指那些难以被微生物降解的有机物,它们大多是人工合成的有机物。例如,有机氯化合物、有机芳香胺类化合物、有机重金属化合物以及多环有机物等。它们能在水中长期稳定地存留,并通过食物链富集最后进入人体。它们中的一部分化合物具有致癌致畸和致突变的作用,对人类的健康构成了极大的威胁。

放射性物质:主要来自核工业和使用放射性物质的工业或民用部门。放射性物质能从水中或土壤中转移到生物、蔬菜或其他食物中,并发生浓缩和富集进入人体。放射性物质释放的射线会使人的健康受损,最常见的放射病就是血癌,即白血病。

热污染:废水排放引起水体的温度升高,被称为热污染。热污染会影响水生生物的生存及水资源的利用价值,水温升高还会使水中溶解氧减少,同时加速微生物的代谢速率,使溶解氧的下降速率更快,最后导致水体的自净能力降低。污水也会传播霍乱、伤寒、胃炎、肠炎、痢疾以及其他病毒传染的疾病和寄生虫病(病原体)。

2. 水污染的主要来源

各类污水是将上述污染物带入水体的一大类污染源,由于这些污水、废水多由管道收集后集中排除,因此常被称为点污染源。大面积的农田地面径流或雨水径流也会对水体产生污染,由于其进入水体的方式是无组织的,通常被称为非点污染源或面污染源。

主要的点污染源有生活污水和工业废水。生活污水主要来自家庭、商业、学校、旅游服务业及其他城市公用设施,包括厕所冲洗水、厨房洗涤水、洗衣机排水、沐浴排水及其他排水等。污水中主要含有悬浮态或溶解态的有机物(如纤维素、淀粉、糖类、脂肪、蛋白质等),还含有氮、硫、磷等无机盐类和各种微生物。一般生活污水中悬浮固体的含量为 $200 \sim 400$ mg/L。工业废水来自工业生产过程,其水量和水质随生产过程而异。如工艺废水、原料或成品洗涤水、场地冲洗水以及设备冷却水等,不同工业排放废水的性质差异很大,即使是同一种工业,由于原料工艺路线、设备条件、操作管理水平的差异,废水的数量和性质也会不同。某些工业废水含有的悬浮固体或有机物浓度是生活污水的几十倍甚至几百倍,工业废水常呈酸性或碱性,工业废水中常含不同种类的有机物和无机物,有的还含重金属、氰化物、多氯联苯、放射性物质等有毒污染物。

非点污染源,主要指农村灌溉水形成的径流,农村中无组织排放的废水,地表径流及其他废水污水。分散排放的小量污水,也可列入面污染源。农村废水一般含有有机物、病原体、悬浮物、化肥、农药等污染物;畜禽养殖业排放的废水,常含有很高浓度的有机物;由于过量地施加化肥、使用农药,农田地表径流中含有大量的氮、磷营养物质和有毒的农药。大气中含有的污染物随降雨进入地表水体,也可认为是面污染源,如酸雨。此外,天然性的污染源,如水与土壤之间的物质交换,风刮起泥沙、粉尘进入水体等,也是一种面污染源。

3. 水污染的危害

水污染危害主要有以下几个方面：

(1)危害人体健康。水污染直接影响饮用水源的水质。当饮用水源受到合成有机物污染时,原有的水处理厂不能保证饮用水的安全可靠,这将会导致如腹水、腹泻、肠道线虫、肝炎、胃癌、肝癌等很多疾病的产生。与不洁的水接触会染上如皮肤病、沙眼、血吸虫病、钩虫病等疾病。

(2)降低农作物的产量和质量。研究表明,在一些污水灌溉区生长的蔬菜或粮食作物中,可以检出有机物,包括有毒有害的农药等。

(3)影响渔业生产的产量和质量。水污染除造成鱼类死亡、影响产量外,还会使鱼类和水生物发生变异,此外,在鱼类和水生物体内有害物质的累积和放大,会使它们的食用价值大大降低。

(4)制约工业的发展。由于很多工业需要利用水作为原料或直接参加产品的加工过程,水质的恶化将直接影响产品的质量,水质恶化还会造成冷却水循环系统的堵塞、腐蚀和结垢问题,水硬度的增高还会影响锅炉的寿命和安全等。

6.3.1.2 大气污染

大气污染的定义同样源于对有害影响的观察,即大气污染物达到一定浓度,并持续足够的时间,达到对公众健康、动物、植物、材料、大气特性或环境美学因素产生可以测量的影响。不仅如此,现在把热能释放进入大气引起的不良影响,人类活动导致大气中某些组分变化产生的危害等也归入了大气污染的范畴。

1. 大气污染源

大气污染源可分为两类:天然源和人为源。由于自然环境所具有的物理、化学和生物机能(自然环境的自净作用),会使自然过程造成的大气污染经过一定时间后自动消除,使生态平衡自动恢复。一般情况下,大气污染物指由于人类活动或自然过程排入大气,并对人和环境产生有害影响的物质。污染物的种类很多,按其来源可分为一次污染物和二次污染物。一次污染物是指直接由污染源排放的污染物。而在大气中一次污染物之间或一次污染物与大气的正常成分之间发生化学作用生成的污染物,常称为二次污染物,它往往比一次污染物的危害更严重。大气污染物按其存在状态则可分为两大类:气溶胶状态污染物(亦称颗粒物)和气体状态污染物(简称气态污染物)。颗粒物的化学成分或大小在确定其对大气性质和人体健康的影响时都很重要。颗粒物常表示为总悬浮微粒物、飘尘和降尘。它是分散在大气中的各种粒子的总称,也是目前大气质量评价中的一个通用的重要污染指标。由于飘尘粒径小,能被人直接吸入呼吸道内,还能在大气中长期飘浮,将污染物带到很远的地方,使污染范围扩大。

2. 几种典型的大气污染

(1)煤烟型污染。燃煤是煤烟型污染的主要污染源。煤是最重要的固体燃料,它是一种复杂的物质聚集体,其可燃成分主要是由碳、氢及少量氧、氮和硫等一起构成的有机聚合物。煤中也含有多种不可燃的无机成分(统称灰分),其含量因煤的种类和产地不同而有很大差异。燃煤是多种污染物的主要来源。与燃油和燃气相比,相同规模的燃烧设备,燃煤排放的颗粒物和二氧化硫要高得多。对于给定的燃烧设备和燃烧条件,烟气中所含飞灰的初始浓度,主要取决于煤的灰分含量。煤中灰分含量越高,烟气中飞灰的初始浓度也越高。烟气中 SO_2 和 H_2S 几乎完全来自燃料。经物理、化学和放射化学方法测定的结果证实,煤中含有四种形态的硫:黄铁矿硫(FeS_2)、有机硫($C_xH_yS_z$)、元素硫和硫酸盐硫。在燃烧过程中,前三种硫都能燃烧放出热量,并释放出硫氧化物或硫化氢,在一般燃烧条件下,二氧化硫是主要产物。硫酸盐硫主要以钙、铁和锰的硫酸盐形式存在,它比前三种硫分要少得多。燃烧过程中形成的氮氧化物,一部分由燃料中固定氮生成,常称为燃氮氧化物;另一部分由空气中氮气在高温下通过原子氧和氮之间的化学反应生成,常称为热氮氧化物。化石燃料的含氮量差别很大。石油的平均含氮量为 0.65%(重量计,下同),而大多数煤的含氮量为 1%~2%。试验结果表明,燃料中 20%~80%的氮转化为氮氧化物。不完全燃烧产物主要为 CO 和挥发性有机物,它们被排入大气中不仅污染了环境,也使能源利用效率降低,导致能源浪费。燃煤产生的 SO_2 在大气中会氧化而生成硫酸雾或硫酸盐气溶胶,是环境酸化的重要前提物,也是大气污染的主要酸性污染物。因此,当一次污染物主要为 SO_2 和煤烟时,二次污染物主要是硫酸雾和硫酸盐气溶胶。在相对湿度比较高、气温比较低、无风或静风的天气条件下,SO_2 在重金属(如铁、锰)氧化物的催化作用下,易发生氧化作用生成 SO_3,它与水蒸气结合时会形成硫酸雾,硫酸雾是强氧化剂,其毒性比 SO_2 更大。它能使植物组织受到损伤,对人的主要影响是刺激上呼吸道,附在细微颗粒上时也会影响下呼吸道。当大气中 SO_2 浓度为 0.21 mL/m^3,烟尘浓度大于 0.3 mg/m^3 时,可使呼吸道疾病发病率增高,慢性病患者的病情迅速恶化,使危害加剧。例如,20 世纪 50 年代的著名公害事件伦敦烟雾事件,以及马斯河谷事件和多诺拉等烟雾事件,都是这种协同作用所造成的危害。

(2)酸沉降污染。酸沉降是指大气中的酸通过降水等迁移到地表,或在含酸气团气流的作用下直接迁移到地表。前者即是湿沉降,后者即是干沉降。酸沉降的研究开始于酸雨的研究。现在,酸沉降已经与臭氧层破坏、全球气候变化一起成为全球性大气环境问题中最为突出的三个热点问题。最早欧洲的酸雨多发生在挪威、瑞典等北欧国家,后来扩展到东欧和中欧,直至几乎覆盖整个欧洲。在酸雨最严重的时期,挪威南部约 5 000 个湖泊中有 1 750 个由于 pH 过低而使鱼虾绝迹;瑞典的 9 万个湖泊中有 1/5 已受到酸雨的侵害。据估算,在斯堪的纳维亚半岛,由于酸雨的影响,在 20 世纪 80 年代初就已有 1 万个湖泊完全酸化,另有 1 万个湖泊受到严重威胁。在中欧,被认为是酸雨发生源的德国约有 1/3 的森林受到不同程度的酸雨危害;在巴伐利亚,每 4 株云杉就有一株死亡;在瑞士,森林受害面积比例已达 50% 以上。20 世纪 80 年代初,整个欧洲的降水 pH 为 4.0~5.0,雨水中硫酸盐含量明显升高。20 世纪 80 年代,中国的酸雨主要发生在以重庆、贵阳和柳州为代表的高硫煤使用地区及部分长江以南地区,酸雨区面积约为 170 万 km^2,到 90 年代中期,酸雨已发展到青藏高原以东及四川盆地的广大地区,酸雨面积扩大了 100 万 km^2。以长沙、怀化、南昌、赣州为代表的华中酸雨区,现在已成为全国酸雨污染最严重的地区,其中心区年均降水 pH 低于 4.0。北起青岛、南至厦门,以南京、上海、杭州、福州和厦门为代表的华东沿海地区也成为我国主要的酸雨地区,年均降水 pH 低于 5.6 的区域面积已占全国面积的 30% 左右。除 pH 外,酸沉降的另一种表征量为临界负荷。临界负荷是指不会对生态系统的结构和功能产生长期有害影响的酸性物质的最大量。中国东南部、西南和华北的硫沉降量已经超过临界负荷,几乎占国土面积的 1/4。

(3)光化学烟雾污染。光化学烟雾是在一定的条件(如强日光、低风速和低湿度等)下,氮氧化物和碳氢化合物发生化学变化形成由反应物和产物,即臭氧、过氧乙酰硝酸酯、高活性自由基($\cdot OH$、$RO_2 \cdot$、$HO_2 \cdot$、$RCO \cdot$ 等)、醛类(甲醛、乙醛、丙烯醛)、酮类和有机酸类等二次污染物组成的高氧化性的混合气团。机动车尾气是光化学烟雾污染的主要污染源,机动车包括汽油车和柴油车。机动车排放的碳氢化合物达 100 多种,包括杂环和多环芳烃。机动车燃料中并不含有甲烷、乙烷、乙炔、丙炔、甲醛及其他醛类化合物,它们都属未完全燃烧产物。有些有机物的致突变性较强,多以间接致突变性为主。柴油车尾气中颗粒物浓度是汽油车尾气中颗粒物的 20~100 倍。其中 60%~80% 颗粒物的粒径小于 2 μm,

90%的颗粒物粒径小于 5 μm。这些颗粒物成分复杂,有诱导细胞增殖的作用,使细胞长期处于活化状态,发生恶性转化,具有较强的潜在致癌性。光化学烟雾污染是典型的二次污染,即由污染源排放的一次性污染物在大气中经过化学反应而形成的,污染区域可达下风向几百米到上千千米,是一种区域性的污染问题。光化学烟雾污染是 1940 年在美国的洛杉矶地区首先发现的,继洛杉矶之后,日本、英国、德国、澳大利亚和中国先后出现过光化学烟雾污染。

光化学烟雾造成危害的主要原因是由于对流层的 O_3 和其他氧化剂直接与人体和动植物相接触,其极高的氧化性能刺激人体的黏膜系统,人体短期暴露其中能引起咳嗽、喉部干燥、胸痛、黏膜分泌增加、疲乏、恶心等症状;长期暴露其中,则会明显损伤肺功能,影响呼吸道结构。另外,对流层的高浓度 O_3 还会对植物系统造成损害,O_3 浓度低时,虽不会产生可见的伤害,但会降低植物的生长速度,当浓度增加时,会使植物叶片受到急性伤害。

6.3.1.3 土壤污染

土壤污染是指人类活动所产生的污染物质通过各种途径进入土壤,其数量超过了土壤的容纳和同化能力,而使土壤的性质、组成及性状等发生变化,并导致土壤的自然功能失调,土壤质量恶化的现象。土壤污染的明显标志是土壤生产力的下降。它是全球三大环境要素(大气、水体和土壤)的污染问题之一,其对环境和人类造成的影响与危害在于它可导致土壤的组成、结构和功能发生变化,进而影响植物的正常生长发育,造成有害物质在植物体内累积,并可通过食物链进入人体,以致危害人体健康。土壤污染的最大特点是一旦土壤受到污染,特别是受到重金属或有机农药的污染后,其污染物是很难消除的。

1. 土壤污染源

土壤污染源主要是指工业(城市)废水和固体废物、农药和化肥、牲畜排泄物以及大气沉降等。工业（城市）废水中,常含有多种污染物。当长期使用这种废水灌溉农田时,便会使污染物在土壤中累积而引起污染。利用工业废渣和城市污泥作为肥料施用于农田时,常常会使土壤受到重金属、无机盐、有机物和病原体的污染。工业废物和城市垃圾的堆放场,也是土壤的重要污染源。现代农业生产大量施用的农药、化肥和除草剂也会造成土壤污染。如有机氯杀虫剂 DDT、六六六等在土壤中长期残留,并在生物体内富集。氮、磷等化学肥料,凡未被植物吸收利用的都在根层以下积累或转入地下水,成为潜在的环境污染物。禽畜饲养场的积肥和屠宰场的废物中往往含有寄生虫、病原体和病毒,如果不进行物理和生化处理,把它们当做肥料时便会引起土壤或水体污染。大气中的 SO_2、NO_x 和颗粒物可通过沉降或降水而进入农田。大气层核试验的散落物可造成土壤的放射性污染。此外,造成土壤污染的还有自然污染源。

2. 土壤污染物

凡是进入土壤并影响到土壤的理化性质和组成,而导致土壤的自然功能失调、土壤质量恶化的物质,统称为土壤污染物。土壤污染物的种类繁多,按污染物的性质一般可分为四类:有机污染物、重金属、放射性元素和病原微生物。土壤有机污染物主要是化学农药,目前大量使用的化学农药有 50 多种。其中主要包括有机磷农药、有机氯农药、氨基甲酸酯类、苯氧羧酸类、苯酰胺类等。此外,石油、多环芳烃、多氯联苯、甲烷、有害微生物等也是土壤中常见的有机污染物。使用含有重金属的废水进行灌溉是重金属进入土壤的一个重要途径,重金属进入土壤的另一条途径是随大气沉降落入土壤。重金属主要有 Hg、Cd、Cu、Zn、Cr、Pb、Ni、Co 等。由于重金属不能被微生物分解,而且可被生物富集,土壤一旦被重金属污染,其自然净化过程和人工治理都是非常困难的。含有放射性元素的物质随自然沉降、雨水冲刷和废弃物的堆放而污染土壤,土壤一旦被放射性物质污染就难以自行消除,只能靠其自然衰变为稳定元素,而消除其放射性。土壤中的病原微生物来源于人畜的粪便及用于灌溉的污水(未经处理的生活污水,特别是医院污水)。

6.3.1.4　固体废物

1.固体废物的概念及分类

固体废物是指在社会的生产、流通、消费等一系列活动中产生的,在一定时间和地点无法利用而被丢弃的污染环境的固体、半固体废弃物质。不能排入水体的液态废物和不能排入大气的置于容器中的气态废物,由于多具有较大的危害性,一般也归入固体废物管理体系。固体废物来自于人类活动的许多环节,主要包括生产过程和生活过程的一些环节。

固体废物种类繁多,按其组成可分为有机废物和无机废物,按其形态可分为固态废物、半固态废物和液态(气态)废物,按其污染特性可分为有害废物和一般废物等。

在《固体废物污染环境防治法》中将其分为城市固体废物、工业固体废物和有害废物。城市固体废物是指居民生活、商业活动、市政建设与维护、机关办公等过程产生的固体废物,一般分为以下几类:生活垃圾、城建渣土、商业固体废物、粪便。工业固体废物是指在工业生产过程中产生的固体废物。工业固体废物主要包括冶金工业固体废物、能源工业固体废物、石油化学工业固体废物、矿业固体废物、轻工业固体废物、其他工业固体废物。有害废物又称危险废物,泛指除放射性废物外,具有毒性、易燃性、反应性、腐蚀性、爆炸性、传染性,因而可能对人类的生活环境产生危害的废物。世界上大部分国家根据有害废物的特性,即急性毒性、易燃性、反应性、腐蚀性、浸出毒性和疾病传染性,均制定了自己的鉴别标准和有害废物名录。联合国环境规划署在《控制有害废物越境转移及其处置巴塞尔公约》中列出了"应加控制的废物类别"共45类,"须加特别考虑的废物类别"共2类,同时列出了有害废物"危险特性的清单"。

固体废物除以上三者外,还有来自农业生产、畜禽饲养、农副产品加工以及农村居民生活所产生的废物,如农作物秸秆、人畜禽排泄物等。这些废物多产于城市外,一般多就地加以综合利用,或作沤肥处理,或作燃料焚化。

2. 固体废物的特点

固体废物具有鲜明的时间和空间特征。从时间方面讲,它仅仅是在目前的科学技术和经济条件下无法加以利用,但随着时间的推移、科学技术的发展,以及人们的要求变化,今天的废物可能成为明天的资源。从空间角度看,固体废物仅仅相对于某一过程或某一方面没有使用价值,而并非在一切过程或一切方面都没有使用价值。一种过程的废物,往往可以成为另一种过程的原料。固体废物一般具有某些工业原材料所具有的化学、物理特性,且较废水、废气容易收集、运输、加工处理,因而可以回收利用。固体废物对环境的污染不同于废水、废气和噪声。固体废物呆滞性大、扩散性小,它对环境的影响主要是通过水、气和土壤进行的。其中污染成分的迁移转化,如浸出液在土壤中的迁移是一个比较缓慢的过程,其危害可能在数年以至数十年后才能发现,危害滞后性明显。

大部分化学工业固体废物属有害废物,这些废物中有害有毒物质浓度高,如果得不到有效处置,会对人体和环境造成很大影响。根据物质的化学特性,当某些物质相混时,可能发生不良反应,包括热反应(燃烧或爆炸)、产生有毒气体(砷化氢、氰化氢、氯气等)和可燃性气体(氢气、乙炔等)。若人体皮肤与废强酸或废强碱接触,将产生烧灼性腐蚀;若误吸入体内,能引起急性中毒,出现呕吐、头晕等症状。

6.3.1.5 噪声与其他物理性污染

1. 噪声污染

噪声污染指使人厌烦并干扰人的正常生活、工作和休息的声音。噪声不仅取决于声音的物理性质,而且和人的生活状态有关。噪声具有声音的一切声学特性和规律,对环境的影响和它的频率、声压及声强有关。噪声属于感觉公害,影响面广,与水污染、大气污染和土壤污染不同,在环境中不会产生累积,当噪声源停止发声时,噪声污染立即消失。噪声主要来自交通运输、工业生产、建筑施工和日常生活。交通运输工具,如火车、汽车、摩托车、飞机、轮船等行驶时产生噪声。而且,噪声源具有流动性,干扰范围大。工业生产的各种机械和动力装置在运转过程中,一部分能量被消耗后以声能的形式散发出来而形成噪声,机械性噪声是由于固体振动如织布机、球磨机、碎石机、电锯、车床等产生的噪声,电磁性噪声是由于电磁力作用如发动机、变压器产生的噪声。此外,还有建筑施工噪声和生活噪声。

2. 电磁污染

当电磁辐射强度超过人体所能承受的或仪器设备所能容许的限度时即产生电磁污染。电磁污染主要来源于两大类:一类是天然电磁辐射,如雷电、火山喷发、地震和太阳黑子活动引起的磁暴等;另一类是人工电磁辐射,主要是微波设备产生的辐射,特别是近年来飞速发展的通信设备。

3. 热污染

(1)城市热岛效应。城市热岛效应是指人口高度密集、工业集中的城市区域气温高于郊区的现象,是人类活动对城市区域气候影响中最典型的特征之一。城市热岛强度与城市规模、人口密度以及气象条件有关,一般几百万人口的大城市年平均温度比周围农村高 $0.5 \sim 1.0 \ ℃$。城市产生热岛效应的主要因素有:城市建筑物和铺砌水泥地面的道路多半导热性好,受热传热快。白天,在太阳的辐射下,结构面很快升温,发烫的路面、墙壁、屋顶很快把热量传给大气;日落后,受热的地面、建筑物仍缓慢地向空气中播散热量,使得气温升高;人口高度密集,工业集中,有大量人为热量释放;高大建筑物造成近地表风速小且通风不良；人类活动释放的废气排入大气,改变了城市上空的大气组成,使其对太阳辐射及对地面长波辐射的吸收力增强。

（2）水体热污染。煤矿、油田、电厂等大型能源企业以及化工、轻工等行业排放的废水往往温度较高,造成江、河、湖泊等接纳水体局部水温升高,使地表水体自净能力降低,蒸发速率增大,进而影响水生生态平衡。

6.3.2　生态破坏

6.3.2.1　植被破坏

植被是全球或某一地区内所有植物群落的泛称,是生态系统的基础,它为动物或微生物提供了特殊的栖息环境,也为人类提供了食物和多种有用的物质材料。植被还是气候和无机环境的调节者,无机和有机营养的调节和贮存者,空气和水源的净化者。可见,它既是重要的环境要素,也是重要的自然资源。

植被破坏是生态破坏的最典型特征之一,植被的破坏不仅直接影响该地区的自然景观,而且由此带来了一系列的严重后果,如生态系统恶化、环境质量下降、水土流失、土地沙化以及自然灾害加剧,进而可能引起土壤荒漠化。土壤的荒漠化又加剧了水土流失,以致形成生态环境的恶性循环。由此可见,植被破坏是导致水土流失并最终形成土壤荒漠化的重要原因之一。

1. 森林破坏

在过去1万年损失的森林当中,有一半是在过去100年中毁坏的,而这100年中对世界森林的毁坏又有一半是发生在过去50年之中。到1997年,全世界仅有20%的森林仍然保持着原始森林的原貌。75%以上的原始森林在俄罗斯、加拿大的寒带森林和巴西的热带雨林。根据2006年3月2日绿色和平组织发布的世界森林地图,用卫星图像对全球森林进行了评估,地球上只剩下

10%的陆地面积是未受侵扰森林。148个森林带范围内的国家中,有82个国家完全失去了未受侵扰的原始森林,而世界森林中未受侵扰的原始森林主要由两种森林类型构成:热带雨林和北方针叶林,其中49%分布在拉丁美洲、非洲和亚太地区的热带雨林,44%分布在俄罗斯、加拿大和阿拉斯加的针叶林。

造成森林破坏的原因,主要是由于人们只把森林看做是生产木材和薪柴的场所,对森林在生态环境中的重要作用缺乏认识,长期过度采伐,使消耗量大于生长量。其次是现代农业的有计划垦殖使部分森林永久性地变成农田和牧场。由于森林的砍伐速度大大超过其生长速度,世界上几个古代文明的摇篮大都已变为林木稀少之地,甚至沦为半荒漠和荒漠之地。欧洲大部分、亚洲北部、美洲西北部和美国东部等地区的天然林均已基本消失,现有森林多属树种单纯的次生林或人工林。只有俄罗斯远东地区由于地广人稀和难以通行,保存了世界针叶林的一半,其中的2/3为原始林。

2. 牧场退化

牧场包括草原、林中空地、林缘草地、疏林、灌木丛以及荒漠、半荒漠地区植被稀疏的地段。因此,世界牧场的面积和分布很难统计。牧场退化表现为草群稀疏低矮,产草量降低,草质变劣(优良牧草减少,杂草毒草增多)。退化严重的地方整个自然环境受到破坏、土地沙化和盐渍化,导致该地区动植物资源遭到破坏,许多物种濒临灭绝,这个过程实质上就是荒漠化。目前,世界各地的牧场都有不同程度的退化,欧洲情况相对较好,因为欧洲雨水丰沛,草种多经改良,草场管理有序,所以其牧场载畜量比其他地区的高几倍。

森林面积锐减和草场退化都将给生态环境带来严重的后果。前者不仅使木材和林副产品短缺,珍稀动植物减少甚至灭绝,还造成生态系统恶化,环境质量下降,水土流失,河道淤塞,旱涝、泥石流等灾害加剧;后者可改变草原的植物种类成分,降低草场的生产力,破坏草场的动植物资源。牧场退化是世界干旱区、半干旱区土地荒漠化的表现。从本质上说,这也是一个社会经济问题,需要控制人口增长和改变经济发展模式才可能有所改善。

6.3.2.2　水土流失

随着森林的砍伐和草原的退化,土地沙漠化和土壤侵蚀将日趋严重。据联合国粮农组织的估计,全世界30%~80%的灌溉土地不同程度地受到盐碱化和水涝灾害的危害,由于侵蚀而流失的土壤每年高达240亿t。有研究表明,在自然力的作用下,形成1cm厚的土壤需要100~400年的时间,因而土壤侵蚀是一场无声无息的生态灾难。中国是世界上水土流失最严重的国家之一。目前全国水土流失面积达179万km^2,每年土壤流失总量达50亿t。近30年来,虽开展了大量的水土保持工作,但从总体来看,水土流失点上有治理,面上在扩大,水土流失面积有增无减,全国总耕地有1/3受到水土流失的危害。其中,以黄土高原地区最为严重,该区总面积约54万km^2,水土流失面积已达45万km^2,其中严重水土流失面积约28万km^2,每年通过黄河三门峡向下游输送的泥沙量达16亿t。其次是南方亚热带和热带山地丘陵地区。

植被破坏严重和水土流失加剧,是导致1998年长江流域特大洪灾的主要原因之一。1957年长江流域森林覆盖率为22%,水土流失面积为36.38万km^2,占流域总面积的20.2%。1986年森林覆盖率仅剩10%,水土流失面积猛增到73.94万km^2,占流域面积的41%。严重的水土流失使长江流域的各种水库年淤积损失库容12亿m^3。长江干流河道的不断淤积,造成了荆江河段的“悬河”,汛期洪水水位高出两岸数米到数十米。由于大量泥沙淤积和围湖造田,使30年间长江中下游的湖泊面积减少了45.5%,蓄水能力大为减弱。……

水土流失还造成不少地区土地严重退化,如全国每年表土流失量相当于全国耕地每年剥去 1 cm 的肥土层,损失的氮、磷、钾养分相当于 4 000 万 t 化肥。同时,在水土流失地区,地面被切割得支离破碎、沟壑纵横;一些南方亚热带山地土壤有机质损失严重,基岩裸露,形成石质荒漠化土地。流失的土壤还造成水库、湖泊和河道淤积,黄河下游河床平均每年抬高达 10 cm。

6.3.2.3 荒漠化

荒漠化是法国植物和生态学家 A. 奥布雷维莱针对非洲热带草原退化为类似荒漠的环境变化现象,于 1949 年首次提出的。荒漠化作为一个生态环境问题,则始于 20 世纪六七十年代发生在非洲撒哈拉地带的连续干旱和饥荒。

随着人类对自然环境的影响日益加剧,荒漠化问题也越来越突出。1994 年全球 112 个国家在法国巴黎签署了《联合国防治荒漠化公约》,世界各国对荒漠、荒漠化及其过程进行了广泛研究,总结了荒漠化的现状和发展趋向,并把每年的 6 月 17 日定为"世界防治荒漠化和干旱日"。

《联合国防治荒漠化公约》中明确指出:荒漠化是包括气候变异和人类活动在内的种种因素所造成的干旱、半干旱和亚湿润干旱地区的土地退化。它包含了三层含义:一是造成荒漠化的原因,包含气候变异和人类活动在内的种种因素;二是荒漠化范围,是在"干旱、半干旱和亚湿润干旱地区",即指年降水量与潜在蒸发量之比为0.05 ~ 0.65的地区,但不包括极区和副极区;三是表现形式为土地退化,是指由于使用土地或由于某种营力或数种营力结合致使干旱、半干旱和亚湿润干旱地区雨浇地、水浇地或草原、牧场、森林和林地的生物或经济作物生产力与复杂性下降或丧失,其中包括风蚀和水蚀致使土壤物质流失,土壤的物理、化学和生物特性或经济特性退化及自然植被长期丧失。因此,荒漠化既包括非沙漠环境向沙漠环境或类似沙漠环境的转移,也包括沙质环境的进一步恶化。

1. 荒漠化的现状

根据联合国环境署的调查,1992 年,全球 2/3 的国家和地区、世界陆地面积的 1/3 受到荒漠化的危害,约 1/5 的世界人口受到直接影响,每年有 5 000 万 ~ 7 000 万 km^2 的耕地沙化,其中有 2 100 万 km^2 完全丧失生产能力。荒漠化受害面涉及世界各大陆,最为严重的是非洲大陆,其次是亚洲。由于荒漠化的影响,全球每年丧失 4.5 万 ~ 5.8 万 km^2 的放牧地、3.5 万 ~ 4.0 万 km^2 的雨养农地以及 1.0 万 ~ 1.3 万 km^2 的灌溉土地。

中国是世界上人口最多、耕地面积严重不足的发展中国家,同时也是受荒漠化危害最严重的国家之一。按《联合国防治荒漠化公约》中的规定计算,中国潜在荒漠化发生地区涉及内蒙古、辽宁、吉林、北京、天津、河北、山西、陕西、宁夏、甘肃、青海、新疆、西藏,以及山东、河南、四川、云南和海南共 18 个省、自治区、直辖市,东起黄淮海平原风沙化土地和辽河流域沙地,西至新疆塔克拉玛干沙漠,遍及内蒙古高原、黄土高原、宁夏河东、甘肃河西走廊、青海柴达木盆地、新疆准噶尔盆地和塔里木盆地的广大地域。区域总面积达 357.05 万 km^2,占全国总面积的 37.2%,其中干旱地区面积为 142.67 万 km^2,半干旱地区为 113.92 万 km^2,亚湿润干旱区为 75.12 万 km^2,极干旱区为 25.34 万 km^2。除极干旱区域(湿润指数小于 0.05)外,中国荒漠化易发生区域总面积为 331.71 万 km^2。我国干旱区草地总面积为 1.86 万 hm^2,其中 1.05 万 hm^2 发生了退化,占 56.5%;干旱区总耕地面积 1 712.6 万 hm^2,其中 772.6 万 hm^2 已经退化,占 45.1%。

2. 荒漠化的成因

根据荒漠化的定义,荒漠化的产生和发展主要可分为自然因素和人为因素。

(1)自然因素。自然因素中,异常气候事件对降低自然生态系统的抵抗力影响明显。首先,干旱多风使原本脆弱的生态环境受到致命的打击。它导致作物歉收,引起饥荒;导致草地放牧能力下降,引起家畜死亡;贫瘠的土地随着干旱进一步恶化。其次,暴雨也是造成荒漠化的原因之一,在植被贫乏和土壤脆弱的干旱地区,由于对降雨的抵抗力弱,容易发生土壤侵蚀。

(2)人为因素。联合国曾对荒漠化地区 45 个点进行了调查,结果表明:由于自然变化(如气候变干)引起的荒漠化占 13%,其余 87% 均为人为因素所致。研究结果表明:在中国北方地区现代荒漠化土地中,94.5% 为人为因素所致,荒漠化的原因主要是由于人口的激增及自然资源利用不当而带来的过度放牧、乱垦滥樵、不合理的耕作及粗放管理、水资源的不合理利用等。这些人为活动破坏了生态系统的平衡,导致了土地荒漠化。具体原因为:①土地资源不合理利用;②植被资源不合理利用;③干旱、半干旱地区水资源的不合理利用;④不合理耕作及粗放管理;⑤其他人类活动,如在干旱、半干旱地区的其他人类活动(如矿产资源的开发、石油勘探、道路修筑、新建工厂、修筑军事设施、城市建设、旅游等),若不顾其周围自然条件,不采取相应的防护和保护措施,也会造成局部地区的土壤沙漠化,反过来影响当地生产和生态环境。其中,不合理的土地利用直接导致和强化了土壤荒漠化的过程。急剧的人口增长率和城市化率,大大增加了对现有生产性土地的压力,其结果也是导致土地向荒漠化发展。

6.4 全球环境问题

全球环境变化是由人类活动和自然过程相互交织的系统驱动所造成的一系列陆地、海洋与大气的生物物理变化。虽然全球环境变化并不必然带来环境问题,但全球环境变化过程中确实产生了不少的环境问题。从 1984 年英国科学家发现、1985 年美国科学家证实南极上空出现的"臭氧层空洞"开始,当代环境问题不仅包括已经存在的各种环境污染和环境破坏现象,还包括在全球范围内出现的不利于人类生存和发展的先兆。目前,全球性环境问题主要有:全球变暖、臭氧层空洞、酸雨、森林破坏与生物多样性减少、荒漠化与水资源短缺、海洋污染与危险物的越境转移等。

6.4.1　全球气候变暖

由于人口的增加和人类生产活动的规模越来越大,向大气释放的温室气体不断增加,导致大气的组成发生变化。大气质量受到影响,气候有逐渐变暖的趋势。全球气候变暖,将会对全球产生各种不同的影响,较高的温度可使极地冰川融化,海平面每 10 年将升高 6 cm,因而将使一些海岸地区被淹没。全球变暖也可能影响到降雨和大气环流的变化,使气候反常,旱涝灾害经常发生。

6.4.2　臭氧层的耗损与破坏

臭氧层能吸收太阳的紫外线,以保护地球上的生命免遭过量紫外线的伤害,并将能量储存在上层大气中,起到调节气候的作用。但臭氧层是一个十分脆弱的大气层结,如果进入一些破坏臭氧的气体,它们就会和臭氧发生化学作用,臭氧层就会遭到破坏。臭氧层的破坏,将使地面受到紫外线辐射的强度增加,给地球上的生命和生态环境带来危害。

6.4.3　生物多样性减少

在自然状态下,生态系统的演替总是自动地向着生物种类多样化、结构复杂化、功能完善化的方向发展。如果没有外来因素的干预,生态系统必将最终达到成熟的稳定阶段。那时其生物种类最多,种群比例最适宜,总生物量最大,生态系统的内稳性最强。但在近百年来,由于人口急剧增加、城市化、农业发展、森林减少和环境污染,自然生态区域变得越来越小,并导致了数以千计的物种绝迹,生物多样性正快速减少。据估计,目前平均每天有一个物种消失,现在物种灭绝的速度是自然灭绝速度的1 000倍。生物多样性的减少已成为人类面临的全球范围内的重大环境问题之一。

6.4.4 酸雨蔓延

酸雨是pH小于5.6的酸性降水,其形成主要是由于现代工业发展,燃烧矿物燃料、金属冶炼等,向大气排放的硫氧化物和氮氧化物造成的。酸雨的危害首先是破坏森林生态系统,改变土壤性质与结构,抑制土壤中有机物的分解,使土壤贫瘠,植被破坏,影响植物的发育;其次是破坏水生生态系统,酸雨落入江河中,造成大量水生动植物死亡。水源酸化致使金属元素溶出,对饮用者的健康产生有害影响。此外,酸雨还会腐蚀建筑物。

6.4.5 森林锐减

地球上的森林面积正在以平均每年4 000 km^2的速度消失,森林的减少使其涵养水源的功能受到破坏,造成了物种的减少和水土流失,对二氧化碳的吸收减少进而又加剧了温室效应。

6.4.6 土地荒漠化

全球荒漠化的土地已达到3 600万 km^2,占地球陆地面积的1/4。荒漠化以每年5万~7万 km^2 的速度扩大,每年有600万 hm^2 的土地变成沙漠。每年经济损失达423亿美元。全球共有干旱、半干旱土地50亿 hm^2,其中33亿 hm^2 遭到荒漠化威胁。人类文明的摇篮底格里斯河、幼发拉底河流域就是土地荒漠化的典型。

6.4.7 大气污染

大气污染是指大气的组分和结构、状态和功能发生了不利于人类生存、发展的改变。大气污染的主要因子为悬浮颗粒物、一氧化碳、臭氧、二氧化碳、氮氧化物、铅等。它的污染源有工业污染源、农业污染源、交通运输和生活污染源等。大气污染导致每年有30万～70万人因烟尘污染死亡，2 500万的儿童患慢性喉炎，400万～700万的农村妇女儿童受害。

6.4.8 水污染

地球表面只有不到3%是淡水，其中有2%封存于极地冰川之中。预计再过20～30年，地球上淡水资源将严重短缺。水是我们日常最需要，也是接触最多的物质之一，但是水慢慢也成了危险品。人们将未经处理的工业废水、生活污水和其他废物直接或间接地排入江河湖海，使地表水和地下水的水质恶化，造成水体的富营养化和严重的赤潮，使水中生物死亡，威胁人类生存环境的安全。

6.4.9 海洋污染

全世界60%的人口居住在离大海不到100 km的地方，沿海地区人口压力巨大，这种人口分布状况正使非常脆弱的海洋生态失去平衡。由于人类不断向大海排放污染物，建设海上旅游设施，使得近年来发生在近海水域的污染事件不断增多。海洋污染主要有原油泄漏污染、漂浮物污染和有机物污染及赤潮、黑潮等。全世界1/3的沿海地区（在欧洲是80%的沿海地区）遭到了破坏，破坏了红树林、珊瑚礁、海草，使近海鱼虾锐减。其次是过度捕捞造成海洋渔业资源正在以可怕的速度减少。在某些海域，由于大量捕捞，某些特有的鱼种，如大西洋鳕鱼，已达商业灭绝的程度。更为严重的是，过度捕捞严重影响海洋生产力和生物多样性，局部区域的海洋生态系统已经遭到严重破坏。

6.4.10 危险性废物污染与越境转移

危险性废物是指除放射性废物外,具有化学活性或毒性、爆炸性、腐蚀性和其他对人类生存环境存在有害特性的废物。因其数量和浓度较高,可能造成或导致人类死亡率上升,或引起严重的难以治愈疾病或致残的废物。工业带给人类的文明曾令多少人陶醉,但同时带来的数百万种化合物存在于空气、土壤、水、植物、动物和人体中,即使作为地球上最后的大型天然生态系统的冰盖也受到了污染。那些有机化合物、重金属、有毒产品,都集中存在于整个食物链中,并最终将威胁到人类的健康,引起癌症,导致土壤肥力减弱。有毒有害废弃物使自然环境不断退化,土壤和水域不断被污染。因其占地多,影响深远,在利益的驱使下,发达国家频繁以公开或伪装的方式向发展中国家转移危险废弃物。

6.5 社会环境问题

社会环境是指,在自然环境的基础上,人类通过长期有意识的社会劳动,加工和改造了的自然物质,创造的物质生产体系,积累的物质文化等所形成的环境体系。社会环境一方面是人类精神文明和物质文明发展的标志,另一方面又随着人类文明的演进而不断地丰富和发展,所以也有人把社会环境称为文化 - 社会环境。广义的社会环境包括整个社会经济文化体系,如生产力、生产关系、社会制度、社会意识和社会文化。狭义的社会环境仅指人类生活的直接环境,如家庭、劳动组织、学习条件和其他集体性社团等。社会环境对人的形成和发展进化起着重要作用,同时人类活动给予社会环境以深刻的影响,而人类本身在适应改造社会环境的过程中也在不断变化。

社会环境的构成因素是众多而复杂的,对社会环境的内容有不同的看法。社会环境按所包含的要素的性质分为：物理社会环境，包括建筑物、道路、工厂等；生物社会环境，包括驯化、驯养的植物和动物；心理社会环境，包括人的行为、风俗习惯、法律和语言等。社会环境按环境功能分为：聚落环境，包括院落环境、村落环境和城市环境；工业环境；农业环境；文化环境；医疗休养环境等。影响社会大部分成员的共同生活，破坏社会正常活动，妨碍社会协调发展的社会现象都可以视为社会问题。习惯上，社会环境中出现的种种问题往往被称为社会问题。一般认为社会问题包括两个方面，一是社会共同生活发生了障碍，二是社会进步发生了障碍。这两个方面决定了社会问题涉及的人数。

社会问题在不同时空背景条件下，其具体内容并不相同。在当代，最突出的社会问题是：人口问题、劳动就业问题、青少年犯罪问题和老龄问题、性别结构失衡问题。

人口问题是全球性最主要的社会问题之一，是当代许多社会问题的核心。虽然它在不同国家的具体表现不同，但其实质主要表现为人口再生产与物质资料再生产的失调，人口增长超过经济增长而出现的人口过剩。例如，人口压力使社会在提供现有人口生活条件和提高人民生活水平方面，遇到资源分配的困难，住房紧张，粮食、燃料等生活必需品缺乏。人口压力还会造成消费与积累比例失调，导致生产和消费的失衡，出现经济危机等。

劳动就业问题源于劳动力与生产资料比例关系失调，这种失调在不同社会、不同地区表现形式不同。但它作为社会问题主要指人口过剩及经济发展缓慢或停滞，造成劳动人口失业现象。劳动就业问题的社会后果，一方面妨碍了人民生活水平的提高，从而诱发社会动荡及社会犯罪；另一方面，不利于社会经济的协调发展，进而威胁整个社会结构的稳定性。

青少年犯罪指少年或未成年人的违法犯罪，也是世界各国面临的日趋严重的社会问题。近30年来，世界各国青少年犯罪急剧增加,突出特点是:犯罪次数增多,犯罪年龄提前,蔓延广泛,手段残忍,团伙作案突出,反复性增强,改造难度加大。

老龄问题又称人口老龄化问题,一般指人口中 60 岁及以上的人口比例增大,从而影响社会生产和生活的问题。目前在发达国家较为突出,不发达国家则由于高出生率造成的人口年轻化掩盖了这一现象。

以上种种社会问题本身也是社会环境中出现的不协调现象,也可视为社会环境问题,但社会问题是社会学研究的主题,其主要关注的是问题产生的原因,而社会环境问题更多的则是强调环境变化对人类生存繁衍的影响。由于社会环境问题的研究涉及环境科学和社会学的交叉问题,作者本人在这方面的积累也很有限,因此这里不能进行深入的探讨,只是提出这个问题,希望引起更多人的关注和思考,并推动社会环境问题的研究。

第7章　人口与环境

　　近百年来,在全球范围内出现了环境退化、资源短缺现象。与此同时,世界人口的加速增长以及发展中国家人口所占比重的日益增大,使得人们对人口问题与环境问题以及二者的关系产生了极大的关注。人口与环境已经成了一个非常重要的国际前沿论题。

　　由于人口与环境关系的复杂性和跨学科性,关于人口与环境的作用机制到目前为止还不是很清楚,甚至在一些基本的概念上也还存在分歧。从国内外人口与环境研究的内容来看,对人口对环境的影响和人对环境的影响并没有做出明确的界定。仅从字面意思来看,前者是研究人口要素及变动对环境的影响,后者关注的则是人或者人类对环境的作用。但实际上,这是两个不同的概念,人与环境的研究多数是直接认定在环境退化的基础上,在对某种时空背景下的人口与环境变量进行简单比较之后,得出人类是环境问题产生的主要影响因子。虽然这种解释能够在某种程度上说明人与环境的关系,但对于解释人口与环境的关系却很不完整,因为它忽略了人口对社会经济文化的影响,而社会经济文化往往决定着人的行为方式。自然资源和环境在概念和内涵上是相互重叠与包容的,只是研究的角度和目的不同而已。例如,自然资源概念中,实际上包括了人类环境中的自然环境,而在自然环境的概念中,则包含了各类的自然资源。二者实际上可以统一在一起。从资源的角度来看,自然环境可以被看做一种稀缺资源,因为自然环境不仅为人类提供了基本的生存空间,还为维持人类生存提供物质和能量支撑,同时也提供了放置废弃物的场所,优良的环境本身就是一种稀缺的资源,也可以叫环境资源,从而统一在自然资源概念之中。作为自然环境来说,其本身就是一种物质环境,因为自然资源为人类的生产和生活提供了基本的条件与基础,成为人类生存和发展的最重要的环境条件。为简化表达形式,本书在论述人口与环境关系的时候,一般是指自然环境,其中包含了自然资源。

人与环境的研究关注的是抽象的人与环境的关系,这种抽象的人是同质的,其行为方式是经过简单化之后的相同模式,人类活动对环境的作用也就被简单化了,包括人类活动对环境的改造,以及环境对人的自然选择,此时的环境是以抽象的人为中心构成的系统。人口与环境的研究关注的却是环境系统中具象的人,这种具象的人是异质性的,而且存在数量和质量上的差异,当具象的人发生变化时意味着中心事物发生了变化,中心事物的变化意味着周围环境会相应调整,更何况人的行为方式是差异化、复杂化的,因此人口与环境之间的相互作用规律和趋势也更加复杂。

7.1 人与环境

从人类思想发展史的角度来看,人与环境之间的关系具有辩证的性质。自从有了人,就有了人与环境的关系。因为人的自我意识只有以环境为中介才能被确立起来,而人的对象意识本身就是作为对象化规定的环境条件的反映。

人和环境组成的大系统,是一个有着层次结构的复杂系统,人与环境间的关系可以概括为三种生产之间的关系,即物质生产、人的生产和环境生产之间的关系。物质生产是指人类从环境中索取生产资源并接受人的生产环节所产生的消费再生物,将其转化为生产资料的总过程。该过程生产生活资料以满足人类的物质需求,同时产生加工废弃物返回物质生产环节中。人的生产是指人类生存和繁衍的总过程。该总过程消费物质生产产出的生活资料和环境生产所提供的生活资源,产生人力资源以支持物质生产和环境生产,同时产生消费废弃物返回环境,产生消费再生物返回物质生产环节。这个过程不但体现了人与环境的相互作用,还充分表现了人口与环境的关系。

7.1.1　人与自然环境

在古希腊,哲学家普罗泰戈拉提出了"人是万物的尺度"这一著名命题。他认为:"人是万物的尺度,是存在的事物存在的尺度,也是不存在的事物不存在的尺度。"从人与环境的关系来看,该命题最根本意义在于确立了人的自我中心化结构,并把作为客体的对象从属于人。"人"这个普遍的规定就是尺度,是衡量一切事物价值的准绳。这个命题还把认识问题由客体转移到主体,从而使一种真正的认识论成为可能。

近代哲学的始祖笛卡儿提出了"我思故我在"的著名命题,自觉确立起理性自我的中心地位,他的二元论哲学立场也为主－客体关系这一知识论框架奠定了内在基础。18世纪法国启蒙思想家和唯物主义哲学家曾经提出了人与环境的关系问题,并进行哲学反思,但从总体上说,他们只是提出了问题,却未能真正解决问题。孟德斯鸠作为"地理环境决定论"者,他认为地理环境的特点在某种程度上影响和制约了一个民族的文化与一个国家的社会制度。这一点在一种文化形成的初期,表现得更加突出。但是,孟德斯鸠没有看到,地理环境只是其中的一个变量,却不是唯一的变量。同时,他对环境的界定是狭义的,忽视了社会环境和文化环境对人的影响。

马克思不仅指出了人与环境之间的互动关系,还揭示了消除人与环境之间悖论的契机和基础。在他看来,要真正走出人与环境的悖论所造成的怪圈,必须诉诸于人的现实活动,亦即实践。在人与自然环境的关系维度上,实践表现为"人和自然之间的物质能量转换"过程。人能够认识和掌握自然界的客观规律性,为变革和利用自然界提供了可能。然而,单纯从自然环境对人的制约和决定方面来看,人们在物质生产过程中只是遵循自然必然性对自然物质作出某种形式的改变,而并没有为自然界增加一点什么。人在生产中只能像自然本身那样发挥作用,即只能改变物质和能量的形态。

7.1.2 人与社会环境

在人与社会环境的关系维度上,人在交往实践中实现社会化过程,人通过社会环境的塑造,完成自己的社会角色认同。同时,个体的人作为具有创造力的主体,又对交往模式产生重构作用,从而把个性因素积淀到社会环境的构成之中。在人与文化环境的关系维度上,人们同样是在现实的实践活动和交往活动中,逐渐地接受"文化遗传",并实现其"文化"化的。同时,人们又在这一过程中,把自己创造性的文化产物,变成整个群体所共享的文化成果,从而实现了对文化环境这一前提性规定的重建和改变。

人与自然环境、社会环境、文化环境之间矛盾的最终解决,只能通过人的实践的历史发展。在马克思看来,人与环境之间异化关系的彻底扬弃,只有通过历史的无限发展才能完成。而历史的发展又只能在实践的基础上获得实现。因此,人与环境矛盾的克服,只能诉诸于实践及其发展。"人和自然环境之间、人和人之间的矛盾的真正解决",就是说人的自然化和自然的人化、人的社会化和社会的人化、人的文化化和文化的人化的彻底完成,亦即人与自然环境、社会环境、文化环境之间的异己化关系被最终超越,从而使人的改变与环境的改变不再表现为两种互为外在的而且相互否定和矛盾的规定,而是完全变成两种互为内在的同一个过程。这也就是恩格斯在《国民经济学批判大纲》中所说的"人类同自然的和解以及人类本身的和解"境界的真正实现。

环境作为一种对象性规定,对它的把握和定位,需要确定主体的特定视野。人的存在是二重化的。人的肉体存在和精神存在,决定了理性和价值乃是人的两种不同的存在方式。这意味着,作为自然界的一部分,人本来是自然存在物;同时,人不仅仅是自然存在物,还是为自身而存在着的存在物。这就是人的存在的双重化特征。就人的肉体存在而言,只有理性才能充当有效调节人与自然的关系,从而实现人与外部世界进行物质、能量、信息交换的手段。因此,理性是被看做人的自然存在的肯定方式。就人的精神存在而言,只有价值才能提供一个意义世界,从而为人的精神找到最终的归宿。在此意义上,价值就成为人的精神存在的肯定方式。只有理性与价值的统一,才能提供人的存在的完整的表征。在对人的环境进行审视时,需要体现这两种视野。

从生态伦理学的角度来看,人们也是力图把理性和价值视野整合起来,去审视自然生态环境。就生态学而言,它是作为科学而被建构起来的,因而是价值中立的。它关注"世界是什么"这样的事实判断问题,而无法给出"世界应如何"的价值选择。而伦理学作为道德哲学,则是人的价值尺度的一种反思形式。把生态学和伦理学两种学科视野整合为一个新的学科,就把生态系统作为审视对象纳入了理性和价值的双重坐标之下,成为两种尺度共同约束的内容。正是这种把握和审视方式,孕育了人类发展模式在当代的根本转型。同样地,在对社会环境和文化环境所作的分析中,也应坚持理性与价值相统一的立场。

在人与社会环境的关系问题上,历史上的一切制度,人与人之间都不是一种平等的关系。近代以来,国家或地区内部逐渐抽象为无产者与有产者之间的对立,国际关系也演变为一种中心 - 边缘结构,最后形成世界范围内财富分配的不均衡甚至两极分化。它不仅改变了人与人之间的平等关系模式,更重要的在于消除了人与社会环境之间平等对话的基础。在人与文化环境的关系问题上,有时间和空间两个维度上的规定。在时间维度上,文化表现为人与传统之间的关系。在空间维度上,本土文化与他者文化之间的关系也应体现平等对话的性质。从文化人类学的演变来看,早期理论是以文化进化论作为基本框架的。按照文化进化论的观点,世界上的一切文化都必然经历同一个进化模式,它们所不同的只是进化节奏的快慢而已。因此,发达的文化为落后的文化提供了"样板"和楷模。尽管不同民族的文化带有各自的特点,但这种特殊性不足以消解文化进化模式的普遍适用性。这就完全无视"落后文化"自身所固有的民族性特质。后来,文化人类学的发展又形成了文化相对论的观点。文化相对论认为,不同文化传统之间的关系不是发达程度的高低之别,而是不同种类的差异,因此并不存在一个衡量不同文化优劣的"客观的"尺度。文化相对论过分强调文化的不可通约性,以至于危及不同文化之间展开对话的可能性;文化进化论则取消了不同文化之间沟通的平等性。因此,只有建立起人与文化环境之间的平等对话关系,才有可能扬弃文化进化论和文化相对论之间的对立。

关于人以自我为中心的问题,有两种不同的态度和选择。一种是"人类中心主义"的,即把人的自我设定为绝对的中心化规定,把一切对象规定当做纯粹手段性的东西,当代出现的人类生存危机,在很大程度上乃是这种观念的实践后果。另一种则是反"人类中心主义"的,它排斥人的自我中心化,并取消人及其存在的根本参照意义。这种反"人类中心主义"的立场,否定社会发展与进步及其给人类带来的好处,是一种自然主义的态度。

以往接受的人与自然关系的观念中,有一个很重要的论断——人定胜天。但是,人类的社会实践证明,这样的共识并不是最佳理念。因此,有必要对人与自然关系及其主导下的思维和行为重新审视。至于人与自然关系究竟如何定位,可以从人类的历史和实践中得到一些启示。

7.1.3　人与环境

　　人的诞生标志着人类对自然环境的改造与利用的开始。在原始社会时期,由于劳动工具和认识能力的限制,人对社会的改造集中在狩猎、钻木取火、采集果实等低级的手段,从严格意义上讲,甚至不能称为"改造"。自人类社会进入了工业时代,两次工业革命以及一系列深刻的社会改革,加之社会教育体制的建立,人类无论是在劳动工具还是认识水平上,都有很大提高。同时,对自然环境的依赖也不断提高,更多的产业与技术集中在改造和利用环境上,使得人与环境的关系日益重要。这时人类对环境的改造和利用表现为,人类开始规模式开发森林、沼泽、湖泊、河流等。随着电子计算机的发明、航天技术的应用以及对核能的认识,人类改造环境的能力极大增加,加之医疗技术的高速发展,大大促进了幼儿存活率和出生率及人均寿命的延长,整个社会的人口快速增长。此时,人类大规模地利用一切可以感知的自然环境,从地球的大气层到地壳,几乎自然界一切的资源、生物、自然现象,人类都加以改造和利用。这种改造和利用几乎渗入环境的每一个角落,而且以惊人的速度改造和利用着环境。

　　经过了人类对环境数千年的改造,当前的自然环境与人类未出现前已经大相径庭。这种变化,一方面给人类带来了巨大的财富与各种便捷,极大地促进着人类社会的发展。比如各种高速公路的修筑、飞机的运输、海洋与江河的改造等。另一方面,却给人类带来前所未有的危险,甚至有可能危及人类的生存。其突出表现为人类对自然不合理开发的后果,如对各种环境的污染、树木的乱砍滥伐导致的天气异常变化、大气层的破坏、二氧化碳的急速增长等,它们也都不同程度地影响着人类,制约着人类社会的发展。

　　人与自然环境、社会文化环境之间的关系,无疑都是双向互动的。然而,只有当这种互动关系具有平等对话的性质时,它才是健全的和积极的。在人与自然环境的关系问题上,人类从来没能真正摆脱自然环境的束缚。在人类的早期,由于生产力水平极其低下,人们在大自然面前往往显得十分渺小和脆弱,从而处于被支配地位。随着近代实证科学的兴起,特别是工业革命的爆发,人与自然之间的关系出现了一次历史性的颠覆。人由被支配者转变为支配者。当人类认为对自然界取得胜利时,却突然发现正在跌入文明的陷阱。人类生存危机正悄悄地向人们逼近。现实的危机迫使人们必须重新反省、检讨并调整人与自然的关系。于是,人与自然之间的平等对话关系成了新环境伦理关注的内容。

7.2 人口与环境关系

从人口学的角度看,人口首先强调的是人口是人的集合体,其次强调的是人口的变动和发展,人口的变动包括规模及其变动,人口的结构变动,人口的分布和流动,以及人口群体的质量变动等。它与其他学科考察人与环境关系的角度有所区别。人口对环境的影响,是指人口的变动(包括人口规模、结构、分布、质量等变动状况)对环境资源的影响,即当这些人口要素在发生变化的时候,所导致的资源和环境的相应变化,而不是简单指人口这个群体对环境意味着什么,或者施加了怎样的影响。因此,用人口与环境区别于人与环境,能更清楚地表明人口的作用是通过人口变动发生的这样一个事实。

人口的数量、结构、分布等范畴,可以经过合理的抽象用人口规模影响加以说明。人口的性别、年龄结构影响可以通过一套换算权数折算为人口数量,因此在理论上人口可视为其统计学定义上的样本总体。人口的地理分布,在不同尺度的具体区域研究中会有直观的表现。因此,在研究人口变动与环境关系和作用机制时,用人口数量变动与环境关系来加以抽象概括是合理的,也是可行的。人口质量也是人口的一个范畴,而且当涉及与环境的关系时,应该是一个非常重要的范畴。但是因为人口质量与我们一般讲到的人口数量变动有着本质的不同,为简化问题,本书在讨论人口与环境关系时,重点考察人口数量和空间分布的变化。

7.2.1 人口规模与环境

人口与环境的关系包括两个方面:一是人口与自然环境的关系,二是人口与社会环境的关系。前者主要关注的是人口规模对自然环境的总体影响,后者更多考虑的是人口变动引起的社会分配和消费活动的差异化。

7.2.1.1 人口与自然环境

人口数量变动对自然环境的影响,首先表现在对人类总体上是通过生产方式和生活方式引起的环境后果的放大效应。这个放大效应为:当假定人是同质的,而且单个人对环境的作用为某个定量时,人口数量的作用表现为单个人的作用的倍数。这种作用可以用一个简单的函数进行表达:

$$Y = ABC$$

式中,Y 是人口对环境的影响综合作用结果;A 是人口规模;B 是人均产出或者人均消费水平;C 是单位产出或者消费引起的环境变化量。B 和 C 综合表达了人们的行为方式和效率。

公式清楚地表明,当消费水平和行为方式相对稳定时,即 B 和 C 为定值时,Y 的大小与人口数量成正比。Y 越大,则意味着人对环境的总的作用强度越大。此时,人口规模对环境的作用会有一个放大效应,随着人口规模增加,其对环境作用的结果将成倍地扩大。这里有个隐含的假设,即不考虑 A、B 和 C 之间的相互作用和制约,仅仅考察人口变动对环境的作用结果。但事实上,人口的作用,除对人类活动起到倍乘的作用外,还会通过人口规模的压力,对人类活动方式本身产生作用。例如,在贫困地区,在人口规模较小时,人们与自然环境基本能相互适应,当人口增长到一定规模时,人们的行为方式往往会发生很大变化,甚至出现掠夺性和破坏性的环境作用。另外,就人类的社会发展来说,每一次的技术进步很难判断其没有人口规模增加的影响,新古典经济学就曾提出,人口的增长能够促进技术进步和农业变革并进一步影响到环境。因此,人口数量对自然环境的作用,一方面通过直接的放大效应增加了人类活动带来的环境后果,另一方面还会通过人类活动方式的变革间接地影响自然环境。即人口数量的变化会影响 B 和 C,并最终作用于环境。可见,人口数量对自然环境的影响后果,通过两个途径起作用。一个是人口规模的放大作用,另一个是人口对行为方式和效率的改进。

人口增长直接增加了土地的压力,因为人类的衣食住行都离不开土地。据统计,1975 年全世界人均耕地面积为 0.31 hm^2,由于世界人口激增,土地沙化,交通、建筑用地扩展等原因,2005 年人均耕地面积已降到 0.2 hm^2 以下,即比 1975 年减少 1/3,70 年代 1 hm^2 土地平均养活 3 人,到 2005 年 1 hm^2 土地需要养活 5 人。在人口增加、土地相对减少的情况下,增加粮食的途径只有靠提高单位面积产量,为此,除选育良种、改进耕作方法外,就靠化肥和农药。化肥和农药对解决激增人口的粮食需要是十分有效的。但是,大量施用化肥和农药,带来一连串的环境污染问题,如土壤板结,物化性能变劣,有机腐殖质减少,肥力减退,残留农药污染土地,等等。随着有机肥料施用的减少,更加速了土壤肥力的减退过程。根据对中国吉林省的调查,20 世纪 50 年代初,土壤中有机质高达 4%,现在降低到只有 2% 左右,每吨化肥增产粮食的数量,由1949 年初的 2~3 t,降低到现在的 1 t 多,施用氮肥太多时,植物根部吸收的数量相对减少,大部分留在土壤里,经过分解转化,变成硝酸盐,成为地下水和河流的污染源。由于大量农药在土壤中积累,残留农药被植物根部吸收,通过食物链进入动物和人体,最终危害人体健康。化学农药在消灭害虫的同时,使有益于农业的微生物、昆虫和鸟类也受到影响。

　　人口的增长还使大气污染加重,由于人口的增长和人类活动的增强,在生活用热、交通运输与工业生产中,每年排出大量的二氧化硫、一氧化碳、氮氧化物等有害气体,污染人类大气环境。许多工业化国家虽然采取了多种净化空气措施,但由于人口增加和人们生活水平提高,使用矿物燃料特别是用煤量加大,排出的有害气体有增无减,对于人类的环境会造成严重的后果,特别使人担心的是燃烧矿物燃料排出二氧化碳数量增多,使大气中的二氧化碳浓度逐渐升高。据估计,到21世纪中期,大气中的二氧化碳浓度可能增加1倍。如果以现有砍伐森林的速度继续下去,二氧化碳的天然储量减少,那么二氧化碳的浓度将会继续增加下去。人们担心二氧化碳浓度的增加,势必引起地球变暖,可能使地球降雨量发生更大的时空变化,使农业受到影响。如果大气中二氧化碳的浓度增加导致了气温升高,还会引起两极的冰雪融化,海水上涨,世界上许多城市和农田都会遭到淹没。阻止大气中二氧化碳浓度增加的有效措施是减少矿物燃料使用量,保护现有森林,广泛开展植树造林,扩大森林面积,使二氧化碳的排放与吸收相平衡。如果在人口不断增加,毁林趋势没有受到控制,矿物燃料使用量也不断上升的状况下,减少温室气体的排放将是一件十分困难的事情。

　　目前,发达国家的人均资源消耗水平高,利用效率也较高,由于人口增长缓慢,人口规模变化不大,人口数量对环境作用的放大效应和对行为效率提高的激励作用都相对较小。发展中国家的人均消耗、利用效率和排放水平都相对较低,但由于人口规模大,增长速度快,人口规模的放大效应和对行为效率提高的激励作用相应也大。人口数量的作用一方面产生放大效应,另一方面影响人的行为方式和行为效率,在这种双重作用下,发展中国家和地区的人口数量对自然环境的作用可能会很大。在人类社会早期,生产

· 258 ·

力水平较低,人口的作用往往是强化了环境的负面效果。这个原理同样适用于今天人们认识落后地区人口与自然环境的关系,以及如何改善当地的人口与自然环境的关系,那就是调节人口规模和提高生产效率。

由于人类的不适当活动,特别是人口的激增,所引起的环境污染和生态破坏已经威胁到人类的生存和发展。在人类影响环境的诸多因素中,人口是最主要、最根本的因素。人口问题既是一个复杂的社会问题,也是人类本身要面临的一个生态学问题。

7.2.1.2 人口与社会环境

人口与环境的关系,不是简单的数量对比关系,人口与环境的协调,需要放在人口、资源、环境、经济和社会、技术等大的系统中,才能使这些因子之间达到相互协调。那种试图通过寻求人均资源和人均排放量等简单指标,来解决人口与环境之间矛盾的方法往往是无效的。

人口与环境是当今人类面临的大难题。很久以来,由于种种原因,人口增长一直比较缓慢,虽然人类在地球上生活了几百万年,但到公元初年,全世界总共才 2.7 亿人口,到 1830 年达到 10 亿左右。从那时起,由于生产力不断发展,医疗水平逐步提高,人的平均寿命延长,世界人口开始出现大幅度增加,从 1830 年到 1930 年,世界人口翻了一番,达到 20 亿,这期间用了 100 年。到 1960 年,世界人口增加到 30 亿,这期间仅用了 30 年。15 年后,世界人口又增加了 10 亿,达到 40 亿(1975 年)。从 1975 年到 1987 年,世界人口由 40 亿增加到 50 亿,到 1990 年世界人口达到 53 亿,预计到 2010 年将突破 70 亿。从数据上看,世界人口的增长速度是不断加快的,人口的增长对社会环境的影响究竟如何,目前还主要集中在对资源的占有和消费的差异方面,以及这种差异带来的各种社会问题方面。当人口增多时,首先会导致粮食问题,因为全世界的土地资源是有限的,在有限的土地上供养越来越多的人口必然会造成粮食紧缺。为了获得食物,人类毁林毁草,开荒种地,以扩大粮食种植面积,从而导致森林破坏,草原退化,土地沙化,水土流失,野生动植物灭绝、自然景观破坏等生态问题;其次会造成淡水紧张,生活垃圾增多;此外,还会带来交通问题、安全问题,等等。

图 7-1(a)表达的是抽象的人构成的环境主体,由于这里假定的是同质的人,所以人口规模变动对环境的影响只会以人口增长系数相同的倍数放大或缩小。图 7-1(b)表达的是以异质化的人为主体构成环境系统的同时,异质化人口相互之间还会形成一个新的社会环境,在这个社会环境中,其基本构成要素是人,无论人口规模有没有变动,只要这个社会环境中的人口发生新陈代谢,就意味着环境的结构有了改变,其行为方式也会随结构的变动而不同,这种行为方式的变化最终会作用于周围的自然环境,并引起自然环境发生相应的变化。虽然这种逻辑推理是成立的,也是可信的,但对多数人来说并不会感受到这种差异,人们对社会结构的功能认识是十分抽象的。现实生活中给人印象深刻的却是各种资源的占有和消费的差异,至于这种差异对人类行为方式的影响也是模糊而抽象的。对资源占有和消耗的差异不仅在发达国家和发展中国家之间存在,而且在一个国家或地区内部也存在。从目前的研究结果来看,大多数国家内部都存在着一定程度的贫富差距,这里不需要知道每个地区具体贫富差距有多大,这种差距对人类行为方式的影响究竟如何,只需要一个简单的数学换算就可以给出直观而清晰的解释。

在进行数学换算之前,先假设一个区域一定时间内有 100 个人,资源规模为 100 个单位,每个人需要 1 个单位的资源才能生存;再假定这里存在明显的贫富差距,即不同的人占有的资源是不同的。当 20% 的人口占有 80% 的资源时,意味着 20 个人占有 80 个单位的资源,剩下 80 个人占有 20 个单位的资源,这时会出现多

（a）抽象的人与周围环境　　　　　　　　　（b）具体的人与周围环境

图 7-1　人与环境的两种表现形式

种情况:如剩下的资源被 20 个人占有,其余的 60 个人得不到基本的生存资源;这 20 个单位在 80 个人中以各种比例分配,其结果都是生存资料的不足。那么,大部分人要想生存就要开发更多的资源,或者是迁移到资源更丰富的地区,这些结果最终表现会是人口质量和数量的变动。人口质量和数量的变动在正常情况下只会导致社会结构和功能的温和变革,还不至于引起社会的剧烈变动,但当人口质量和数量的变动达到某种临界值时,则往往会引起社会的剧烈变革,无论哪种社会变动都会作用于周围的自然环境。因此,人口与环境的关系并不是图 7-1(a)描述的那种简单的数学对比关系,而更可能是图 7-1(b)中复杂的系统内和系统间的作用关系。

从上面的分析可以看出,人口数量与环境之间的关系既可以是直接的,也有通过社会经济活动间接起作用的。

7.2.2　人口分布与环境

到目前为止,人类一直都是生活在地球表面的少数地区,因为陆地面积大约只占地球表面积的 30%,而且在这 30% 的区域内还有像南极地区那样不适合人类居住的广大区域,可见,人口的分布从来都是不均衡的。在前农业社会和农业社会,人口的分布和资源的分布往往相一致,从整体来看,人口分布状态虽然在区域上是不均衡的,但在区域内部却是相对均衡的。而在工业革命之后,世界的工业化和城市化进程不断推进,资源分布对人口分布的限制越来越小,不但在区域之间,而且在区域内部,人口分布也越来越不均衡。如城市群和超级城市的出现。目前,城市往往是一个人口分布最密集的地方,人口的集中分布必然需要城市内外的物质和能量交换,这种交换是以社会分工为基础的,而且这种分工有利于物质和能量的转换效率的提高。

在人们控制了生物能源的供给之后,又找到了新的能源,而积累的文化知识又使得人类能够更加有效地利用新能源,由于人类的技术进步,其对环境的控制增强,并把不断发展的技术用于扩展新的环境,这个过程在人类社会发展过程中一直没有停止过,如城市和城市化现象。

今天,城市几乎被视为人类文明的标志,是人们经济、政治和社会生活的中心。城市化的程度是衡量一个国家和地区经济、社会、文化、科技水平的重要标志,也是衡量国家和地区社会组织程度与管理水平的重要标志。城市化是人类进步必然经过的过程,是人类社会结构变革中的一个重要线索,经过了城市化,标志着现代化目标的实现。在实现城市化的过程中,城市人口激增与生活水平提高的同时,大量的生活垃圾和工业废渣占用了大量土地,而且污染土壤、江河、湖泊、空气,传染疾病等,对环境的影响十分明显。另外,拥挤的交通,影响生活的声、光、电等污染问题也早就被人所关注。人们目前更多的是对城市内部的环境关注和保护,而对城市与周围自然环境关系方面的研究才刚刚开始。如城市的热岛效应。

热岛效应是指城市温度高于郊野温度的现象。一方面,由于城市地区水泥、沥青等所构成的下垫面导热率高,加之空气污染物多,能吸收较多的太阳能,有大量的人为热量进入空气;另一方面又因建筑物密集,不利于热量扩散,形成高温中心,并由此向外围递减。在近地面温度图上,城区相对郊区是一个高温区,就像突出海面的岛屿,由于这种岛屿代表高温的城市区域,所以被称为城市热岛。城市热岛效应使城市年平均气温比郊区高出 1 ℃,甚至更多。夏季,城市局部地区的气温有时甚至比郊区高出 6 ℃以上。由于城市热岛效应,城市与郊区往往会形成一个昼夜相反的热力环流。热岛效应是由于人们改变城市地表而引起小气候变化的综合现象,在冬季最为明显,夜间也比白天明显,是城市气候最明显的特征之一。

由于热岛中心区域近地面气温高,大气做上升运动,与周围地区形成气压差异,周围地区近地面大气向中心区辐合,从而在城市中心区域形成一个低压旋涡,结果就势必造成人们生活、工业生产、交通工具运输中燃烧石化燃料而形成的硫氧化物、氮氧化物、碳氧化物、碳氢化合物等大气污染物质在热岛中心区域聚集,危害人们的身体健康甚至生命。一方面,大量污染物在热岛中心聚集,浓度剧增,直接刺激人们的呼吸道黏膜,轻者引起咳嗽流涕,重者会诱发呼吸系统疾病,尤其是对患慢性支气管炎、肺气肿、哮喘病的中老年人还会引发心脏病,死亡率高,如英国伦敦在 1952 年 12月,因为这个原因死亡 4 000 余人。另一方面,大气污染物还会刺激皮肤,导致皮炎,甚至引起皮肤癌。有的物质如汞,含量较多时,可损害人的肾脏,引起剧烈腹痛、呕吐。汞慢性中毒还会损害人的神经系统。另外,长期生活在热岛中心区的人们会表现为情绪烦躁不安、精神萎靡、忧郁压抑、记忆力下降、失眠、食欲减退、消化不良、溃疡增多、胃肠疾病复发等。

城市热岛效应只是人口分布影响区域自然环境的一个方面,

城市人口的集中分布引起的社会问题也越来越突出,如贫困问题、内城衰落问题、人口老龄化问题、社会治安问题,等等。

7.2.3　人口问题与环境问题

关于人口问题与环境问题有着不同的描述,一般认为,人口问题是全球性最主要的社会问题之一,它在不同国家的具体表现不同,其实质是人口再生产与物质资料再生产的失调,人口增长超过经济增长而出现人口过剩。环境问题是指由于人类活动作用于周围环境所引起的环境质量变化,以及这种变化对人类的生产、生活和健康造成的影响等。可以看出,人口问题与环境问题本身都是比较模糊的概念,而事实上,其多样性和复杂性远远超出了定义本身所能概括的内涵。如果单独考察人口问题,那么除人口过剩外,人口增长缓慢进而影响人口的正常新陈代谢时,人口不足也应该属于人口问题;当将人口问题和环境问题一起考察时,则应重点关注人口过剩和增长过快,因为人口不足所引起的环境问题通常会比人口增加时要少得多。

从前面的分析已经知道,人口问题并不仅仅是人口规模的问题,还涉及人口的迁移和分布问题,环境问题不仅包括人类活动已经引起的环境质量变化及其后果,还包括其可能导致的未来的不确定性的后果。所以,关于二者各自的内涵和外延问题,不同研究主体因判断标准的差异可能会存在不同的看法。但对于人口问题和环境问题之间的关系有着比较一致的看法,即人口问题与环境问题有密切的互为因果的联系,在一定社会发展阶段,一定地理环境和生产力水平条件下,人口增长需要保持一个适当的比例。

从人口发展对自然环境的影响来看,人类在适应自然环境的同时,也为自身的生存和发展而改造与利用地球,从而对地球生态系统产生巨大的影响。人类增加了改变环境的能力,在物质生产和科技技术的发展水平尚未达到控制环境的条件下,人类自身的发展还需要适应自然环境的承受能力,以保持生态系统的平衡。当人类不能正确地对待人口和环境问题,以环境恶化来满足自身的盲目增长时,其结果就会陷入人口过度增长与环境恶化的恶性循环之中。人口的发展既受制于自然环境,自然环境也受人口增长的影响,那么,根据自然环境所能提供的物质条件,调节人口与环境相适应的比例关系,使人口的适度增长与环境变化处于动态平衡之中就需要认真的规划。

由于人口过度增长,为了生存不得不对森林进行大规模的采伐,通过毁林造田,种植粮食,以满足人口的增长。但森林面积急剧减少,使一些珍贵的可作为食物资源的植物消失,恶化了人类自身生存和发展的物质条件。同时,由于落后的耕作方式,或粗放型经营手段进行的过度放牧,导致植被破坏、土质退化,甚至沙漠化或盐碱化,从而导致耕地减少,这些因素的共同后果会影响人类的生存和繁衍。可见,人口过度增长是构成自然环境恶化的根源之一,因此只有控制了人口问题,才有可能解决环境问题。

作为生产者和消费者的人类需要不断地开采与消耗能源。随着人口的快速增长,人类对能源的消耗也急剧增加,其中能源矿物和金属矿物消耗量尤为巨大。资源出现问题的一个重要原因也在很大程度上是因为人口问题引起的。如果人口过度增长问题不能得到有效控制,资源问题也会演变成全球的环境危机。

正是因为这种人口过剩的判断标准导致了环境问题的产生,现在人们已经认识到人口问题不能仅仅以人口与经济增长之间的对比关系来判断,还需要以是否影响环境的正常演化为依据。同样,判断环境问题不能简单地以人口的规模为标准,还需要考虑不同区域环境的人口承载力的差异。

7.3 不断显现的问题

无论是人口问题还是环境问题,都是在环境变迁过程中,人类为了繁衍生存采取相应人口策略的部分后果,而且是在努力解决一个问题后,却不自觉地引起了另外一个问题。一直以来,各种人口策略选择都有一个共同的目的,那就是人口的繁衍,人口繁衍过程中除已经出现的各种人口问题和环境问题外,还将有更多以前隐性存在问题的逐渐显现,以及当代人口策略选择可能会引起的新问题。对于已有的问题,在慎重思考之后采用科学的方法进行调整是必须的,然而更加重要的是对各种可能出现的问题的预测和应对,因为它们充满了不确定性,对这种不确定性人们也往往缺乏准备,这样的问题一旦出现,往往会对人口的繁衍产生更大的冲击。系统地看,各种可能存在的问题仍将来自自然环境、社会环境和人口本身。

7.3.1 自然环境的约束

从上面的分析已经知道,人口不仅是一个自变量,而且是一个会对其所遇到的可能性作出选择和调整的变量。它可能会遇到的首先是自然环境,因为人类目前仍然需要依靠自然环境提供的各种资源才能生存。同时自然环境是不断变化的,它也可以为人口繁衍提供多种可能性。环境曾经是人口繁衍的约束,在突破这些约束的过程中产生了不同的人口问题和潜在的环境问题,目前来看,无论是区域性的环境污染、生态破坏问题,还是对全球环境变化的认识,都还是零散的、经验性质的,并没有形成系统的环境变迁理论和模型来预测未来可能的约束或问题。如文化观念的变革和环境模式的改变等。

自然环境是各种要素综合作用的结果,是人类的各项活动物质和能量的源泉,是生命的支持系统。从空间来看,各要素相互联系、相互作用构成自然环境的整体性,而从时间来看,自然环境又时刻处在不断的发展变化之中。人类的活动主要是通过对自然资源的利用,往往通过某一自然地理要素,进而影响整个自然环境。当今出现的众多资源和环境问题,就是人类活动对某一自然要素破坏的结果,所以人类活动不仅要遵循自然环境的整体性,而且应考虑人口的地区分布差异导致的自然环境变化趋势。

自然环境与人口构成了相互影响又相互制约的关系。从自然环境与人口增长的作用来看,首先,自然环境给人类生存和发展提供了最初的生活资料与劳动资料,也提供了最初的劳动对象;从资源角度来说,自然环境提供了人类需要的生物资源和非生物资源,两者又构成一个完整的生态系统,人类就是生存在这个生态系统中,人类社会成为这一系统的组成部分。其次,一定的生态系统是人类生存和发展的自然物质基础,生态系统的变动对人类生存和发展产生了重要影响,人口的发展依赖于一定的生态平衡,如果生态失衡严重,就会影响人口的发展。再次,自然环境为人类提供生产和生活的场所,不同的环境对人类的劳动、生活和心理产生直接的作用,而且对人口的地理分布、人力资源的配置也有很大的影响,从而成为制约人口增长过程的重要因素。

曾经限制人口繁衍的是自然环境所能提供的资源问题,如20世纪的石油危机。今后在资源方面仍会产生各种问题,但从地球内部的物质循环规律来看,资源问题最终是可以用替代的方式解决的。典型的如能源,人类已经先后采用了生物能、风力、水力、矿物质能源、太阳能和核能等,乐观地看,人口繁衍所需的物质和能量从长期来看并不会构成问题,影响人口繁衍的问题也不仅是来自于人口的快速增长,而更多的是来自于环境变化的不确定性。可以推断,正是因为环境中存在各种不确定性,所以人类在繁衍过程中选择了人口增长来应对,但在不确定性消除后又会产生人口问题,在解决人口问题的同时,其他的问题也不可避免。

　　人口的自然增长根源于人的生物属性,是社会运行中经常起作用的外生变量。人口增长改变了环境,从而改变了个人选择的成本和收益,影响到每一个人的具体选择,对整个社会有明显影响。人口增长对环境的压力是人类迁移扩散和技术进步的基本动力,历史上畜牧业和种植业的出现,就是为对付环境压力而理性选择的结果。传统社会中的文化变革也是由人口增长引起的。人口增长导致劳动报酬递减,不正当手段的价值相对提高,吸引人们采取不正当手段谋求利益,使社会秩序趋于混乱。人天生追求消费的多样性,逐渐出现了商业,为提高生产的效率也促进了近代科学的发展,人口增长是社会运行的原始动力。

7.3.2　观念问题

　　人类社会曾经在不同的经济水平和人口水平上运行过,当社会从一种经济形式的经济组织向另一种过渡时,必然会伴随着不同程度的文化和社会变革。从农业社会向工业社会转变,不仅是工业技术的变化,还有社会和人类智力的变化,伴随着技术革新和传播的还有习惯、观念和信仰方面的变革。新的生活方式不断出现,旧的生活方式慢慢消失,人类知道正在失去什么,却不知道自己想要的是什么,今天的人类就处在这样一种时期,充满了不确定性和苦恼。例如,今天人们对新能源的发现和利用,与几百年前或更早时期发现煤炭和石油时是何其相似,一样欣喜于能量转换效率的提高,而且今天还发现了新能源在减排方面的优势,但是谁也不能保证如今的新能源在若干年后不会引起新的环境问题。

　　针对各种不确定性,人类一直以发展科技和积累文化来应对。随着技术进步和文化的累积,人们已经开始接受人口减速的价值观,如发达国家的人口负增长现象,而且这种价值观正在蔓延。随着这种价值观的传播和普及,人口增长问题可能会在将来的某个时期内得到缓解,但也产生了新的问题,如发展中国家进行人口控制时出现的人口老龄化和性别结构失衡问题。在人口减速价值观传播的同时,另外一种更应该引起关注的却是过度消费观念的传播,其代表是美国的生活方式。

过度消费观念的传播所带来的影响,已经在很大程度上抵消了技术进步的努力。例如在应对全球气候变化的问题时,人们一直在寻找提高能源利用效率的技术变革,也确实提高了能源的转换效率,但全球的能源消耗却在不断增加,这就是因为虽然效率提高了,但人均能源消耗却在大幅度提高,而且视能源和各种资源占有的多少为人生成功的标志,把占有的资源越多、消耗的资源越多视为人生的的终极追求。如果不能改变这种观念,那么人类的技术改进只能延缓气候变暖加剧,却不能阻止全球气候变暖的步伐。但在目前的经济发展模式下,由于各国对经济增长的偏好,以及世界经济格局中竞争的日益加剧,各国不但不会限制消费,而且是在鼓励更多的消费,看来在短期内,这种消费观念还会被更广泛地传播和接受,也意味着人类要在未来面临更多的新问题。

早在两千多年前,柏拉图就对人们不断追求财富的逻辑进行过批判:富有本身并不是一件好事,如果愚昧无知的人支配了财富的话,那么会比贫穷更强烈地使事情朝着错误的方向发展;如果由有智慧和知识的人支配财富的话,那将是一件好事。同样,向一个野蛮人传授先进技术,只会让他变得更加野蛮,所以正确的价值观和道德观必须与技术和经济进步相伴随。

综上所述,人口减速价值观的传播,对人口快速增长问题的环境是有利的,但也出现了新的问题。同样,过度消费观念在相当长的时期内不但得不到约束,而且会被更广泛地接受,它意味着即使人口减速,环境问题和人口问题也会以新的方式出现。

参 考 文 献

[1] 斯塔夫里阿诺斯. 全球通史——从史前到二十一世纪[M]. 吴象婴,等译. 北京:北京大学出版社,2006.

[2] 马西姆·利维巴茨. 繁衍——世界人口简史[M]. 郭峰,等译. 北京:北京大学出版,2005.

[3] 林惠祥. 文化人类学[M]. 北京:商务印书馆,2005.

[4] 马尔萨斯. 人口原理[M]. 朱泱,等译. 北京:商务印书馆,1963.

[5] 福格特. 生存之路[M]. 张子美,译. 北京:商务印书馆,1981.

[6] 保罗·艾里奇. 人口爆炸[M]. 张建中,等译. 北京:华夏出版社,2000.

[7] 科斯,等. 财产权利与制度变迁[M]. 刘守英,译. 上海:上海三联书店,1991.

[8] 田雪原. 全面建设小康社会人口与可持续发展报告[M]. 北京:中国财政经济出版社,2006.

[9] 胡威略. 人口社会学[M]. 北京:中国社会科学出版社,2002.

[10] 童玉芬. 新疆人口变动对生态环境的未来影响趋势与协调发展对策[J]. 中国沙漠,2004(3).

[11] 陈勇,陈国阶,王益谦. 山区人口与环境互动关系的初步研究[J]. 地理科学,2002(6).

[12] 廖顺宝,孙九林. 青藏高原人口分布与环境关系的定量研究[J]. 中国人口·资源与环境,2003(3).

[13] 李群,米红,席斌,等. 区域人口、环境与经济协调发展的逆系统仿真研究[J]. 中国人口科学,2005(S1).

[14] 李君甫,邹德秀,吴耀. 一个西部山村的人口、资源与环境变迁[J]. 生态经济,2004(2).

[15] 侯文若. 全球人口趋势[M]. 北京:世界知识出版社,1988.

[16] 黄春长. 环境变迁[M]. 北京:科学出版社,1998.

[17] 斯蒂芬·杰·古尔德. 自达尔文以来——自然史沉思录[M]. 田洺,译. 北京:生活·读书·新知三联书店,1997.

[18] 卡洛·M·奇波拉. 世界人口经济史[M]. 黄朝华,译. 北京:商务印书馆,1993.

[19] 苏萍. 人口生物学基础[M]. 北京:中国人民大学出版社,1989.

[20] 赵文林,谢淑君. 中国人口史[M]. 北京:人民出版社,1988.

[21] 邓力群,等. 当代中国的人口[M]. 北京:中国社会科学出版社,1988.

[22] 汤兆云. 当代中国人口政策研究[M]. 北京:知识出版社,2005.

[23] 鲍宗豪. 中国婚俗的轨迹[M]. 上海:上海人民出版社,1990.

[24] 李伯华. 中国出生性别比的近期趋势:从医院记录获得的数据[J]. 人口研究,1994(3).

[25] 高凌. 中国人口出生性别比的分析[J]. 人口研究,1993(1).

[26] 马瀛通. 人口统计分析学[M]. 北京:红旗出版社,1989.

[27] 梁中堂. 人口学[M]. 太原:山西人民出版社,1983.

[28] 王仲荦. 魏晋南北朝史[M]. 上海:上海人民出版社,1980.

[29] 马瀛通. 关于出生性别比与人口性别比的若干问题[N]. 中国人口报,1993-05-24.

[30] 马瀛通. 人口性别比与人口性别比新论[J]. 人口与经济,1994(1).

[31] 马瀛通,冯立天. 再论出生性别比若干问题[J]. 人口与经济,1998(5).

[32] 穆光宗. 近年来中国出生性别比升高偏高现象的理论解释[J]. 人口与经济,1995(1).

[33] 乔晓春. 对中国人口普查出生婴儿性别比的分析与思考[J]. 人口与经济,1992(2).

[34] 徐毅,郭维明. 中国出生性别比的现状及有关问题的探讨[J]. 人口与经济,1991(5).

[35] 曾毅,顾宝昌. 我国近年来出生性别比升高的原因及其后果分析[J]. 人口与经济,1993(12).

[36] 斯蒂芬·J·派因. 火之简史[M]. 梅雪芹,等译. 北京:生活·读书·新知三联书店,2006.

[37] 成升魁,沈镭. 青藏高原人口、资源、环境与发展互动关系探讨[J]. 自然资源学报,2000(10).

[38] Wolfgang Lutz, et al. Population and environment: method of analysis[J]. Population and Development Review, A Supplement to 2002, 28.

[39] Boserup E. Environment, population and technology in primitive societies [J]. Population and Development Review, 1976,2(1):21-36.

[40] Simon J. Theory of population and economic growth[M]. Oxford：Basil Blackwell,1986.

[41] 彭松建. 西方人口经济学[M]. 北京：北京大学出版社,1987.

[42] 陆杰华,等. 2008 年：中国人口学研究的回顾与评述[J]. 人口研究, 2009(1):104-112.

[43] 陈卫. 中国的极低生育率[J]. 人口研究,2008(3).

[44] 孟向京. 中国人口分布合理性评价[J]. 人口研究,2008(3).

[45] 张丕远,等. 2000 年来我国旱涝气候演化的阶段性和突变性[J]. 第四纪研究,1997(1).

[46] 王跃生. 18 世纪中后期中国人口数量变动研究[J]. 中国人口科学, 1997(4).

[47] 葛全胜,等. 20 世纪下半叶中国地理环境的巨大变化——关于全球环境变化区域研究的思考[J]. 地理研究,2005(3).

[48] 陆大道. 关于地理学的"人–地系统"理论研究[J]. 地理研究,2002(2): 135-145.

[49] 张兰生,等. 全球变化[M]. 北京：高等教育出版社,2000.

[50] 符淙斌,等. 恢复自然植被对东亚夏季气候和环境影响的一个虚拟试验[J]. 科学通报,2001(8):691-695.

[51] 董锁成,等. 中国百年资源、环境与发展报告[J]. 武汉：湖北科学技术出版社,2002.

[52] 周秀骥,等. 中国地区大气气溶胶辐射强迫及区域气候效应的数值模拟[J]. 大气科学,1998(4):418-427.

[53] 李辉. 中国人口城市化综述[J]. 人口学刊,2003(6):51-58.

[54] 秦大河. 进入 21 世纪的气候变化科学——气候变化的事实、影响与对策[J]. 科技导报,2004(7):4-7.

[55] K·雷辛格,等. 60 亿人口的警示——21 世纪的人口增长与食品安全[M]. 钟甫宁,等译. 北京：中国农业出版社,2002.

[56] 原华荣. 适度人口的分野与述评[J]. 浙江大学学报,2002(6):11-19.

[57] 柏拉图. 理想国[M]. 郭斌和,等译. 北京：商务印书馆,1996.

[58] 伊·普里戈金,伊·斯唐热.从混沌到有序[M].曾庆宏,等译.上海:上海译文出版社,1987.

[59] A·M·卡尔桑德斯.人口问题——人类进化研究[M].宁嘉风,译.北京:商务印书馆,1983.

[60] 阿尔弗雷·索维.人口通论[M].查瑞传,等译.北京:商务印书馆,1983.

[61] J·L·西蒙.没有极限的增长[M].陈欣章,等译.成都:四川人民出版社,1985.

[62] 加勒特·哈丁.生活在极限之内———生态学、经济学和人口禁忌[M].戴星翼,等译.上海:上海译文出版社,2001.

[63] 赫尔曼·E·戴利.超越增长——可持续发展的经济学[M].诸大建,等译.上海:上海译文出版社,2001.

[64] J·L·西蒙.人口增长经济学[M].彭松建,等译.北京:北京大学出版社,1984.

[65] 罗伯特·艾尔斯.转折点——增长范式的终结[M].黄星芳,等译.上海:上海译文出版社,2001.

[66] 辞海编辑委员会.辞海[M].上海:上海辞书出版社,1980.

[67] 中美联合编审委员会.简明不列颠百科全书[M].北京:中国大百科全书出版社,1985.

[68] 张侠,等.北极地区人口数量、组成与分布[J].世界地理研究,2008(12):132-141.

[69] 屈琼斐.城市人口与环境研究综述[J].西北人口,1997(4):14-17.

[70] 葛剑雄.从历史地理看长时段环境变迁[J].陕西师范大学学报,2009(9):5-8.

[71] 王爱民,等.地理学人地关系研究的理论评述[J].地球科学进展,2000(4):415-420.

[72] 孟德斯鸠.论法的精神[M].张雁深,译.北京:商务印书馆,1978.

[73] 王劲峰.人地关系演进及其调控——全球变化、自然灾害、人类活动中国典型区研究[M].北京:科学出版社,1995.

[74] 王爱民,等.人地关系的理论透视[J].人文地理,1999(2):38-42.

[75] 蔡运龙.人地关系研究范型:全球实证[J].人文地理,1996(3):1-7.

［76］毛汉英.人地系统与区域持续发展研究［M］.北京:中国科学技术出版社,1995.

［77］张坤民.可持续发展论［M］.北京:中国环境科学出版社,1997.

［78］詹姆斯.地理学思想史［M］.李旭旦,译.北京:商务印书馆,1982.

［79］吴传钧.论地理学的研究核心——人地关系地域系统［J］.经济地理,1991(3):1-6.

［80］王洪文.地理思想［M］.台北:明文书局,1988.

［81］白吕纳.人地学原理［M］.任美锷,李旭旦,译.南京:钟山书局,1935.

［82］徐建华.人类活动对自然环境演变及其定量评估模型［J］.兰州大学学报:社会科学版,1995(3):18-22.

［83］李旭旦.人文地理学论丛［M］.北京:人民出版社,1985.

［84］辛普尔.地理环境之影响［M］.陈建民,译.北京:商务印书馆,1937.

［85］杨桂英.从拥挤效应分析人口增长与环境问题［J］.赤峰学院学报,2009(2):59-60.

［86］钱易,等.环境保护与可持续发展［M］.北京:高等教育出版社,2000.

［87］周鸿.人类生态学［M］.北京:高等教育出版社,2001.

［88］许学强,等.城市地理学［M］.北京:高等教育出版社,2006.

［89］童玉芬.关于人口对环境作用机制的理论思考［J］.人口与经济,2007(1):1-4.

［90］朱宝树.人口生态学［M］.南京:江苏科学技术出版社,1990.

［91］郭志刚.人口、资源、环境与经济发展之间关系的初步理论思考［J］.人口与经济,2000(6).

［92］刘成武.自然资源概论［M］.北京:科学出版社,1999.

［93］童玉芬.论人口与环境关系研究的主要思想流派和观点［J］.人口学刊,2003(5).

［94］田雪原.人口学［M］.杭州:浙江人民出版社,2004.

［95］侯甬坚.环境营造:中国历史上人口活动对全球变化的贡献［J］.中国历史地理论丛,2004(4):5-17.

［96］占英.简论中国古代的人口政策［J］.长春师院学报,1996(4):50-53.

［97］孙义飞.近代早期欧洲人口增长与社会变迁关系模式探析［J］.东北师大学报,2008(3):82-86.

[98] 卡洛·M·奇波拉,等.欧洲经济史:第二卷[M]. 贝昱,译.北京:商务印书馆,1988.

[99] 威廉·费尔丁·奥格本.社会变迁——关于文化和先天的本质[M].王晓毅,等译.杭州:浙江人民出版社,1989.

[100] 王铮.历史气候变化对中国社会发展的影响——兼论人地关系[J].地理学报,1996(4):331-341.

[101] 梁方仲.中国历代户口、田地、田赋统计[M].上海:上海人民出版社,1980.

[102] 李小平.控制和减少人口总量就是优化人口结构[J].重庆工学院学报,2007(9):53-60.

[103] 瓦·维·波克希舍夫斯基.人口地理学[M].南致善,等译.北京:北京大学出版社,1987.

[104] R·J·约翰斯顿.哲学与人文地理学[M].蔡云龙,等译.北京:商务印书馆,2000.

[105] 乔治·塔皮洛,等.六十亿人——人口困境和世界对策[M].张开敏,译.上海:上海译文出版社,1982.

[106] 陈达.现代中国人口[M].廖宝昀,译.天津:天津人民出版社,1981.

[107] 侯文若.各国人口政策比较[M].北京:中国人口出版社,1991.

[108] 赵文林,等.中国人口史[M].北京:人民出版社,1988.

[109] 李建新.稳定低生育水平与现行生育政策思考.中国人口:太多还是太老?[M].北京:社会科学文献出版社,2005.

[110] 许涤新,等.当代中国的人口[M].北京:中国社会科学出版社,1988.

[111] 葛剑雄.中国人口史.1-5卷[M].上海:复旦大学出版社,2005.

[112] 赵建军.科技与伦理的天平[M].长沙:湖南人民出版社,2002.

[113] 赛缪尔·亨廷顿.文明的冲突与世界秩序的重建[M].周琪,译.北京:新华出版社,2002.

[114] 刘素民.现代科技行为道德约束的困境与出路[J].自然辩证法研究,2000(10).

[115] A·D·怀特海.科学与近代世界[M].何钦,译.北京:商务印书馆,1997.

[116] 彭秀建.中国人口老龄化的宏观经济后果:应用一般均衡分析[J].人

口研究,2006(4):37-40.

[117] 穆光宗.人口控制的风险和底线[J].大地,2007(4):34-37.

[118] 李小平.人口老化并非危机:兼论人口负增长前绝不应放宽生育政策[J].科学决策,2007(2):27-29.

[119] 李小平.论中国人口的百年战略与对策[J].战略与管理,2004(3):40-52.

[120] 李小平.减少人口总量是最优选择[J].大地,2007(4):34-37.

[121] 李强.中国面临人口老化危机[J].科技导报,1989(4):22-25.

[122] 李小平.人口老化与人口老化危机[J].科技导报,1990(3):24-27.

[123] 布顿森,等.饥馑的气候——人类与变动着的全球气候[M].龚高法,等译.北京:科学出版社,1981.

[124] 曹银珍.大气二氧化碳浓度变化及其环境效应[J].地理科学,1991(1):45-87.

[125] 蔡拓,等.当代全球问题[M].天津:天津人民出版社,1994.

[126] 陈铁梅.第四纪测年的进展与问题[J].第四纪研究,1995(2):182-189.

[127] 丁仲礼,等.晚更新世季风——沙漠系统千年尺度的不规则变化及其机制问题[J].中国科学,1996(2):385-391.

[128] 杜恒俭,等.地貌学与第四纪地质学[M].北京:地质出版社,1981.

[129] 龚高法,等.历史时期气候变化研究方法[M].北京:科学出版社,1983.

[130] 丁仲礼,等.第四纪时期东亚季风变化的动力机制[J].第四纪研究,1995(1):63-73.

[131] Berger A,等.古气候对于二氧化碳和太阳辐射的敏感性[J].AMBIO——人类环境杂志,1997(1):32-37.

[132] 黄万波.第四纪哺乳动物与气候变迁[J].中国第四纪研究,1987(2):54-60.

[133] 李培基.近百年来气候变化[M].冰川冻土,1989(3):193-201.

[134] 李任伟.地质历史时期碳循环的研究[M].地球科学进展,1996(1):35-39.

[135] 兰姆 H J.气候的变迁和展望[M].汪奕琮,等译.北京:气象出版社,1987.

[136] 黄春长,等.气候突变的哲学启示[J].自然辩证法研究,1997(3):19-22.

[137] 黄春长.环境变迁研究中的若干误区探讨[J].自然辩证法研究,1996(5):17-20.

[138] 黄春长.试论造成第三世界环境危机的主导因素[J].陕西师大学报,1995(1):54-57.

[139] 黄春长.论环境变迁中的若干区域性问题[J].陕西师大学报,1996(1):20-27.

[140] 毛文永,等.全球环境问题与对策[M].北京:中国科学技术出版社,1993.

[141] 任国玉.全球气候变化的地域差异及其意义[J].地理科学,1993(1):62-67.

[142] 任振球.全球变化[M].北京:科学出版社,1988.

[143] Ronald G P.相互作用着的大气:全球大气生物圈化学[J].AMBIO——人类环境杂志,1994(1):50-59.

[144] 王劲峰,等.人类关系演进及其调控[M].北京:科学出版社,1995.

[145] 王邵武.大气中 CO_2 浓度增加对气候的影响[J].地理科学,1987(4):89-105.

[146] 王开发,等.孢粉学概论[M].北京:北京大学出版社,1983.

[147] 王邵武.气候学研究进展[J].地球科学进展,1996(2):169-177.

[148] 吴汝康.人类的起源和发展[M].北京:科学出版社,1980.

[149] 夏正楷.第四纪环境学[M].北京:北京大学出版社,1997.

[150] 徐馨,等.全新世环境——最近 1 万多年来的环境变迁[M].贵阳:贵州人民出版社,1990.

[151] 徐馨,等.第四纪环境研究方法[M].贵阳:贵州人民出版社,1993.

[152] 许靖华.古海荒漠:科学史上大发现[M].北京:生活·读书·新知三联书店,1996.

[153] 许靖华.大灭绝:寻找一个消失的年代[M].北京:生活·读书·新知三联书店,1997.

[154] 延军平.灾害地理学[M].西安:陕西师范大学出版社,1990.

[155] 延军平.时间地理学[M].西安:陕西师范大学出版社,1992.

[156] 杨怀仁,等.第四纪地质[M].北京:高等教育出版社,1987.

[157] 袁道先.碳循环与全球岩溶[J].第四纪研究,1993,(2):1-6.

[158] 袁道先. 岩溶与全球变化研究[J]. 地球科学进展,1995,(5):471-474.

[159] 张家诚,等. 气候变迁及其原因. 北京:科学出版社,1976.

[160] 章生荣,等. 自然的警告[M]. 西安:陕西科学技术出版社,1994.

[161] 竺可桢. 中国近五千年来气候变迁的初步研究[J]. 中国科学,1973,(2): 168-189.

[162] 朱震达. 中国的沙漠化及其治理[M]. 北京:科学出版社,1990.

[163] Colman B M,et al. Continental climate response to orbital forcing from biogenic silica records in Lake Baikal[J]. Nature, 1995, 37(8):769-771.

[164] 杨云彦. 试论人口、资源与环境经济理论的演进与融合[J]. 生态经济,1999(6).

[165] Dansgaard W, et al. The abrupt termination of the younger dry as climate event[J]. Nature,1989, 33(9):532-533.

[166] Goudie A. Environmental change[M]. Oxford:Clarendon Press, 1992.

[167] Goudie A. The nature of the environmental[M]. Oxford:Basil Blackwell, 1992.

[168] Heimann M. Dynamic biogeography[M]. Cambridge:University Press, 1984.

[169] Bell M. Introduction to sustainable development[J]. Progress in Human Geography, 1994(2).

[170] 彭希哲,等. 试析风险最小化原则在生育决定中的作用[J]. 人口研究, 1993(6).

[171] 马寅初. 我国人口问题与发展生产力的关系[C]//马寅初经济论文选集. 北京:北京大学出版社,1981.

[172] 田雪原. 跨世纪人口与发展[M]. 北京:中国经济出版社,2000.

[173] 康芒纳. 封闭的循环[M]. 侯文蕙,译. 长春:吉林人民出版社,1997.

[174] 栗本慎一郎. 经济人类学[M]. 王名,等译. 北京:商务印书馆,1997.

[175] H·J·德伯里. 人文地理:文化社会与空间[M]. 王民,等译. 北京:北京师范大学出版社,1988.

[176] 周纪伦. 城乡生态经济系统[M]. 北京:中国环境科学出版社,1989.

[177] 靳润成. 中国城市化之路[M]. 上海:学林出版社,1999.

[178] 周大鸣,等. 中国乡村都市化[M]. 广州:广东人民出版社,1996.

[179] 胡鞍钢. 人口增长、经济增长、技术变化与环境变迁[M]. 北京:中国环

境出版社,1993.

[180] 李康. 社会发展与资源环境[M]. 昆明:云南人民出版社,1998.

[181] 陈泮勤. 全球变化研究:一个新的国际前沿科学计划[J]. 第四纪研究, 1990(1):68-72.

[182] 韩茂莉. 2000 年来我国人类活动与环境适应以及科学启示[J]. 地理研究,2000(3):324-331.

[183] 西奥多·舒尔茨. 论人力资本投资[M]. 吴珠华,等译. 北京:北京经济学院出版社,1990.

[184] Wolman M G, et al. Study of land transformation processes from space and ground observations[M]. New York: Pergamon Press for the Committee of Space Research,1983.

[185] Bilsborrow R M, et al. Land use and the environment in developing countries: what can we learn from cross-national data in the causes of deforestation[M]. New York: Oxford University Press,1993.

[186] Panayotou T. Population and development: old debates, new conclusions [M]. New Brunswick: Transaction Publishers,1994.

[187] Cole J J, et al. Humans as components of ecosystems:the ecology of subtle human effects and populated areas[M]. New York: Springer-Verlag,1993.

[188] Mink S D. Poverty population and the environment[R]. Washington D C: The World Bank,1993.

[189] Southgate D. The causes of tropical deforestation: the economic and statistical analysis of factors giving rise to the loss of tropical forests[M]. London: University College London Press,1994.

[190] Cropper M, et al. The interaction of population growth and environmental quality[J]. American Economic Review,1994,84.

[191] Barbier E B. Rural poverty and natural resource depletion in rural poverty in Latin American[R]. Washington D C: The World Bank,1996.

[192] Saxena A K, et al. Analyzing deforestation: a systems dynamic approach [J]. Journal of Sustainable Forestry, 1996(5).

[193] Meadows D, et al. The limits to growth[M]. New York: Universe Books, 1972.

[194] Ehrlich P,et al. The population explosion[M]. New York：Simon And Schuster, 1990.

[195] 田雪原. 控制人口是一项战略任务——兼评对马寅初先生"新人口论"的批判[J]. 北京大学学报,1979(5).

[196] 胡保生,等. 我国总人口目标的探讨[J]. 西安交通大学学报,1981(2).

[197] 胡鞍钢,等. 未来的选择与对策——中国生态环境状况分析之四[J]. 瞭望,1989,47.

[198] 朱国宏. 关于中国土地资源人口承载力问题的思考[J]. 中国人口资源与环境,1996(10).

[199] 袁建华,等. 应用离散型年龄别升学递进模型预测中国未来人口[J]. 中国人口科学,1996(4).

[200] 田雪原. 人口、资源、环境可持续发展宏观与决策选择[J]. 人口研究,2001(4).

[201] 郭志刚. 人口、资源、环境与经济发展之间关系的初步理论思考[J]. 人口与经济,2006(6).